HUANGHE SANJIAOZHOU BINHAI YANJIANLEI TUDI ZIYUAN HUIFU YU LIYONG MOSHI YANJIU

黄河三角洲滨海盐碱类土地资源恢复与利用模式研究

李新华　郭洪海　等　著

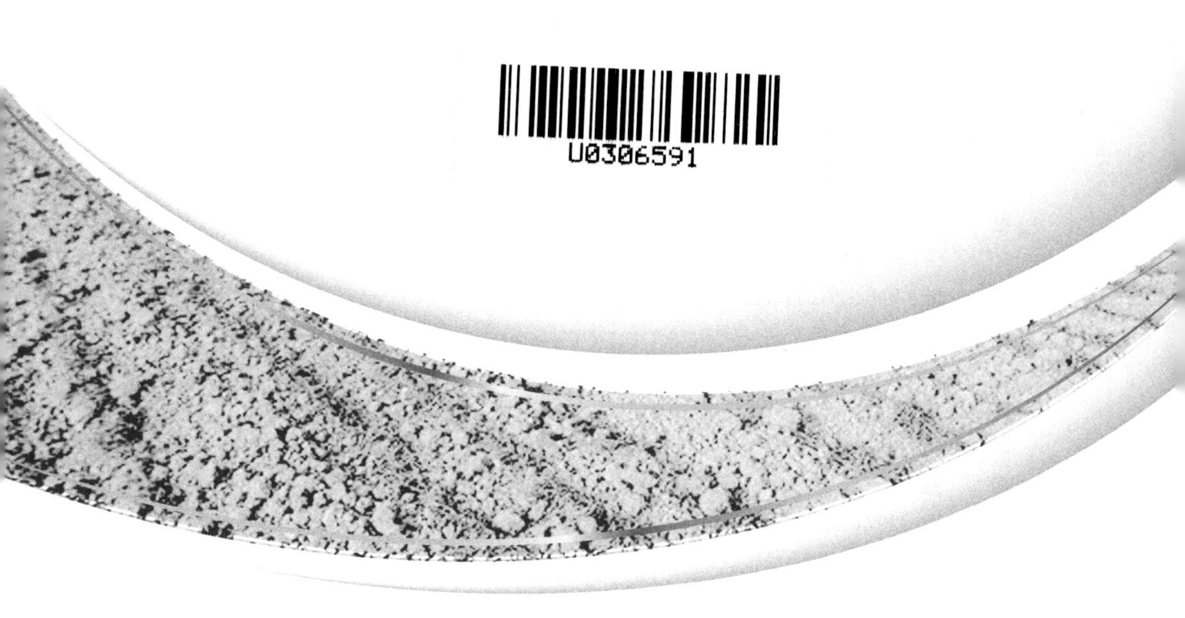

中国农业科学技术出版社

图书在版编目(CIP)数据

黄河三角洲滨海盐碱类土地资源恢复与利用模式研究 / 李新华，郭洪海等著 . -- 北京：中国农业科学技术出版社，2024. 11. -- ISBN 978-7-5116-7166-0

Ⅰ. S156. 4

中国国家版本馆 CIP 数据核字第 2024FV0666 号

责任编辑 穆玉红
责任校对 马广洋
责任印制 姜义伟　王思文

出 版 者 中国农业科学技术出版社
北京市中关村南大街 12 号　　邮编：100081
电　　话 (010) 82106626 (编辑室)　　(010) 82106624 (发行部)
(010) 82109709 (读者服务部)
网　　址 https://castp.caas.cn
经 销 者 各地新华书店
印 刷 者 北京建宏印刷有限公司
开　　本 170 mm×240 mm　1/16
印　　张 16. 5
字　　数 300 千字
版　　次 2024 年 11 月第 1 版　2024 年 11 月第 1 次印刷
定　　价 59. 00 元

《黄河三角洲滨海盐碱类土地资源恢复与利用模式研究》

主要撰写人员名单

李新华　山东省农业科学院湿地农业与生态研究所　研究员

郭洪海　山东省农业科学院农业资源与环境研究所　研究员

董红云　山东省农业科学院湿地农业与生态研究所　助理研究员

杨丽萍　山东省农业科学院农业信息与经济研究所　副研究员

张　燕　山东省农业科学院湿地农业与生态研究所　副研究员

贾　曦　山东省农业科学院　研究员

王娜娜　山东省农业科学院湿地农业与生态研究所　助理研究员

内容简介

在山东省自主创新及成果转化专项“黄河三角洲盐碱地快速改良技术（2014ZZCX07401）”“十一五”科技支撑计划子课题“黄河三角洲耐盐牧草与能源植物咸水安全直灌技术集成研究与示范（2009BADA3B04-4）”和黄河三角洲国家农高区2022年省级科技创新发展专项资金项目“黄河三角洲盐碱农田生态系统碳减排与碳汇功能提升关键技术研究与集成示范（2022SZX44）”等多个项目资助下，本书通过调查总结山东省盐碱地分布状况及治理成效，系统分析了黄河三角洲滨海盐碱类土地资源利用现状及改良开发利用模式，针对黄河三角洲滨海盐碱类土地资源特点，系统研究了物理改良及配套技术、起垄种植与地力提升相结合改良技术与效果、耐盐植物改良机理及技术、化学改良技术与效果，并从推进盐碱地绿色发展和生态保护出发，研究了黄河三角洲盐碱农田—湿地交错带农业立体污染防控集成技术，基于当前盐碱地综合利用发展趋势，提出了黄河三角洲滨海盐碱类土地资源创新利用的思路和模式。

本书可供农业科学、生态学与土壤学等相关学科的科研人员使用，也可供盐碱地治理、资源管理与生态保护等政府决策部门的工作人员及大专院校师生参阅。

前 言

据中国统计年鉴（2020）数据，我国目前有耕地 20.2 亿亩*，随着人地矛盾与日俱增，确保耕地面积不减、产量持续增加、守住耕地红线已迫在眉睫。并且我国现有耕地长期持续高强度利用，扩容、提质、增效空间有限，亟须开辟新战场。盐碱地作为一种潜在的土地资源，在我国分布广，面积大，且具有成熟的开发改良技术模式，是我国耕地“扩容、提质、增效”的现实重要来源，也是最合适的选择。根据全国第二次土壤普查资料，我国共有盐碱地 14.87 亿亩，占国土面积的 10.3%，其中各类可利用盐碱地资源约 5.5 亿亩，通过工程、生物措施及合理调配水资源等途径或手段，可改良利用；其他 9.67 亿亩由于盐碱地分布区气候干旱、地形地貌特殊、水资源匮乏及半荒漠化严重等原因，目前尚无法利用，这些盐碱地治理难度大、成本高，现有的单项技术往往难以达到理想效果，也是当前研究较为薄弱的地带，亟待依靠科技创新提质增效。

黄河三角洲是黄河流域经济带与环渤海经济圈的交汇区，是环渤海滨海盐碱地的主要分布区域。该地区盐碱地面积约 890 万亩，占环渤海滨海盐碱地面积的 59.3%，约占山东省土地总面积的 4%，盐分含量多在 0.3%～1.0%，且地处近海低地，海拔低、盐度重，资源丰富、开发利用潜力大，是开展盐碱地农业科技创新和应用示范的天然场所。因此，用科技创新推动黄河三角洲盐碱地综合利用和高质量发展，对增加我国耕地面积、提升耕地质量，保障国家粮食安全，提高农业的质量效益和竞争力，具有独特作用和重要意义。

本书是作者 10 多年来主要研究工作的系统总结，内容主要来自山东省自主创新及成果转化专项“黄河三角洲盐碱地快速改良技术（2014ZZCX07401）”“十一五”科技支撑计划子课题“黄河三角洲耐盐牧草与能源植物咸水安全直灌技术集成研究与示范（2009BADA3B04-4）”、山东省青年基金“黄河三角洲典型湿地植物物种多样性格局研究

* 1 亩≈666.7 m^2，全书同。

（BS2009HZ013）”、2013年蓝黄“两区”重大课题“黄河三角洲高效生态经济区盐碱湿地信息系统建设与生态恢复理论模式研究”、全国农业资源区划办公室项目“山东省盐碱地治理调查”和山东省重点研发计划（产业关键技术）课题“轻度盐碱地用养结合粮饲绿色种植模式示范（2016CYJS05A01-08）”等课题的研究成果。全书共分八章，第一章在总结山东省盐碱地分布状况及治理成效的基础上，重点分析了黄河三角洲滨海盐碱类土地资源利用现状及开发利用模式；第二章从物理、化学、工程、生物及农艺配套等方面分析总结了滨海盐碱类土地资源的改良技术模式；第三章至第六章针对黄河三角洲滨海盐碱类土地资源特点，分别从物理改良及配套技术、起垄种植与地力提升相结合改良技术与效果、耐盐植物改良机理及技术、化学改良技术与效果4个方面进行了系统研究；第七章从推进盐碱地绿色发展和生态保护出发，研究了黄河三角洲盐碱农田—湿地交错带农业立体污染防控集成技术；第八章，结合当前盐碱地改良发展趋势，提出了黄河三角洲滨海盐碱类土地资源创新利用的思路和模式。本书由李新华、郭洪海、王娜娜完成统稿，其中第一章和第二章主要由杨丽萍、董红云、李新华完成；第三章主要由郭洪海、张宇、贾曦、李新华完成；第四章主要由郭洪海、李新华完成；第五章主要由李新华、董红云、张燕、曹光峰完成；第六章主要由李新华、郭洪海、董红云、吴宝庆完成；第七章主要由李新华、张燕、贾曦完成；第八章主要由郭洪海、李新华、王娜娜完成。

本书得到了山东省农业科学院农业科技创新工程项目“沿黄农区生态系统强化与碳汇功能提升关键技术（CXGC2024B12）”和黄三角国家农高区2022年省级科技创新发展专项资金项目“黄河三角洲盐碱农田生态系统碳减排与碳汇功能提升关键技术研究与集成示范（2022SZX44）”的资助。本书涉及的部分研究工作得到了福建师范大学孙志高教授的指导和帮助，也得到了原山东省农业可持续发展研究所的朱振林、王勇、刘洋等多位同志以及东营市垦利区兴隆街道土壤肥料站和山东省农业科学院东营基地等相关人员的帮助和支持，研究生韩艺等多次参加试验布设、样品采集和数据分析等工作，本书初稿完成后，多位相关专家都提出了宝贵建议，在此一并表示衷心感谢。

本书的研究工作及撰写完成参阅了很多前人的研究成果，在此向他们表示诚挚的敬意和衷心的感谢。由于作者水平有限，加之成书过程仓促，如有不当和疏漏之处，诚恳希望读者予以指正，以便进一步修改完善。

作　者

2024年7月26日

目　　录

第一章　黄河三角洲滨海盐碱类土地资源调查

盐碱土是地球上广泛分布的一种土壤类型，是一种重要的土地资源。据联合国教科文组织（UNESCO）和联合国粮农组织（FAO）不完全统计，盐碱土在全世界 100 多个国家普遍存在，面积达 9.55×10^{8} hm^2，约占全球陆地面积的 7.23%，约占全世界可耕作土地面积的 10%，且以每年 1.0×10^{6}～1.50×10^{6} hm^2 的速度递增，土壤盐碱化已经成为一个备受瞩目世界性的农业生态环境问题（Kovda，1983；Tanji，1990；王遵亲 等，1993；杨劲松 等，2008；赵可夫 等，2013；杨劲松 等，2022）。我国是受土壤盐碱化危害最严重的国家之一，根据全国第二次土壤普查资料，我国共有盐碱地 14.87 亿亩，占国土面积的 10.3%。盐碱土在全国各省份均有分布，主要分布在东北、中北部、西北、滨海和华北五大区域，但各区域盐碱土面积、盐碱化程度和盐分组成存在显著差异，具有明显的季节性和强烈的表聚性特征（俞仁培和陈德明，1999；杨真和王宝山，2015）。根据盐碱土分布地区生物气候等环境因素的差异，中国盐碱土大致可分为滨海盐土与滩涂、黄淮海平原盐碱土、东北松嫩平原苏打盐碱土、半漠境内陆盐土和青新极端干旱漠境盐土 5 种类型（俞仁培和陈德明，1999）。在全球土地资源日益减少的大环境下，盐碱化土地作为一种潜在土地资源，它的治理、开发和利用已成为全球研究的热点和难点问题之一。我国耕作历史悠久，农田资源已被充分开发利用，随着工业化、城镇化进程的加快和人口的增长，耕地资源和粮食安全问题日益突出。治理改良盐碱地资源、提高盐碱地利用率成为新增耕地后备土地资源，对于增加我国耕地面积、提升耕地质量、保障国家粮食安全、提高农业的质量效益和竞争力，均具有独特的作用和意义，也是缓解人地矛盾、推进国民经济又好又快发展的重要途径之一。

第一节　山东省盐碱地分布状况及综合治理

山东省的盐碱地根据其成因和分布规律，可分为黄淮海平原内陆盐碱土和滨海盐碱土两种类型。黄淮海平原内陆盐碱土多呈斑块状插花分布，盐分表聚性强，经过长时间的农业开发投入和不断改良，盐碱土面积逐渐缩小，盐碱化程度也明显减轻（石元春和李韵珠，1986；俞仁培和陈德明，1999）。滨海盐碱土主要分布在黄河三角洲区域，近百年来黄河不断淤积形成新陆地——黄河三角洲，黄河河口以平均每年2.2 km的速度向浅海推进，滩涂面积和滨海盐碱土地面积则不断增加。滨海盐碱土向海岸线方向延伸，逐渐由非盐碱土变为弱盐碱土、中盐碱土和强盐碱土，含盐量和盐碱化程度越来越高，盐碱荒地广泛分布。为推进山东省盐碱地治理利用和可持续发展，亟须对山东地区盐碱地资源和改良利用现状进行全面系统的调查，摸清盐碱地资源现状。

为贯彻落实《全国土地利用总体规划纲要（2006—2020》关于"在不破坏生态环境的前提下，优先开发缓坡丘陵地、盐碱地、荒草地、裸土地等未利用地和废弃地""综合运用水利、农业、生物以及化学措施，集中连片改良盐碱化土地"的部署，积极推进盐碱地治理工作，2011年农业部（2018年后改为农业农村部）在全国范围内开展了盐碱地治理调查。2011年在山东省农业厅（2018年后改为山东省农业农村厅）的组织和领导下，由山东省农业可持续发展研究所、山东省农业厅发展规划处、山东省农业厅土肥站和山东省农业规划设计院组成调查组，对山东省的东营市、滨州市、潍坊市、德州市、淄博市、莱州市、青岛市、菏泽市等盐碱地面积分布较大的重点市的县区（市）、乡（镇）进行了逐一调查，调查形式为实地考察、访谈、咨询相关人员、发放调查表等。在调查期间，参与实地调研人数达20多人，共发放调查问卷1 500多份，访谈人员达6 000多人，累计外出调查天数达200多天，共获得数据10 000多条，同时收集了2000年以来的相关统计资料、图件、数据及文献等，通过调查明确了山东省盐碱地的面积、分布、改良利用情况、改良的成功经验及存在的问题等，为山东省进一步开发、利用盐碱地提供了科学依据。

一、山东省盐碱地分布状况

根据调查结果（表1-1）可知，山东省共有盐碱地5 926.73 km²，占山东省土地总面积的3.75%，主要分布在东营、滨州、潍坊、德州、聊城、菏泽、济宁、济南、烟台、青岛、淄博11个地市。其中，滨海盐碱地主要集中分布在东营市、滨州市和潍坊市，其面积和所占盐碱地总面积的比例分别为：东营市2 263.33 km²，占比38.19%；滨州市1 619.33 km²，占比27.32%；潍坊市688.67 km²，占比11.62%，三市盐碱地的总面积达4 571.33 hm²，占全省盐碱地总面积的77.13%；其他少部分滨海盐碱地分布在烟台市（主要在莱州市）和青岛市（主要在胶州市）。内陆盐碱地主要分布在滨州市的部分区域和德州、聊城和菏泽市的黄河冲积平原地区。其面积和所占盐碱地总面积的比例分别为：德州市554.93 km²，占比9.36%；聊城市244.00 km²，占比4.12%；菏泽市319.34 km²，占比5.39%。另外济南、济宁和淄博市（主要在高青县）也有小面积盐碱地分布，其面积和所占盐碱地总面积的比例分别为：济南市34.67 km²，占比0.59%；济宁市114.00 km²，占比1.92%；淄博市17.34 km²，占比0.29%。

表1-1 山东省盐碱地分布及面积 单位：km²

地区	总面积	盐碱地面积	盐碱耕地				盐碱荒地			
			总面积	轻度	中度	重度	总面积	轻度	中度	重度
全省	156 700	5 926.73	3 863.80	2 359.07	1 072.20	432.53	2 062.93	296.00	645.93	1 121.00
东营	7 923	2 263.33	1 062.66	425.33	408.00	229.33	1 200.67	105.33	363.33	732.00
滨州	9 453	1 619.33	1 125.87	786.80	292.87	46.20	493.47	38.27	176.53	278.67
潍坊	15 859	688.67	532.67	278.67	181.33	72.67	156.00	31.33	50.67	74.00
德州	10 356	554.93	536.73	447.87	73.20	15.67	18.20	5.73	6.67	5.80
聊城	8 715	244.00	182.66	111.33	41.33	30.00	61.33	32.67	17.33	11.33
菏泽	12 238	319.34	231.34	158.67	44.00	28.67	88.00	56.67	21.33	10.00
济宁	11 000	114.00	87.34	78.67	8.67	0.00	26.67	18.67	5.33	2.67
济南	8 177	34.67	30.00	27.33	2.67	0.00	4.67	3.33	0.67	0.67
烟台	13 700	68.40	56.66	29.33	17.33	10.00	11.74	2.00	3.87	5.87
青岛	10 654	2.73	0.53	0.40	0.13	0.00	2.20	2.00	0.20	0.00
淄博	5 965	17.34	17.34	14.67	2.67	0.00	0.00	0.00	0.00	0.00

按照《全国盐碱地资源及开发利用情况调查表》指标设置标准，根据土壤盐分含量，盐碱地被分为轻度盐碱地、中度盐碱地和重度盐碱地三种类

型，其中，轻度盐碱地土壤含盐量为0.1%～0.3%，中度盐碱地土壤含盐量为0.3%～0.6%，重度盐碱地土壤含盐量为＞0.6%。据此标准，由表1-1可知，山东省的盐碱地既有轻度盐碱地、中度盐碱地，也有重度盐碱地，其中轻度盐碱地面积为2 655.07 km^2，占盐碱地总面积的44.80%，中度盐碱地面积为1 718.13 km^2，占盐碱地总面积的28.99%，重度盐碱地面积1 553.53 km^2，占盐碱地总面积的26.21%。重度盐碱地主要为滨海盐碱土，集中分布在东营市、滨州市和潍坊市，占重度盐碱地总面积的92.35%。其中东营市961.33 km^2、滨州市324.87 km^{2}和潍坊市146.67 km^2，分别占山东省重度盐碱地总面积61.88%、20.91%和9.44%。内陆盐碱地以轻度盐碱地和中度盐碱地为主，其中德州市轻度盐碱地面积为453.6 km^2、中度盐碱地79.87 km^2、重度盐碱地21.47 km^2，分别占德州市盐碱地比例81.72%、14.39%、3.87%。聊城市轻度盐碱地144.00 km^2、中度盐碱地58.66 km^2、重度盐碱地41.33km^2，分别占聊城市盐碱地的比例为59.02%、24.04%、16.94%。菏泽市轻度盐碱地215.34 km^2、中度盐碱地65.33 km^2、重度盐碱地38.67 km^2，分别占菏泽市盐碱地的比例为66.06%、20.04%、11.86%。济南、济宁、淄博、青岛和烟台地区盐碱地面积较小，盐碱度较低，其中青岛和淄博没有重度盐碱地分布。

根据《全国盐碱地资源及开发利用情况调查表》，盐碱地又被划分为盐碱耕地和盐碱荒地。本次调查结果显示，在山东省盐碱地5 926.73 km^{2}的总面积中，共有盐碱耕地3 863.80 km^2，占盐碱地总面积的65.19%，说明在山东省盐碱地已具有较高的利用率，大部分的盐碱地被开发治理成了盐碱耕地；另外有盐碱荒地2 069.93 km^2，占盐碱地总面积的34.81%（表1-1）。无论盐碱耕地还是盐碱荒地，均需要持续进行改良治理和利用。调查还发现，盐碱耕地的开发利用多基于轻、中度盐碱地，其中轻度盐碱耕地面积为2 359.07 km^2，占盐碱耕地总面积的61.06%，中度盐碱耕地面积为1 072.20 km^2，占盐碱耕地总面积的27.75%，而重度盐碱地耕地面积为432.53 km^2，占比为11.19%。相反，在盐碱荒地中，轻度盐碱地面积相对较小，分别为296.00 km^{2}和645.93 km^2，占盐碱荒地的14.35%和31.31%，重度盐碱地面积为1 121.00 km^2，占比达54.34%，未利用的比例较高。进一步统计分析发现，滨海重度盐碱地所占比例较高，盐碱地利用率较低，平均利用率为59.81%，而内陆盐碱地平均利用率较高，平均利用率为84.06%，由此可知，下一步山东省盐碱地改良利用的重点为滨海盐碱地。

二、山东省主要县市盐碱地分布及利用现状

调查结果显示，山东省不同地市盐碱地分布情况不同，治理利用模式和成效存在很大差异（图 1-1）。不同地市间盐碱地具体分布状况如下。

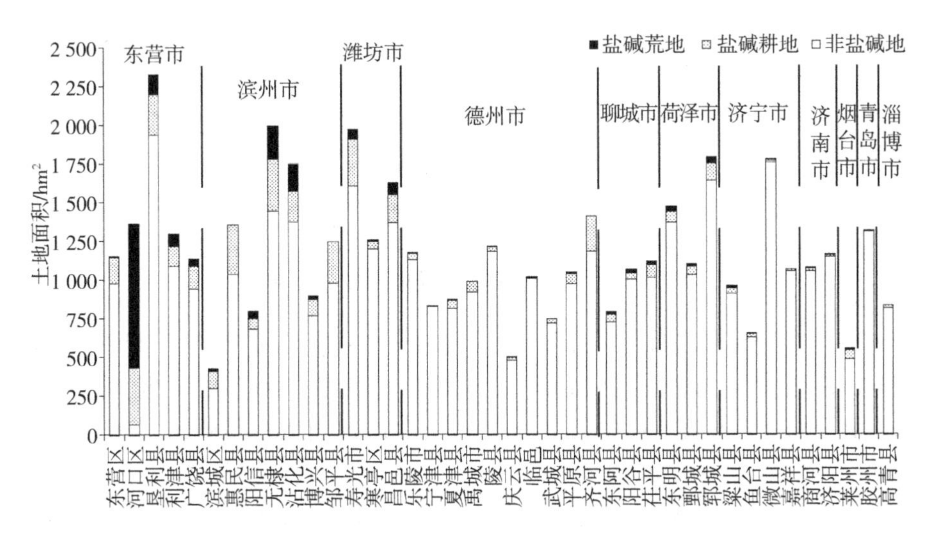

图 1-1 山东省主要县（市、区）盐碱地（荒地、耕地）面积

（一）东营市盐碱地分布状况

东营市位于黄河三角洲核心区域，主要地貌类型为缓岗、微斜平地、浅平洼地和滩涂。土壤类型有潮土、盐土、褐土、砂姜黑土和水稻土 5 个土类、9 个亚类、15 个土属、73 个土种。调查结果表明，东营市共有盐碱地 2 263. 33 km^2，以滨海盐碱地为主，在各辖区内均有分布（图 1-2）。其中河口区盐碱地面积最大，占比 57. 15%，其次是垦利县，占比 17. 21%，其他区县依次为利津县占 9. 36%，广饶县占 8. 53%，东营区占 7. 80%。盐碱耕地面积为 1 062. 66 km^2，占东营市盐碱地总面积的 46. 95%，各县区盐碱耕地占该县市（区）盐碱地面积比例差异较大，河口区占 28. 39%，垦利占 65. 81%，利津占 60. 06%，广饶占 74. 83%，东营区占 94. 34%。除河口区以重度盐碱地为主、利用率较低且主要以盐碱荒地形式存在外，东营市其他县区盐碱地利用率普遍较高。

（二）德州市盐碱地分布状况

德州市地貌类型主要有高地、缓平坡地和洼地。土壤类型有潮土、盐土、风砂土 3 个土类、5 个亚类、10 个土属、73 个土种。调查结果表明，

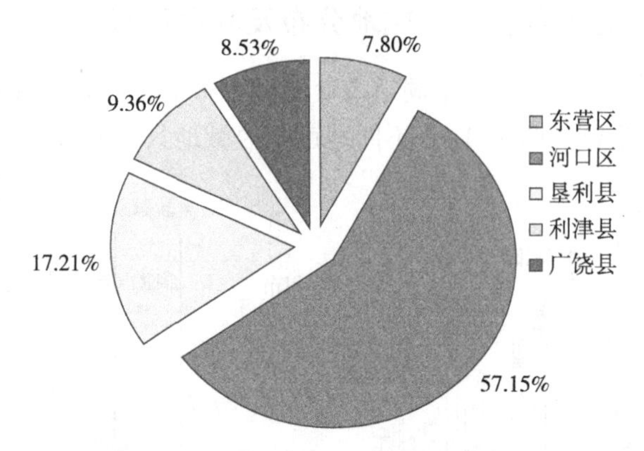

图 1-2　东营市各县区盐碱地分布比例

德州市共有盐碱地 554.93 km²，在乐陵市、宁津县、夏津县、禹城市、陵城县、庆云县、临邑县、武城县、平原县和齐河县共 10 县市（区）均有分布，其分布比例见图 1-3。各县市（区）盐碱地面积占德州市盐碱地总面积比例分别为：齐河县 40.79%、禹城县 12.44%、夏津县 9.95%、乐陵县 7.12%、平原县 12.88%、武城县 5.59%、陵城县 4.89%、庆云县 4.42%、宁津县 1.03%、临邑县 0.89%。其中盐碱耕地面积为 536.73 km²，占盐碱地总面积的比例为 96.72%，各县市盐碱耕地在该地盐碱地中所占比例均在 90% 以上，由此可知德州市的盐碱地主要以盐碱耕地的形式存在，大量盐碱地都得到了有效治理与利用，今后应以提高盐碱地耕地的质量，增加粮食单产能力为主要治理方向。

（三）滨州市盐碱地分布状况

滨州市地貌类型主要包括黄泛平原、滨海平原和渤海湾滩涂，微型地貌又可分为岗地、坡地和洼地。土壤类型有潮土、盐土、褐土、砂姜黑土、风砂土 5 个土类、13 个亚类、28 个土属，127 个土种（全国土壤普查办公室，1998）。盐碱地主要分布在沿海地区和黄河冲积平原，共有 1 619.33 km²。滨城区、惠民县、阳信县、无棣县、沾化县、博兴县和邹平县均有分布（图 1-4），其中无棣、沾化、惠民和邹平县盐碱地面积较大，分别占滨州市盐碱总面积的 29.58%、16.94%、19.63%和 16.47%。无棣县和沾化县分布有大面积盐碱荒地，而惠民县和邹平县的盐碱地以盐碱耕地为主，其次滨城区、博兴县和阳信县的盐碱地面积较小，分别占 6.71%、6.33%、4.32%。盐碱耕地占滨州市盐碱地总面积的 69.53%，各县区盐碱耕地占该

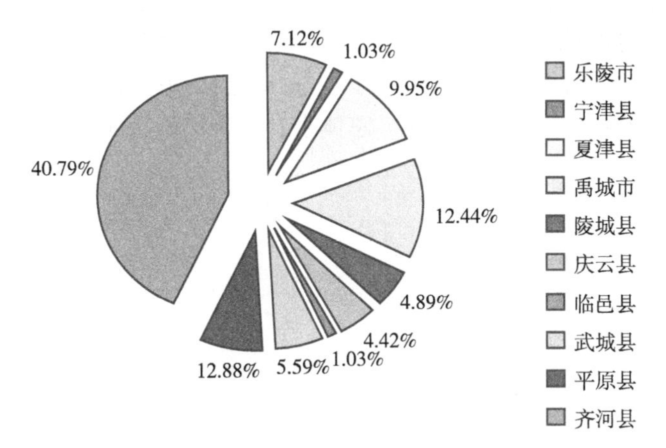

图 1-3 德州市盐碱地分布比例

区盐碱地面积的比例均大于 50%，分别是惠民县占 100.0%，邹平县占 100.0%，滨城县占 83.67%，博兴县占 78.39%，阳信县占 61.40%，无棣县占 60.24%，沾化县占 51.79%，由此可知滨州市盐碱地利用率普遍较高。

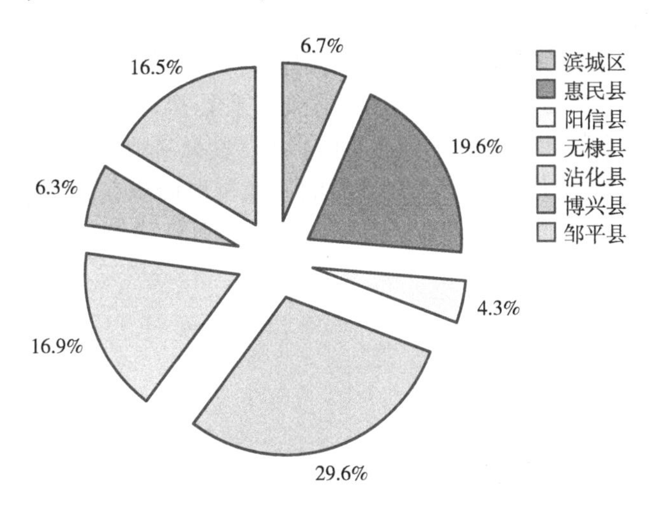

图 1-4 滨州市盐碱地分布比例

（四）潍坊市盐碱地分布状况

潍坊市共有盐碱地 688.67 km^2，主要分布在寿光、寒亭和昌邑 3 市（区），其分布比例见图 1-5。其中寿光市盐碱地面积最大，占潍坊市盐碱地总面积 54.6%，其次是昌邑县，占比 36.6%，寒亭区最小，占比 8.8%。

寿光市、昌邑县和寒亭区的盐碱地虽均分布有盐碱荒地，但以盐碱耕地为主，盐碱耕地面积为 532.68 km^2，占潍坊市盐碱地总面积比例为 77.3%。各市（区）盐碱耕地面积占该市（区）盐碱地面积的比例分别为：寒亭区 84%、寿光市 80%、昌邑县 69%。总体来看，潍坊市盐碱地利用率较高。

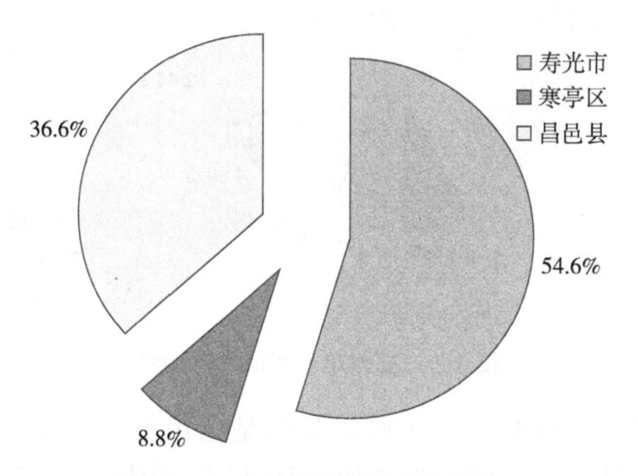

图 1-5　潍坊市盐碱地分布比例

（五）聊城市盐碱地分布状况

聊城市共有盐碱地 244.00 km^2，主要分布在东阿县、阳谷县和茌平县，其分布比例见图 1-6。东阿县、阳谷县和茌平县盐碱地面积占比分别为 29.8%、25.4%和 44.8%。在盐碱地总面积中，盐碱耕地面积为 30.00 km^2，占盐碱地总面积的比例为 75.0%，各县的盐碱耕地面积在其盐碱地面积中所占的比例依次为：东阿 75.2%、阳谷 68.8%、茌平 78.0%。

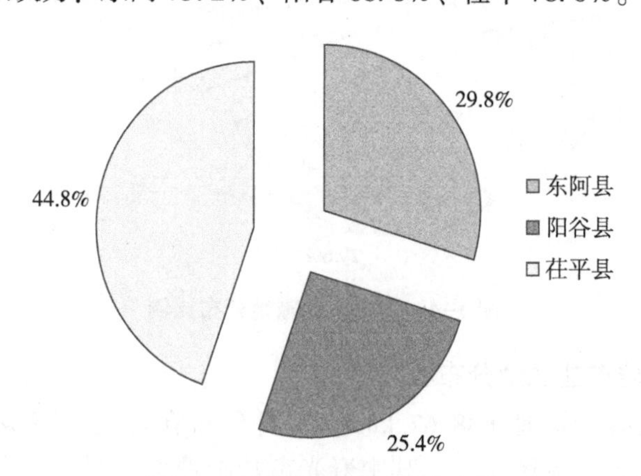

图 1-6　聊城市盐碱地分布比例

(六) 菏泽市盐碱地分布状况

菏泽市共有盐碱地 319.34 km²，主要分布在东明县、郓城县和鄄城县，其分布比例见图 1-7 所示。东明县、郓城县和鄄城县盐碱地面积占比分别为 30.8%、46.4% 和 22.8%。在盐碱地总面积中，盐碱耕地面积为 231.33 km²，占盐碱地总面积的比例为 72.4%，各县的盐碱耕地面积在其盐碱地面积中所占的比例依次为东明 69.4%、鄄城 75.2%、郓城 70.0%。

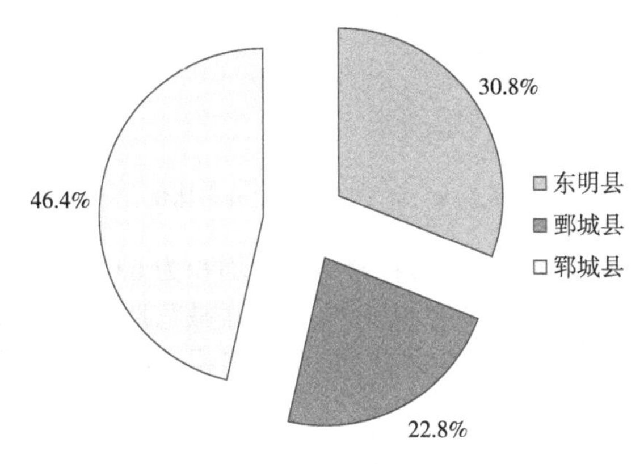

图 1-7 菏泽市盐碱地分布比例

(七) 济宁市盐碱地分布状况

济宁市共有盐碱地 114.00 km²，主要分布在梁山县、鱼台县、微山县和嘉祥县，其分布比例见图 1-8。梁山县、鱼台县、微山县和嘉祥县盐碱地面积占比分别为 46.8%、23.4%、18.1%和 11.7%。在盐碱地总面积中，盐碱耕地的面积为 87.33 km²，所占比例为 76.6%，各县的盐碱耕地面积在其盐碱地面积中所占的比例依次为梁山县 62.5%、鱼台县 87.5%、微山县 83.9%、嘉祥县 100%。嘉祥县的盐碱地全部为盐碱耕地，今后的治理应以提高土地质量和作物产量为主要改良方向。

(八) 其他地区盐碱地分布状况

和以上地区相比，其他地区盐碱地面积相对较少，主要分布在淄博、青岛、烟台和济南市。其中淄博市的盐碱地面积为 17.34 km²，主要分布在高青县，占高青县耕地面积的 4.1%，并且盐碱地均为盐碱耕地。青岛市的盐碱地面积为 52.73 km²，集中分布在胶州市、即墨市、胶南市和平度市，其面积分别为 2.67 km²、20.06 km²、10.67 km² 和 19.33 km²，总体来说，青岛市的盐碱地类型为滨海盐碱地，数量不多，其开发利用应以保护生态环境

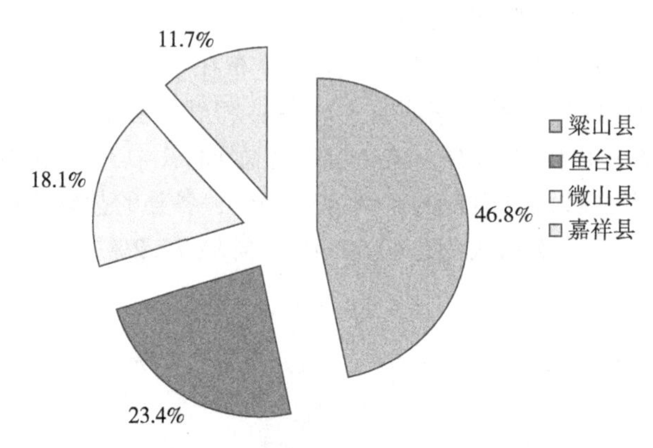

图 1-8　济宁市盐碱地分布比例

为主。烟台市的盐碱地集中分布在莱州市，面积为 68.40 km^2，占莱州市耕地面积的 22%，其中盐碱耕地 56.67 km^2，盐碱荒地 11.73 km^2。济南市盐碱地面积为 34.67 km^2，主要分布在商河县和济阳县，面积分别为 20.00 km^2 和14.67 km^2。

三、山东省盐碱地综合治理成效

在全球土地资源相对减少的大环境下，盐碱化土地作为一种潜在土地资源，它的治理、开发和利用受到了人们的普遍关注。治理改良盐碱地，是补充耕地资源、从战略高度保障国家粮食安全的重大举措，是缓解人地矛盾、推进国民经济又好又快发展的迫切需要。

脆弱的生态环境，不良的气候、地质、地貌和水文等自然条件，是目前盐碱化地区的主要特征，任何不当的资源开发利用，都有可能造成极严重的后果，为了达到盐碱地资源的可持续利用，盐碱地的治理要遵循因地制宜、分区治理、综合利用的原则。例如在调查时发现鲁北地区盐碱地的共同特点是旱、涝、盐、瘦，针对这些特点，当地应采取农水结合、农林牧结合，运用综合措施，消除旱涝盐碱，提高土壤肥力，逐步实现高产稳产。而对于滨海经济较为发达区，盐碱地资源应精细经营，可因地制宜发展农林牧业、水产养殖、特色种植（果蔬、花卉等）、制盐业和休闲观光旅游业等。

（一）山东省盐碱地综合治理成取得的成效

调查显示，2000—2010 年，山东省各级政府及相关单位累计投入 31.80 亿元，与当地群众相结合，通过兴修水利工程、修筑台田、推广配套耕作栽培措施等，累计治理盐碱地 2 532.67 km^2。大部分盐碱荒地变成了盐碱耕地、中产田和稳产高产田，改良后的盐碱地一般种植粮食、棉花、水稻及经济作物等，根据调查的产量和改良面积，计算可知在2000—2010年，新增粮食生产能力132.39×10^4 t。其中东营市累计投入6.380 7亿元，累计治理改良盐碱地387.33 km^2，新增粮食生产能力13.86×10^4 t。德州市累计投入8.90亿元，累计治理盐碱荒地311.80 km^2，新增粮食生产能力35×10^4 t。滨州市累计投入3.75亿元，累计治理盐碱荒地555.20 km^2，新增粮食生产能力24.79×10^4 t。潍坊市累计投入2.50亿元，累计治理盐碱荒地67.67 km^2，新增粮食生产能力3.69×10^4 t。盐碱地治理利用后，显著提高了土地利用率和粮棉油生产能力，增加了农民收入，改善了生态环境，获得了显著的经济、生态和社会效益。

（二）山东省盐碱地治理潜力

根据调查结果可知（表1-2），山东省有盐碱荒地2 062.93 km^2，其中无利用价值的盐碱荒地面积为117.47 km^2。各地市具体情况如下。

东营市可利用盐碱荒地面积最大，为1 200.67 km^2。调查发现，由于东营市“台田—浅池”模式发展成熟，台田种植粮棉与果蔬，浅池种植稻藕或养殖禽鱼与虾蟹等，现在水产养殖已经成为东营市的支柱产业。农民普遍认为所有盐碱荒地均具有利用价值，未来通过发展规模化水产养殖，使盐碱荒地得到高效开发利用。

滨州市可利用盐碱荒地面积为443.0 km^2，占盐碱荒地总面积的89.77%，无利用价值的盐碱荒地面积为50.47 km^2，占比10.23%。其中无棣县可利用盐碱荒地面积最大，为213.33 km^2，目前尚有6.67 km^2盐碱荒地难以利用。而沾化县地处渤海湾南岸，土壤含盐量高，作物产量很低，但近年来积极引进作物高产新品种以及耐盐苗木，建设了“渤海粮仓”现代农业示范园和耐盐碱树种育苗产业园区，成功改良利用盐碱土地资源，提高地区粮食生产和优化区域生态环境。当地农民普遍认为沾化县的180 km^2盐碱荒地均具有利用价值。

潍坊市可利用盐碱荒地128.67 km^2，占盐碱荒地总面积的82.48%。德州市可利用盐碱荒地14.67 km^2，占盐碱荒地总面积的81.48%。聊城市可利用盐碱荒地52.67 km^2，占盐碱荒地总面积的85.87%。菏泽市可利用盐碱荒地71.33 km^2，占盐碱荒地总面积的76.43%。

对于滨海经济较为发达的地区，盐碱地资源精细经营，可用其发展水产养殖及观光旅游业等。内陆盐碱地可采取农水结合、农林牧结合，运用综合措施，因地制宜地发展农林牧业、特种种植（果蔬、花卉等），以提高土壤肥力和利用率。

表 1-2　山东省盐碱荒地利用潜力　单位：km^2

地区	有利用价值面积	无利用价值面积	地区	有利用价值面积	无利用价值面积
东营市	1 200.67	0.00	庆云县	2.00	0.20
东营区	7.33	0.00	临邑	0.26	0.00
河口区	926.67	0.00	平原县	7.60	2.53
垦利区	133.33	0.00	**聊城市**	52.66	8.67
利津县	84.67	0.00	东阿县	15.33	2.67
广饶县	48.67	0.00	阳谷县	17.33	2.00
滨州市	443.00	50.47	茌平县	20.00	4.00
滨城区	12.07	9.13	**菏泽市**	66.00	22.00
阳信县	16.00	28.00	东明县	20.00	6.00
无棣县	213.33	6.67	鄄城县	12.67	4.67
沾化区	180.00	0.00	郓城县	33.33	11.33
博兴县	21.60	6.67	**济宁市**	24.67	2.00
潍坊市	128.67	27.33	梁山县	20.67	2.00
寿光市	52.67	12.00	鱼台县	4.00	0.00
寒亭区	10.00	0.00	**济南市**	4.00	0.67
昌邑市	66.00	15.33	商河县	3.33	0.67
德州市	14.93	3.27	济阳县	0.67	0.00
乐陵市	1.67	0.00	**烟台市**	9.41	2.33
宁津县	1.73	0.00	莱州市	9.41	2.33
夏津县	0.40	0.00	**青岛市**	1.47	0.73
陵城区	1.27	0.53	胶州市	1.47	0.73

四、山东省盐碱地改造开发成功模式

多年来，山东省在盐碱地改良治理中投入了大量的人力和物力，先后开展了农田水利工程及农田配套设施建设、工程改良、生物改良和化学改良，经过长期的实践和探索，取得了大量治理盐碱地的技术和经验，尤其在滨海盐碱地和内陆盐碱地治理方面，取得了显著成效，形成了一些可推广、可复制的成功改良模式。

（一）主要成功改良模式

1. 上农（粮）下渔模式

“上农（粮）下渔”模式是利用种植业、渔业结合开发盐碱荒地的农业综合开发模式。该模式根据“盐随水来，盐随水去”的原理，采用的是灌排、抬高台面、大水压碱的方法。在盐碱地上筑台田，抬高土地耕种层，拉大与地下水的距离，避免地下水通过蒸发把盐分带到土壤表层、通过引水和降水灌溉，使台田中的盐分下降，并随排水沟排走，达到永久性改良效果。“台田”可以种植高产作物，也可用来发展优势特色产业，如种植枸杞、甘草、牧草等。池塘可以用来养鱼、虾等，台田另一侧挖排碱沟，使台田和池塘水库之间的盐分通过排碱沟排出，通过“池塘—台田—排碱沟”生态良性循环，形成台田种植农作物、坑塘养殖水产品的“上农（粮）下渔”立体生态体系。经过平整土地和黄河水浇灌，台田的土壤含盐量可由原来的0.3%以上迅速降低到0.2%以下，开发当年即可种植棉花，2～3年后达到一级耕地标准。通过对利津县六合乡后毕村的调查结果表明，开发当年土壤含盐量由0.47%下降到0.19%，第二年下降到0.17%，第三年下降到0.13%。调查表明，仅东营市河口区自2000年以来，通过实施“上农（粮）下渔”改良模式，共开发利用盐碱荒地20多万亩。该模式在东营市的其他各市区也有大面积存在。

（1）池塘设计。满足水产养殖和浇灌的用水要求。池塘规模拟设计为6～8亩，长方形，长宽比5∶3，长边东西向，有利于光照与受风的面积大。池塘深度一般为2 m，平常水深为1.5 m。池塘坡比为1∶2。放养鱼类以鲤、鲫、罗非、草鱼为主。放养规格为每尾1.3～1.7 cm；密度为每亩300～500尾。

（2）台田设计。顺池塘长向排列，面积由池塘挖土量与台田高度决定。一般高1.5 m，6～10亩，长条状，可有效地降低地下水埋深，增强修复效果。春季返盐盛期，由于鱼种刚刚放养，不需要较大水体，塘水深度控制在1～1.2 m，水浅增温快，有利于鱼类生长。这时保持台田距水面2.3～2.5 m，可以控制台田盐分上行，防止返盐。当鱼长大时，塘水深度控制在1.6 m以上。台田四周加堰，堰宽30 cm，高20 cm。台田平整，防止微地形引起积盐，并结合漫灌达到淋盐、洗盐的目的。台田以草皮护坡。

2. 暗管排碱技术

暗管排碱技术的原理是根据“盐随水来、盐随水去”的水盐运动规律，将淋洗土壤而渗入地下的含盐水排走，用以大规模改良盐碱地和盐渍型中低产田（于淑会 等，2012）。2009 年东营市人民政府从荷兰引进暗管排碱技术，用于改良黄河三角洲盐碱地。暗管排碱技术是利用专业埋管机将具有滤水、排盐功能的 PVC 管道埋于地下 1.8～2 m 深处，将土壤中高矿化度水分及盐分经入渗和自流作用汇入田间暗管排水系统，从而起到控制农田地下水位、淋洗盐分、抑制盐分上移、改善土壤理化性状的作用。暗管铺设当年，灌区地下水位可下降 0.5 m，土壤含盐量降低 0.1%左右，能够满足多种作物生长发育要求。通过 1～2 年的灌溉，即可从根本上解决土壤的盐碱危害，3～5 年收回成本。东营市 10 万亩重盐碱地改良 3 年后，耕作层土壤含盐量由 1%～5%降为 0.3%～0.4%。暗管排碱技术需要与现代化的灌排体系相配套，形成“田块平整、林网覆盖、旱能浇、涝能排”的高标准农田生态系统（牛丽霞 等，2014）。

3. 深沟排碱技术

深沟排碱技术以挖深沟淋盐为主，配以淡水压碱洗盐。与暗管排碱技术的技术原理相同，深沟排碱技术也是根据“盐随水来、盐随水去”的水盐运动规律，把水灌到地里，在地面形成一定深度的水层，使土壤中的盐分充分溶解，再从排水沟把溶解的盐分排走，从而降低土壤的含盐量。挖排水沟可以降低地下水位，减少土壤盐分含量，但排水沟占地较多，且每年要清淤一次，否则排碱沟容易淤积堵塞，洗盐排碱效果降低，导致土壤的次生盐渍化。淡水洗盐，虽然降低了土壤的含盐量，但随着盐分的淋溶，大量土壤养分也随之流失，使土壤结构性能不良，肥力水平降低。因此，脱盐之后的土壤培肥、改良及抑盐控碱等配套措施尤为重要。

4. 经济林利用改良模式

经济林改良模式是改良盐碱地的生物措施之一，自 20 世纪 50 年代起，开始在滨海地区植树造林，并已取得显著的成效。该模式通过种植经济林抑盐脱盐，防风固沙，改善区域气候，缓解淡水资源短缺，还可以直接利用盐碱地生产林木果品，提高盐碱地的生产能力和经济效益。由于黄河三角洲的盐碱地以滨海潮土和滨海盐土为主，以种植刺槐和杨树为主（郗金标 等，2007），通过造林能显著改善土壤结构，降低造林地土壤的密度、孔隙度和含盐量。黄河三角洲地区进行的一系列造林抑制土壤返盐的试验表明，林木郁闭度与抑盐作用正相关，林木对其一定范围内的土壤有抑盐作用，天然更新林、人工林和耕地均具有一定的压盐抑盐效果（丁晨曦，2013），农田林网对抑制土壤返盐亦有显著作用（房用 等，2008）。人工混交林改良效果普遍强于人工纯林，研究显示人工刺槐混交林较纯林表现为降低了土壤密度、pH 值和含盐量，增大了土壤总孔隙度，增强了土壤蓄水性能，增加了土壤全氮、碱解氮和有机质的质量分数，增加了土壤细菌和固氮菌的数量（刘云，2013）。

5. 引黄灌溉，大水压碱

此方法适宜于轻度盐碱地，且有大量黄河水可以使用的地区。轻度盐碱地土壤多处在次生盐碱化土壤上，依据土壤盐碱有随水运动的规律，由于地下水的盐碱含量较高且地下水位低，地面水分蒸发量比较大，为地表积累盐碱提供了便利条件。因此，要结合开挖排水沟降低地下水位，修筑地上渠利用河水灌溉，实行大水压碱来调控地下水。建立和健全旱能浇、涝能排的配套机制，主要做到旱能浇是调控地下水位、抑制地表返盐碱的重要措施。有条件的地方可实行地膜覆盖防止土壤水分蒸发，其次是要做到涝能排，逐步把土壤盐碱含量降低到最低限度。

6. 牧草改良模式

牧草改良模式是通过在盐碱地上种植牧草达到脱盐改良的目的，效果非常显著（侯贺贺，2014）。黄河三角洲大面积的中度盐碱地适合种植苜蓿，2000 年苜蓿种植面积达 1.26×10^4 hm^2，2003 年发展到 2.5×10^4 hm^2，并且形成了一整套适合于黄河三角洲的现代精准农业开发模式，即在发展草业的基础上，建设现代化养牛和乳业基地，种草养畜，过腹还田，增加有机肥料，同时还可带动草畜乳产业化开发，最终形成草畜乳产业链的一体化。研究发现盐碱地种植苜蓿后，因为苜蓿根部发达，根瘤极多，固氮能力强，可增加大量的氮素和有机物质；地上部枝多叶密，可有效防止土壤水分蒸发，防止下层盐分的上升，从而起到培肥和抑盐的双重作用（张凌云，2006；李颖，2014）。

7. 稻田养鱼（蟹）改碱模式

稻田养鱼（蟹）模式是一种盐碱改良成功的重要措施。对于地势低洼、地下水位较高、水源充足、无排水出路、土质较黏、土壤含盐量 0.5%～0.8%的重度盐渍土适宜发展稻田养鱼（蟹）模式。该模式不仅有利于土壤有机质的积累、提高土壤养分含量和氮素利用率，而且能改善土壤理化性质，提高土壤生物活性。鱼在稻田中能活水松土，吃掉杂草、浮游动物、底栖动物和部分害虫，直接或间接起到增施肥料的作用（张凌云，2007）。

（二）治理过程中存在的主要困难与问题

土壤盐碱化地区生态环境十分脆弱，开发利用不当极易造成当地生态环境的恶化，因此，应加大盐碱地资源可持续利用研究力度，探索盐碱地资源利用的多种途径，以推动盐碱化地区生态环境改善和社会可持续发展。山东省的盐碱地治理工作虽然取得一定成绩，但还存在一些困难和问题。

首先盐碱地开发利用缺乏统一、长远的规划，开发无序，经营粗放，重治理轻保护，导致已经治理改良的盐碱地重新发生盐渍化，引起生态环境恶化。具体表现在：一是政府对盐碱地治理的投资力度不够，导致一些高标准、高资金工程无法实施。同时由于成本太高，即使一些比较成熟的排碱技术也没有得到大面积推广。例如在东营市调研时，发现暗管排碱工程实施后在一两年内可使土壤迅速脱盐，从根本上解决土壤的盐碱危害，同时由于大量的排碱渠被暗管所代替，可增加耕地面积 8%～11%，维护费用也比明沟排碱低。但是暗管排碱的成本较高，成套设备需要从国外进口，暗管铺设时也需要大面积机械化作业，限制了该项技术的推广。二是农业灌排体系不完善，存在标准低、老化失修现象。调查发现在东营市、滨州市、德州市盐碱地集中分布区，农田灌溉普遍采用土渠输水、大水漫灌等方式，加之排水配套工程建设跟不上，不仅浪费有限的淡水资源，而且导致地下水位埋深浅，土壤次生及原生盐碱化严重，从而形成盐碱化—引水压碱—盐碱化的恶性循环。

其次受传统农业观念的影响，对咸（微咸）水资源的开发力度也不够。传统的盐碱地利用主要是采用水利工程措施改良，通过抽提地下水，井灌井（渠）排，淡水压盐，降低地下水位，实现盐碱地的改良。在思想观念上，受发展传统农业观念制约，通常把盐碱地咸水微咸水资源等视为生产限制条件，因而过分强调盐碱地治理与改造，而对如何充分利用咸水微咸水认识不足。但研究表明咸水（微）咸水也是一种资源，采用适宜的咸水灌溉方法也是改良盐碱地的一种途径（马文军 等，2010）。

再者注重通过工程技术对盐碱土壤的改良、治理，没有充分发挥盐生植物的作用。耐盐植物可在盐碱地上正常生长，能在改善土壤质量、维持生态平衡方面起到重要作用，具有不可低估的生态和经济价值（王善仙 等，2011；王宝山，2010）。但是长期以来，人们并没有认识到盐生植物的生态价值，对其任意破坏，其经济开发价值更是无人问津，这种现象严重影响了盐碱地的开发和利用。例如白刺、柽柳和碱蓬等均是重度盐碱地上生长的重要植物种类，研究显示其具有很好的生态修复功能（邢尚军 等，2000；管博 等，2011）。在东营市、滨州市等地的调研发现，当地广泛种植刺槐、白蜡等纯林或混交林或枣树和梨树等经济林，以及苜蓿和柳枝稷等牧草，但对碱蓬和柽柳等重度盐碱地植物资源利用较少，人们普遍没有重视其生态价值，严重影响了盐碱地的开发和利用。加强耐盐植物开发利用，对推进盐碱地区农业结构调整、改善生态环境、促进区域农业可持续发展具有重要作用。

第二节 黄河三角洲滨海盐碱类土地资源利用现状

滨海盐碱类土地是一种重要的土地资源，是发展农牧业生产的潜在基地。我国是世界上滨海盐碱类土地资源分布面积较大的国家之一，目前有各种滨海盐碱类土地资源总面积约 1.3×10^6 hm^2（杨劲松，2008），迄今为止，我国还有80%左右滨海盐碱类土地资源尚未得到开发利用，而地处黄淮海平原东部的山东省是我国滨海盐碱类土地资源的主要分布区。据统计，山东省约有滨海盐碱类土地 46.6×10^4 hm^2，占全省盐碱地总面积的78.6%，其中约有 45.7×10^4 hm^2 的滨海盐碱土分布在黄河三角洲地区，占山东省滨海盐碱类土地总面积的98.1%（董红云 等，2017），因此山东省滨海类盐碱地的改良与利用主要集中在黄河三角洲地区。

一、黄河三角洲及其盐碱类土地资源的形成历史

（一）黄河三角洲的演变及其特征

黄河三角洲是由黄河泥沙淤积而成的沉积平原。黄河自1855年（清咸丰五年）在河南省铜瓦厢决口夺大清河河道，从山东境内入海至今，在宽105 km范围内，黄河平均每年造陆地23 km^2，海岸线年均向海推进0.3 km，河道出口沙咀年均向海延伸3 km左右。黄河每年携带10.7亿t泥沙输入河口地区，约2/3堆积在三角洲和滨海地区，1/3运送到内海，致使黄河尾闾遵循淤积—延伸—抬高—摆动—改道的自然规律循环演变，尾闾河段始终处于冲淤交替以淤为主的状态。在一定的来水来沙、河道边界条件及海岸动力要素的综合作用下。主流改道低洼地区，摆动出海位置，因淤积而逐渐上提，接近三角洲扇面顶点时则形成改道。据历史文献记载和统计资料表明，黄河决口和改道达50余次，其中较大的变迁10次，平均9年1次。黄河三角洲就是在这种淤积—延伸—抬离—摆动—改道的自然循环演变中形成的。

近代黄河三角洲属近百年来形成的新成陆地，位于118°1′～119°6′E与

37°20′～38°15′N，以山东省东营市垦利县宁海为顶点，东南至支脉河河口与西北至套尔河口之间的扇形区，总面积约 67.5×10^4 hm^2，约占整个黄河三角洲总面积的 28%，行政上包括东营市全部及潍坊市与滨州的部分县（区）。属暖温带半湿润大陆性季风气候，无霜期 211 d，多年平均年降水量为 610 mm，蒸发量为 1 900～2 000 mm，平均日照时数约 1 717.24 h，年平均气温为 11.7～12.6 ℃。归纳看来，暖和湿润，雨热同季，光热资源配合得当，光热资源丰富，适宜于多种作物生长。在地质地貌方面，该区属华北陆台的渤海凹陷区，地势呈西南向东北倾斜，微地貌多为河床河滩地、背河洼地、古河道高地、河间洼地及微斜平地和海涂地等。

总之，黄河三角洲是近百年来黄河造陆运动形成的新陆地，由于海拔较低，地下水埋藏不深并且矿化度较高，自然蒸发作用较强，从而使得地下的盐分易升至表层，导致土壤盐碱化。盐碱化土壤以滨海盐碱土类型为主，盐分主要以氯化物为主，特别是氯化钠，土壤表层盐分主要在 0.4%～3.0% 范围内变化，土壤结构性差、肥力差，不经改良治理，农业生产不能正常进行。

（二）黄河三角洲盐碱类土地资源的形成特点

黄河三角洲滨海盐碱类土壤是在黄河入海的淤积物上发育形成的，成土年龄较短暂，土壤性状的发育不典型，土壤母质多为粉砂质，粉砂质的沉积物中常夹有薄黏土层。近、现代黄河三角洲盐碱化土壤整体属于滨海氯化物盐碱土类型，土壤类型主要有潮土和盐土两大类，其中潮土面积共计 3 769.41 km^2，占土壤总面积的 47.8%，盐土共计 3 733.74 km^2，占土壤总面积的 47.4%，盐土和盐碱化土高达 70%以上（关元秀 等，2001）。土壤含盐量高，一般要大于 0.4%，某些地方已经达到 3%甚至更高。地下水深一般为 2～3 m，地下水的矿化度可达 10～40 g/L，最高可达 200 g/L（崔毅，2005）。黄河三角洲盐碱化土壤水溶性盐分中，Cl^- 是主要的阴离子种类，可占阴离子总量的 89.95%，而以 HCO_3^- 量最少，约占 0.03%；Na^+ 是主要的阳离子种类，可占阳离子总量的 85.72%，主要的可溶性盐一般为 NaCl，这和海水的成分密切相关，其次是 Na_2SO_4，$CaCl_2$ 和 $MgCl_2$，Na^+、Ca^{2+} 和 Mg^{2+} 占阳离子总量的比例分别为 4.35%、5.92% 和 3.24%（张光斗，2006）。区内盐碱化土壤有机质相对缺乏，介于有机质缺乏和良好之间。黄河三角洲滨海盐碱土在海岸生态环境下，受海潮和矿化潜水的影响强烈，越近海土壤水溶性含盐量越高，盐分剖面表聚性越强。反之，土壤盐碱化程度越低。脱离海水浸渍的盐碱土朝脱盐方向发展，在低平地区形成了与海岸平行的土壤分布规律。从海边向内陆依次分布着滨海潮滩盐土、滨海盐土、滨海潮化盐土和滨海盐化潮土。伴随着黄河三角洲新陆地的形成，在地面海拔高程、植被、潜水、土壤、人为活动等多种生态因子作用下，黄河三角洲盐碱类土地资源形成了以下规律性分布特点和形态特征。

（1）在年高潮位淹没范围内（海拔为 1.5～2.8 m）。土体经常为海水所浸渍，植物很难生长，成土过程极其微弱，仍处于地质形成时期，为滨海滩地盐渍母质分布地带。带内潜水理深很浅，为 1 m 左右，潜水矿化度高于海水含盐量，一般为 40～100 g/L。

（2）在数年高潮位区（海拔为 2.8～3.5 m）。因受潮水项托和海水内渗影响，潜水坡降平缓，甚至为倒坡降，形成封闭的出流状况。在强烈蒸发作用下，造成潜水强烈浓缩和土壤表层盐分的大量累积，潜水矿化度一般大于 100 g/L，最高可达 200 g/L 以上。在修建防潮堤以前，由于受数年一遇高潮的浸渍，成土过程微弱。在修建防潮堤后．有较长时间脱离海潮浸渍的影响，已开始生长多年生盐生植物。土壤已由盐质母质向生物成土过程过渡，为滨海滩地盐土。

（3）在数年高潮位区以上的（1890 年大潮淹没范围，海拔为 3.5～7.0 m）。脱离海潮浸渍的影响已数十年，大都能生长多年生盐生或非盐生植物。根据土壤盐渍化程度的不同，植被种类顺序由光板地变为盐地碱蓬群落（土壤含盐量 0.6～1.2%），有机质与营养元素有一定数量的积累，生草过程比较明显。本区潜水埋深一般为 1.52.5 m，矿化度为 35～60 g/L，从而在沿海盐演母质上发育成为滨海潮盐土。

（4）在有条件灌溉的地区。特别在有良好排水设施的地区，大面积的盐荒地已被开垦为农田，滨海潮盐土已改良为滨海盐化潮土，或向滨海潮土演变。

（5）1890 年大潮位线（海拔为 5.0～7.0 m）至地面高程 9 m 左右。为盐化滨海潮土分布地带。这是滨海盐渍土与内陆盐渍土的过渡地带，盐化滨海潮土多已开垦为农田，但仍零星分布较多的成片盐碱荒地，潜水埋深 2～3 m，矿化度 5～10 g/L。

（三）黄河三角洲盐碱类土地资源的生态成因分析

1. 地质环境

黄河三角洲位于华北地区济阳坳陷的东北部，是中、新生代的一个沉降区，承受着黄河及其他河流的沉积，沉积层达数千米。黄河三角洲向海延伸，形成海陆相双重结构和深厚的堆积层及宽广的潮间带。这种二元结构沉积物特性，深刻影响该区土壤积盐状况和盐碱特性。

2. 成土母质

海陆相双重结构和深厚的堆积物，特别是盐渍母质，是形成黄河三角洲盐碱土的重要物质条件。盐碱土母质多为粉砂质，有较明显的沉积层次，而无土壤发育层次。全剖面含盐量均很高，一般大于 1%盐分的水平分布均匀。无明显的水平分移现象，盐分垂直分布上下接近一致，但受气候影响，盐分有向表层季节性的聚集现象，从低潮位线向内陆方向，盐分向表层聚集作用逐渐显著。盐碱土母质的盐分组成与海底淤泥相近，阴离子中 Cl^- 占绝对优势，$Cl^-/SO_4^{2-}>4$；阳离子中 Na^+ 占绝对优势，$Na^++K^++Ca^{2+}+Mg^{2+}>4$，盐渍母质在长期的地质过程中，特别是生物的作用，逐步向盐碱土转化。目前的潮间带地带，仍为滨海盐碱土母质，经常受海潮侵袭，目前农业上还不能完全利用。但可通过种植耐盐碱牧草，作饲料基地，发展畜牧业或发展盐地农业进行改良利用。

3. 水动力条件

黄河三角洲位于我国东部沿海季风盛行区，多年平均气温 11.7～12.6 ℃，降水量 530～630 mm，蒸发量 175～2 430 mm，大气蒸发可使土坡水分汽化，促使地下水补给土壤水，成为土层水盐向上运动的动力条件。黄河三角洲蒸降比达到 3.5 左右，蒸发量和降水量的比值大于 1 时，说明土壤水的毛管上升运动超过了重力下行水流的运动，土壤及地下水中的可溶性盐类随水流上升蒸发、浓缩、累积于地表。在一般情况下，气候愈干旱蒸发越强烈，土坡积盐也越厉害。在季风气候作用下，土壤季节性积盐和脱盐明显，一般春季干旱多风，强烈蒸发，土壤表层盐分大量积累，雨季，盐分受降水的淋洗，土壤表层发生脱盐；雨季过后，随着蒸发的逐渐增强，土壤又开始下一周期的积盐，从而造成土地盐碱化的年内动态变化。由于降水的年际变化也很大，平均相对变率为 21%～23%，降水最多年为最少年的 2.7～3.5 倍，也造成了黄河三角洲洪、涝灾害频繁，洪水顶托，加重土地盐碱化。

4. 微地貌类型

黄河三角洲除小清河以南为山前冲积平原外，其余地区主要为典型的黄河三角洲地貌。即以河床为基础、新老河道纵横交错、互相切割重叠形成的岗、坡、洼相间的复杂地貌。这种复杂的微地貌条件是影响土壤盐分水平移动的重要因素。微地貌中的局部低地，由于承受降水较多，淋洗作用较大，微洼地中心相应的盐分含量低，微洼地边缘盐分较重。而微高部位，由于不能蓄存降水，淋洗作用小，同时却承受微底部水分侧向运行至微高处蒸发而带来的盐分，土壤强烈积盐。这种土壤盐分水平分移的结果，形成了复杂的土壤盐渍化分区和多样的盐渍土指示植物。

5. 植被因素

植被既是盐碱地土壤含盐量的指示植物，又对盐碱地的演化具有促进作用。从植被与土壤含盐量的关系我们可以看出，滨海盐土植物（含沼生植物）最初生长在海水刚退出的盐土上，随着时间的推移，海水逐渐后退，经雨水自然淋洗，土壤盐分自然降低，有机质累积不断增加，使其物理性质得以改善，更加快了土壤盐度的淋洗速度，土层的营养盐分积累加快。分析证明，刚脱离海水的滩地，土壤离子构成 Na^+、Cl^- 占绝对比例；随陆源物质的携入（主要是河流来沙），成土过程的进展，Na^+、Cl^- 离子减少，但土壤离子和化学成分变得丰富，除 Na^+、Cl^- 离子外，土壤营养元素增加。伴随成土过程，土层盐度不断减少，成为盐土植被动态演替的主要机制。同样，咸水植被的动态变化机制则在于咸水逐渐淡化为半咸水、微咸水乃至淡水。黄河三角洲植被演替有 3 种模式，其一，随潮滩的逐渐淤积及时间推移，咸水淡化为半咸水、微咸水，好盐度植被随之减少，咸水植被沿着以下方向演替：川蔓藻群落—狐尾藻群落—金鱼藻群落—沮草群落—沼生植物群落；其二，在上述规律影响下，随着潮侵减弱，沼生植物群落具有下述演替规律：大米草群落—扁秆藨草群落—芦苇—香蒲群落；其三，自潮滩向内陆平原，随着土壤盐分减少，盐土植物群落逐渐演变为弱盐土植物群落。

6. 人为因素

从黄河三角洲的形成规律和特点我们能看出，近代黄河三角洲形成自 1855 年至今已发育一百多年，其形成是由黄河尾闾摆动形成的亚三角洲套叠而成。每个亚三角洲由黄河携带的肥水沃土淤积而成。表土为新淤积的潮土宜垦区。对这些宜垦区垦殖后，人工栽培植物代替天然植物群落。但由于人们开垦后采取了只索取不投入的掠夺性经营方式。经数十年后，土壤肥力衰退并发生次生盐渍化，然后被人们弃耕。随着黄河尾闾的迁徙，原流路的亚三角洲被遗弃，“游垦”也伴随迁移到新的亚三角洲。废弃亚三角洲变为盐碱荒地。在这种不断开垦又不断弃耕的“游垦”过程中，黄河三角洲撂荒次生盐渍化面积不断扩大，并形成了复杂的条带镶嵌分布。可以说，黄河三角洲土地次生盐碱化的主要原因是人为因素造成的。

二、黄河三角洲滨海盐碱类土地资源利用现状

黄河三角洲盐碱地的存在及开发利用对黄河三角洲的区域可持续发展具有深远影响。

（一）黄河三角洲地区滨海盐碱类土地资源利用的特点

中华人民共和国成立以来，黄河三角洲地区滨海盐碱类土地资源利用有以下特点。

1. 始终未利用的盐碱地分布

1956 年以前就是盐碱地，至今仍然是盐碱地的面积有 1 900 hm^2，主要分布在东部和北部盐场附近以及潮河与马新河之间的马家水库附近。1956—1984 年出现的盐碱地，至今仍然是盐碱地的面积有 18 000 hm^2，主要集中在垦利县东部的永安、下镇乡和利津县境内草桥沟东南部的盐窝与罗镇（关元秀，2001 年）。这些地区的盐碱地主要处于河床高地之间的低洼地处，比较难于利用和治理。

2. 20 世纪 90 年代开始利用的盐碱地分布

20 世纪 90 年代开发利用的盐碱地有 85 000 hm^2，主要沿着 1855 年海岸线附近和 1984 年的海岸线呈带状分布，其他的都是分散在中西部的重盐碱区。这时的利用包括对原生盐碱地的利用和对次生盐碱地的再利用。

3. 变成水域的盐碱地

在 1956—1984 年产生的盐碱地中，已经有 15 000 hm^2 变成了水域，其中有一部分是滨海滩涂。主要分布在东部垦利县沿海地带、河口区西南部以及利津县西部。

4. 利用方式稳定的盐碱地

在 1956—1984 年新开发利用的盐碱地中，有一部分始终没有发生退化，面积有 19 500 hm^2，主要分布在利津县西部和近代三角洲堆积体上。

5. 利用方式反复波动的盐碱地

这种模式据统计有 41 000 hm^2，主要包括两种模式：一种是开发—盐碱地—再开发模式，即新牧草地—盐碱地—牧草地，新利用耕地—盐碱地—耕地，新牧草地—盐碱地—耕地，新耕地—盐碱地—牧草地。另一种是盐碱地—垦殖、放牧—盐碱地模式，包括盐碱地—耕地—盐碱地，盐碱地—牧草地—盐碱地，盐碱地—耕地—牧草地等。这种利用方式波动的盐碱地主要分布在河口区和垦利县境内以及广饶县北部的一部分地区。

6. 新生盐碱地

这种模式包括耕地—盐碱地模式、牧草地—盐碱地模式、耕地—牧草地—盐碱地模式以及滩涂—盐碱地模式和未利用地—盐碱地模式等。总面积有 127 000 hm^2，是盐碱地时空演变模式中发生面积最大的一类，主要分布在滨海滩涂和近代黄河三角洲堆积体上。

在自然和人为活动共同作用下，黄河三角洲盐碱类土地因利用方式、开发与保护程度的不同，导致各种用地类型向两个截然不同的方向发展。但无论是好转还是恶化，都遵循空间上就近转化的规律，例如，由于轻盐碱地与耕地斑状镶嵌分布，它们之间转化频繁，合理利用会使轻盐碱地变为耕地，不合理利用则导致耕地次生盐碱化。由海向陆，滩涂、光板地、重盐碱地、水体（虾池）、林草苇地、轻盐碱地、耕地呈带状分布，光板地与滩涂、重盐碱、水体、林草苇地之间相互转化，轻盐碱地与重盐碱地、耕地之间相互转化。这是黄河三角洲盐碱地区域分布和不同盐碱地类型之间的转换特征。根据这一特征，可用来指导盐碱地治理和发展生态经济（孙红军，2004）。

（二）黄河三角洲地区滨海盐碱类土地资源开发利用的模式

随着我国经济发展重心的北移，黄河三角洲的开发已受到国家和山东省的高度重视。2009 年 12 月 1 日，国家通过了《黄河三角洲高效生态经济区发展规划》，黄河三角洲的开发建设正式上升为国家战略。通过多年开发建设，黄河三角洲已由自然生态系统转向人工生态经济系统。近年来，当地政府针对有相当一部分农田存在灌排不配套，旱不能浇、涝不能排、碱不能改的问题，结合农业综合开发，开展农田水利配套建设，促进农业结构调整和农业生态环境的改善。主要围绕骨干引黄工程，抓好灌区续建配套工程建设，扩大有效灌溉面积。抓好旱涝碱中低产田改造，通过在高亢缺水地块种植耐旱作物、发展旱作农业，在易涝盐碱地片采取上农下渔、暗管排水、稻改等措施，改善生产条件。大搞水土综合整治，在建设沟渠路闸等工程的同时，种植花草树木及适宜高效经济作物，通过生物工程改善生态环境，实现可持续发展，加快农业结构调整。

1. 种植业—农区饲养型生态农业模式

黄河三角洲扇顶部位、黄河冲积平原和南部冲积平原是本区的主要农业地带，这些地方土地质量较高，受盐渍化威胁较小，肥力不足往往是农业持续高产的关键限制因素。通过发展农区饲养业，充分利用作物秸秆等饲料资源，并经过过腹还田培肥地力，走“农养牧、牧增肥、肥改地、地增效”高效大农业之路，进而加强农牧业生产的集约化程度，形成生态经济的良性循环，这一模式可以概括如图 1-9 所示。

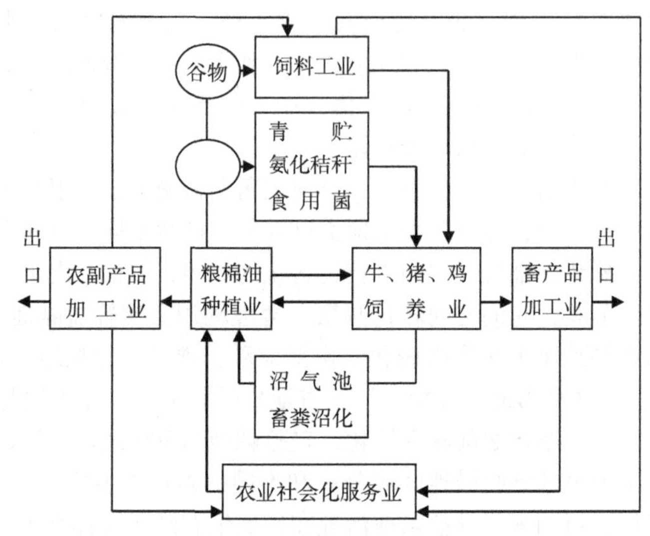

图 1-9 种植业—农区饲养型生态农业模式

2. 台田—鱼塘型生态农业模式

在地面高程 1.3～3 m 的近代黄河三角洲区域，以重度盐化潮土和盐土为主，土壤含盐量 0.6%～2.0%，在有引黄条件的区域，通过深挖池塘、高筑台田，实行水土分层治理，并在塘内养鱼，是改造盐渍地和高效利用低洼盐渍地的成功途径。这种“台田—鱼塘”型土地结构类似于珠江三角洲的基塘系统，但其田塘比例一般大于珠江三角洲的基塘比例。修筑台田的目的主要是降低地下水位和淡水压盐，一般在台田上连续种植水稻 3 年后，土壤盐分明显降低，即可轮作不同农作物。在无引黄条件下，可通过台田围堰聚集夏季雨水淋盐，种植耐盐牧草，实行周年覆盖，逐渐改良利用台田土壤。

在改造台田盐渍地的情况下，塘内引入黄河水淡水养鱼，可利用台田作物或牧草喂鱼，也可利用发酵的鸡粪、畜粪喂鱼。鱼塘内可采用不同鱼种分层喂鱼，鱼塘的塘泥还可以定期挖出作为台田的肥料，形成一种良性循环。当地百姓称作”上农下渔”，已得到推广，这一模式可概括如图 1-10 所示。

3. 枣（林）— 粮间作型生态农业模式

在黄河三角洲的宜农地区域，具有发展枣粮间作的条件。古代黄河三角洲自古就有枣粮间作的传统，这些林粮间作一般都有很好的生态效益和经济效益。枣、林可以防风减灾，改善田间小气候，有利于作物生长，大田作物勤于管理，对枣树生长也有利，往往获得枣粮双丰收。其模式可概括如图 1-11 所示。

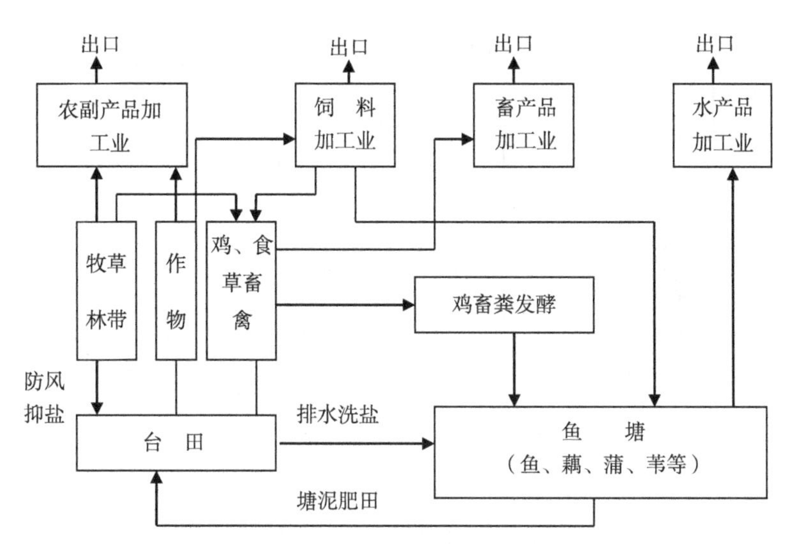

图 1-10 台田—鱼塘型生态农业模式

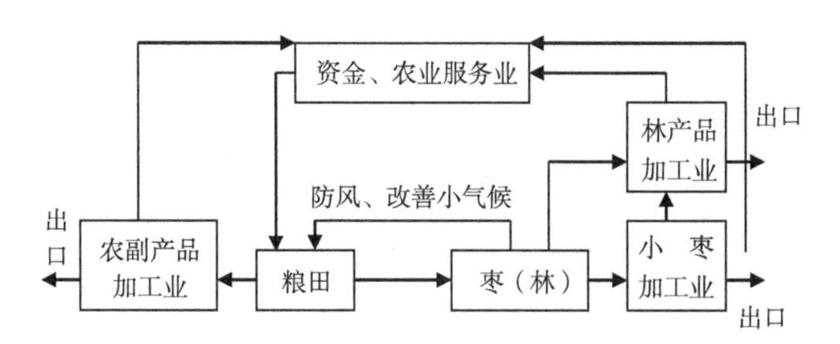

图 1-11 枣（林）—粮间作型生态农业模式

4. 草业—牧业型生态农业模式

在近现代黄河三角洲滨海滩涂以上地带，黄河入海口、黄河故道两侧，以及三角洲中部平原地区，区内草场广阔，土壤含盐量 0.3%～0.6%，天然草场质量不佳。在开发方向上，重点封育、改良天然草场，逐步建立畜牧养护区，推行以草绿地、以草改土、以草养畜、以草养林、以草促副、以草养鱼、以草促农的草业—牧业型生态农业模式如图 1-12 所示。

5. 蔬菜—风能型生态农业模式

蔬菜种植和花卉业未来将成为滨海区域的主导产业。但是品种、土壤盐渍化、水、电等问题，限制着高新技术在日光温室中控盐、节水、营养供给三位一体的应用。由于该区域有丰富的风能资源，可通过风车给滴灌系统加

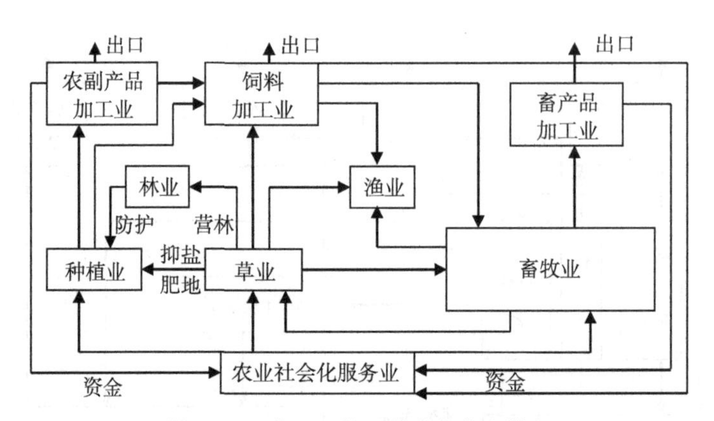

图 1-12　草业—牧业型生态农业模式

压和抽取地下微咸水进行灌溉、营养补给，充分发挥滴灌在日光温室中的作用，既利用了风能资源，又解决日光温室动力问题，故提出蔬菜—风能型生态农业模式（图 1-13）。

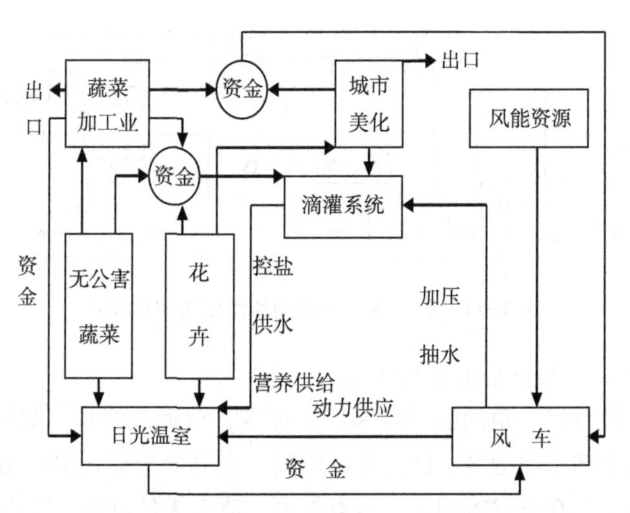

图 1-13　蔬菜—风能型生态农业模式

6. 城郊型生态农业模式

城郊型生态农业是一种向心式的结构（图 1-14）。因为以市场为导向，又有依托城市的良好区位、资金、技术、信息及设施条件，容易获得高生产率和高效益，在生态农业发展布局中要与城市规划结合起来。

黄河三角洲目前尚无完备的城郊生态农业，未来要有计划地培育。除了中心城市，还有区县城镇和星罗棋布的石油工业点，这些城镇和工业点的郊区和外围，均可采用城郊型生态农业模式，以取得良好的经济和生态效益。

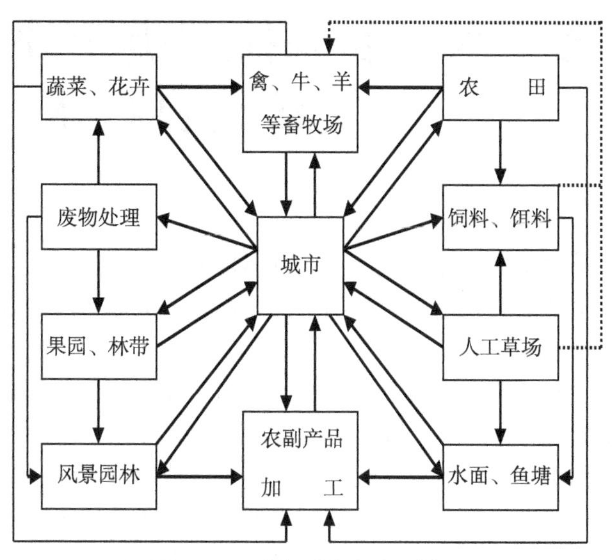

图 1-14 城郊型生态农业模式

第二章　滨海盐碱类土地资源改良技术

盐碱土含有过量的盐分、碱度过大及不良的土壤物理性状，对农林业生产影响很大。土壤盐碱化会引起植物生长伤害，造成高浓度盐分降低土壤水势而使植物吸水困难的“生理干旱”，或植物过多地吸收土壤中某种过高浓度的离子而减少其他离子的吸收，形成某种离子在植物体内积累过度使植物受害的“单盐毒害”。此外，植物受盐分胁迫会造成一系列生理代谢失调，如光合作用受到干扰；低盐浓度促进呼吸，高盐浓度抑制呼吸；盐分胁迫下降低蛋白质合成，促进蛋白质分解和植物死亡。由于盐碱土和土壤次生盐碱化问题出现在世界各大洲的干旱、半干旱以及半湿润地区，是人类面临的一个世界性问题，许多国家的学者长期从事盐碱土的研究工作。随着全球土壤盐碱化的日益严重，改良盐碱地的研究也越来越多，再加上电子计算机、遥感和测试手段的不断进步，在盐碱土资源调查、土壤水盐监测、溶质运移以及自然变异等方面都取得了很大进展；在改良盐碱土和防止次生盐渍化方面，对排水措施都给予重视，大面积地利用暗管排水和竖井排水降低地下水和控制地下水取得一定效果，在耐盐植物选育和利用方面也取得初步成效。

第一节　盐碱类土地资源改良技术研究概况

土壤经过盐碱化形成盐碱土，含有较多的盐碱成分而使土壤理化性质发生显著变化，土壤 pH 值增高、层次分布不明显、侵入体多、板结严重，土壤微生物受到严重影响，进而作用于土壤养分循环，导致有效养分缺乏，直接和间接导致植物生长环境的退化，致使大多数植物生长受到不同程度的抑制甚至不能成活（刘春阳 等，2007；牛世全 等，2012）。盐碱土改良措施能够改善土壤 pH 值、盐分含量等盐碱环境，改善土壤结构，降低土壤容重，增加土壤孔隙度，改善土壤通透性等，改善土壤微生物生存的环境，从而优化植物生长环境。生物改良是指通过建设防护林，种植耐盐植物、绿肥等来改良盐碱地，驱动土壤疏松，板结程度减轻，土壤透水透气性增强，提高植被覆盖率，减少水分蒸发，减少水土流失，提高土壤肥力，降低地下水位，控制土壤返盐（李颖 等，2014）。

一、国外盐碱类土地资源改良研究历程

鉴于盐碱土是一个相当庞大的土地资源，世界上不少国家长期以来，非常重视盐碱化土壤改良利用的科学研究，也开展了一系列盐碱地改良利用工作。例如，印度早在 1876 年便成立了盐碱土委员会，1969 年又成立了中央盐土研究所。20 世纪初期，美国、苏联、加拿大等国家率先对盐碱化土壤的地理分布、形成过程、盐碱类型及其发生学特性等方面进行了研究。美国早在 1902 年就成立了垦务局，以后又由美国盐碱土改良实验研究所主持盐碱土改良工作。美国在盐害机理和植物耐盐机理方面开展的工作比较突出，提出原初盐害和次生盐害的理论，并从分子生物学角度探讨了植物耐盐机制。苏联自 1912 年以后，先后成立了水利土壤改良和农业土壤改良研究所等，有超过 50 个科研机构和高等院校从事盐碱化土壤改良利用的研究。苏联很多年前开始营造农田防护林，主要目的是防止风蚀、抵御干旱、抑制土壤流失，其中一部分营造在盐碱地上。20 世纪 30 年代实行农庄集体化后，特别是第二次世界大战后，随国内局势的日趋稳定，针对国内粮食严重不足的问题，探讨改善农业生产环境，提高农产品产量的方法，把对盐碱地改良利用研究提到重要位置。从 20 世纪 40 年代以来，苏联对植物耐盐性、盐碱地造林树种选择、造林技术、选育耐盐植物、林带对地下水位的影响、地下水位与盐碱地的关系、树木对盐碱土壤的改良作用、土壤次生盐渍化等问题进行了比较深入的研究，取得一系列成果。从整个国际来看，30 年代重点进行了以水利改良土壤为中心的灌溉和防渗为主要技术的盐碱土改良方面的研究与应用。接下来开始加强了化学改良、农业措施改良、土壤理化性质和水盐运动规律方面的研究。从 60 年代起，在盐碱土的改良和利用的着眼点由田块发展到大范围和流域性的整体治理。1973 年联合国教科文组织，为应用现代科学手段调查研究土壤盐渍化问题，特别是与灌溉的关系，委托匈牙利科学院等有关单位，举办了国际土壤盐渍化进修班。进入 80 年代，某些国家意识到片面研究自然土壤的局限性，盐碱土的研究和改良重点也就逐渐转移到大面积的耕作土壤上来，注重开展多学科的综合研究和耕作土壤的综合治理，进行大型灌区次生盐渍化的预测预报和治理、区域水盐运动和

水盐平衡，进而提出土壤次生盐碱化发生与预报的自动控制及其理论依据。90 年代，经济而科学地用水并通过采取物理化学措施加强土壤脱盐效果，研究土壤耕作与土壤肥料的关系，开始大量利用改良剂，应用高矿化水，选育并应用耐盐品种，研究数学分析和物理化学的模拟试验，已经逐渐成为研究热点（田长彦 等，2000；贾广和，2008）。21 世纪以来，许多发达国家充分利用 3S 技术和 EM 盐分勘查系统，建立了土壤盐分灾害监测网络，大规模开展土壤盐分勘查，快速、方便、完整地获取当时当地的土壤盐分和作物数据，为准确、快速的改良决策创造了条件，正在逐步形成精确盐碱土改良的高新技术体系。区域性土壤改良服务的航测与卫星测量方法等，也是国外目前盐碱土改良研究的新动向（田长彦 等，2000）。

二、国内盐碱类土地资源改良研究历程

我国是一个古老的农业大国，疆域辽阔，历史悠久。在长期的农业生产实践中，我们祖先曾创造了光辉的业绩。历史已有不少古农书对此作记载。早在公元前三四世纪《管子地员篇》中，便有“凫土之次、曰五桀。五桀之状，甚咸以苦，其物为下，其种白稻长狭”的记载，说明农民利用盐碱土种稻已有久远的历史。并提出了“水”为万物根源的学说，对盐渍土的水利和水利工程技术作了论述，对不同土壤与作物间的相互关系作了探讨。在周代开始引淡水灌溉洗盐，到秦、汉时代种稻洗盐已很普遍，并采取了放淤压盐的改良办法。唐代开始垦殖滨海盐土，宋代兴修海堤，挡住海潮，防止咸水倒灌，大面积盐荒地得到利用。清代在江苏省滨海地区创办垦牧公司，兴修排水系统。随着人们开发利用盐碱土以来，认识土壤、改造土壤、利用土壤的知识就在不断积累和发展。但由于我国历史上长期处于封建社会，特别是在中华人民共和国成立前的一百多年时间里，天灾人祸，民不聊生，兴修失利，耕地荒芜，农业衰败，农村经济濒于崩溃的境地。

中华人民共和国成立后，我国生产关系发生了根本的变化，为合理利用开发盐碱土创造了良好的条件。新中国成立初期，国内组织了对东北、青海、西藏、新疆、宁夏、内蒙古、华北平原等地的土地资源考察和全国性的土壤普查，为摸清我国盐碱类土地资源状况和开展盐碱类土地研究打下了良好技术基础。在新疆、宁夏、内蒙古河套地区、松嫩平原和辽河三角洲等地大规模开展的盐碱类土地资源的开垦、改良和利用工作，扩展了我国耕地资源面积，对当时我国农业生产的发展作出了重要贡献。我国对盐碱土的改良利用，经历了从单项措施到综合措施，从小范围利用改良到大面积综合治理

的发展过程，大致可分为如下三个阶段。

第一阶段主要在20世纪50—60年代，可称为“农改阶段”，既以农业生物改良措施为主，如刮盐改碱、围埝蓄淡、翻淤压碱、耕作防碱、增施有机肥料和种植耐盐碱作物等。50年代初期，全国盐碱土耕地面积7 000多万亩，其中，黄淮海平原2 800多万亩，内蒙古河套灌区只有66万亩。

第二阶段主要在60年代，属于“水改阶段”，既以水利措施为主，但初期进行了一些大引大灌、兴渠废井、有灌无排、只蓄不泄等不健全水利建设，引起土壤次生盐碱化发展，全国耕地中盐碱地面积迅速增加，由原来的7 000多万亩扩大到11 700万亩，增加40.2%，黄淮海平原由原来的2 800多万亩扩大到近6 200万亩，增加121.4%，内蒙古河套平原由66万亩，扩大到157.8万亩，增加了58.2%。分析原因，在无排水条件下大量引河水灌溉，会从根本上改变干旱条件下的土壤水分状况，使土壤盐碱化的环境发生根本性而又急剧的变化。如河套地区年降水量仅120～200 mm，陆面蒸发一般不超过300 mm，而在灌溉条件下，灌概土地来水可增加到1 000～1 500 mm，相应的陆面蒸发平均可高达500～1 000 mm，从而激化了土壤盐分的运转和累积。在地下水位上升时，会使含水层、底上层内的易溶盐类向土壤根系层移动，在蒸发和蒸腾量的增加一下，加剧了土层内积盐强度。在灌溉条件下土壤盐碱化的发展和演变，要比自然状况下进行得快又强烈，结果造成盐碱化迅速扩大。后经过根治海河，及开挖骨干河道，健全排水系统，配合井灌井排等措施，盐碱土面积逐年缩小。

第三阶段从70年代到现在，由农林水结合到综合治理阶段，通过研究与实践，逐步认识到应采取农林水综合措施，进行旱涝盐碱地综合治理，实现农林牧副渔综合发展。80年代，为了研究盐碱地的治理，国家在黄淮海平原五省二市先后建立了若干试验区，如山东省的禹城、陵县、寿光，河北省的曲周、南皮，河南省的商丘、封丘，江苏省的睢宁等，这些试验区都取得了较好的成果，为黄淮海平原盐碱地的治理积累了经验。陈恩风教授提出“以排水为基础、培肥为根本”的观点，水利工程措施、农业耕作措施和生物培肥措施相互结合、综合治理，盐碱地改良利用工作跨上了一个新台阶。目前，随着盐碱地治理理念的变化，盐碱化土壤的改良利用进入“以种适地、以地适种”相结合的阶段，一是以地适种，既通过改良土壤本身，降低土壤可溶性盐分、钠吸附比和碱化度，为作物创造良好的生长环境条件；二是以种适地，即通过选用适宜的耐盐碱作物品种，并挖掘品种自身所具有的忍耐能力，用于直接种植于盐碱化土壤。

第二节 盐碱类土地资源改良技术汇总

土壤盐碱化的形成原因及其特点决定了土壤中的盐分是不可能从根本上消除的，在治理上应采取以形成并维持土壤表层（面）淡化层为核心的开发主线，即在不强调减少土体盐碱成分总储量的前提下，通过水、盐、肥等要素时空存在形式的调节来实现盐分的时空分布调控，协调植被与其主要根系活动层之间的关系，在土壤表层（面）建立一个良好的水、盐、肥的低盐淡化层，供各种动植物和微生物进行正常的生命活动，并在以后的管理维护中，根据“盐随水来，盐随水去”的水盐运移规律，通过以控制水分运移为中心来调节土壤盐碱化程度（郭洪海和杨丽萍，2010；王丽贤 等，2012）。根据改良措施的性质，盐碱类土地资源的改良技术包括物理措施、化学措施、水利工程改良措施、生物措施、农艺配套措施等。

一、物理改良措施

盐碱地改良的物理措施主要是通过改变土壤物理结构来调控土壤水盐运动，从而达到抑制土壤蒸发、提高入渗淋盐效果的目的（牛东玲和王启基，2002；马晨 等，2010）。

1. 淋溶

淋溶是利用水将水溶性盐分淋洗到植物根际之下，是修复盐碱化土壤的最常用的方法之一。淋溶需要有充足的淡水水源才能将盐分转移到一个比较安全的深度，否则，盐分可能由于毛细管和蒸发重返地表。连续积水、间歇积水、喷灌是淋溶的三种方式，将盐分淋出土壤剖面的最快方式是连续积水，但最高效的方法却是滴灌。相比连续积水，高速喷灌能节约用水，但用时较长。间歇积水需要淋溶多次才能到达较好的效果。淋溶还必须具备完善的排水设施，良好的排水可以及时将植物根际的盐分通过淋溶带走，又防止土壤次生盐渍化（刘建红，2008）。

2. 电力改良

电力改良盐渍土是一些国家应用电流的电解作用使盐离子发生移动，使阴极带 pH 值增高，阳极带 H^+浓度增高，土壤溶液酸度增加，从而促使难溶盐类溶解的方法（蔺海明，1994）。Reuss 从 19 世纪初开始进行探索，在 1807 年发现通过直流电处理土壤，能增加土壤的导水率和引起土壤离子的迁移，改变土壤的性质。20 世纪 30 年代，印度 puri A N 等首次进行了碱土电流改良试验。20 世纪 50 年代后期，美国 Collopy J P 在沼泽化次生盐渍土上进行了电流改良研究，并获得了专利。20 世纪 60 年代，苏联莫斯科大学的瓦久尼娜等对苏打盐土和碱土作了直流电配合水冲洗的室内试验和田间小区试验，探讨了电流与土壤改良剂对苏打盐碱土物理性的综合影响情况，并出版了相关专著（于天仁 等，1976）。在我国，俞劲炎和陆少椿等首先开展了对浙江省两种滨海黏质盐土的电流改良研究（俞劲炎等，1982）。杨柳青等在前人室内模拟研究的基础上，开展了盐碱土电流改良的田间试验，发现用电流改良盐碱土，可以使作物产量增加，效果明显（杨柳青 等，1995）。

3. 覆盖压碱

通过地表覆盖压碱也是改良盐碱土的一项重要方法，其原理是通过覆盖物吸收的降水在下渗过程淋洗耕层盐碱或切断土壤毛管，减少土壤表层蒸发来抑制返盐。农业生产中广泛应用的覆盖有秸秆、地膜和河沙等。利用秸秆覆盖还田，既能抑制土壤水分的蒸发、防止地表积盐，还可以调节土壤水分、容重等物理性状、增加土壤有机质及营养元素含量，从而促进灌溉脱盐（谢承陶，1988）。铺沙覆盖压碱能够促进土壤团粒结构形成，使土壤空隙度增大，通透性增强，使盐碱土水盐运动规律发生改变，在雨水的作用下，盐分从表层土淋溶到深层土中。由于土壤团粒结构增强，保水、贮水能力增大，减少了蒸发，从而抑制深层的盐分向上运动，使表土层的碱化度降低，起到了压碱的作用（刘建红，2008）。试验结果表明，铺沙有明显的脱盐和压碱的作用，使土壤 pH 值和电导率下降，土壤含水率增加，为植物在盐碱土上生长创造了良好的生态环境（杨立国，2007）。

4. 微区改土

微区改土即客土改良，客土改良是国际上常用的改良盐碱土的方法，主要用于改良原生型的盐碱土，特别是重度和中度盐碱土。客土就是换土，在有明显盐碱或含盐量 3% 以上的盐碱地铲起表土运走，盐碱越严重铲土层应加深，然后填上好土，或者运走部分盐碱土，把好土与留下的盐碱土混合，这样也能有效地降低土壤含盐量，有抑盐、淋盐、压碱和增加土壤肥力的作用（李小娟，2008）。研究表明，客土更换 10～12 cm 能抑制盐碱 3～4 年，13～16 cm 能抑制 10～15 年，16～20 cm 能抑制 20 年左右。但是客土改良在没有更换全部上层土壤的情况下只是一项临时性措施，不能从根本上切断土壤盐碱化危害，只适用于特殊的土地利用（张建锋 等，2005）。

二、化学改良措施

化学改良的方法主要是指在盐碱化土壤上施用化学改良剂，主要的原理就是改变土壤胶体所吸附阳离子的组成结构，从而进一步改善土壤的物理化学性质。近年来，改良修复盐碱化土壤的改良剂种类越来越多，根据改良剂的原料来源，可分为“天然改良剂”“人工合成改良剂”“天然—合成共聚物改良”和“生物改良剂”这四类，主要包括石膏、磷石膏、过磷酸钙、腐殖酸、泥炭、醋渣等（图 2-1），通过研究它们的改良效应可为今后利用土壤改良剂改良修复盐碱土提供有利指导。

1. *无机改良剂*

由于土壤中含有的碳酸根离子和碳酸氢根离子主要是与钠离子结合形成碳酸钠和碳酸氢钠，致使铁、锰、钙及五氧化二磷等营养物质因受到强碱性的影响而溶解度降低，危害农作物的生长。针对这一情况，对碱化土壤的改良就是要消除耕作层土壤内含有的有害可溶性盐及土壤胶体表面所吸附的钠离子，消除碱化层的不良理化特性（王丽贤 等，2012）。取得较好效果的无机化学改良剂有两类：一类是含钙物质，即直接钙作用剂，如石膏、磷石膏、氧化钙、煤矸石、含石灰的产物、含石膏或石灰的土、过磷酸盐等，其主要作用是利用它们含有的钙离子代换出土壤吸收性复合体中的钠离子，使碱化土壤中的碳酸钠和重碳酸钙有害物质变为碳酸钙和重碳酸钙等无害盐类（张谦 等，2016）。另一类是酸性物质，即钙有效化剂，如黑矾、硫黄、硫酸、磷酸、盐酸、硫酸铁、硫酸铝、褐煤副产品及硫酸铵等，主要作用是利用其酸性中和土壤的碱度，并溶解土壤中的碳酸钙，使钙有效化，从而促进钙离子代换土壤胶体表面的钠离子，降低碱化度，达到改良目的（曹稳根，1997；徐鹏程 等，2014）。

2. *有机—无机或有机改良剂*

除无机化学改良剂外，还有一些有机—无机或有机土壤改良剂开始用于盐碱土改良。研究结果初步表明，以含钙物料和有机物料为主要材料的复合改良剂能明显降低盐碱土的 pH 值、Cl^-、和 Na^+，原因主要是含有丰富的有机质、腐殖酸和 Ca^{2+}。盐碱土复合改良剂还能明显提高土壤肥力，特别是提高土壤有机质、水解氮和速效磷含量（王素君，2010；王丽贤 等，2012）。

值得提出的是，化学措施应与传统的改良利用方法相结合，包括物理措施、生物措施和水利措施等，否则很难达到预期的效果和目的。因此，在实际应用中，化学技术往往与生物技术、物理技术和农技技术配套相结合，形成综合改良利用技术体系。化学改良技术具有操作简易、见效迅速和易于工业化等特点，是近年在盐碱化土壤改良中研究和应用较快的技术。

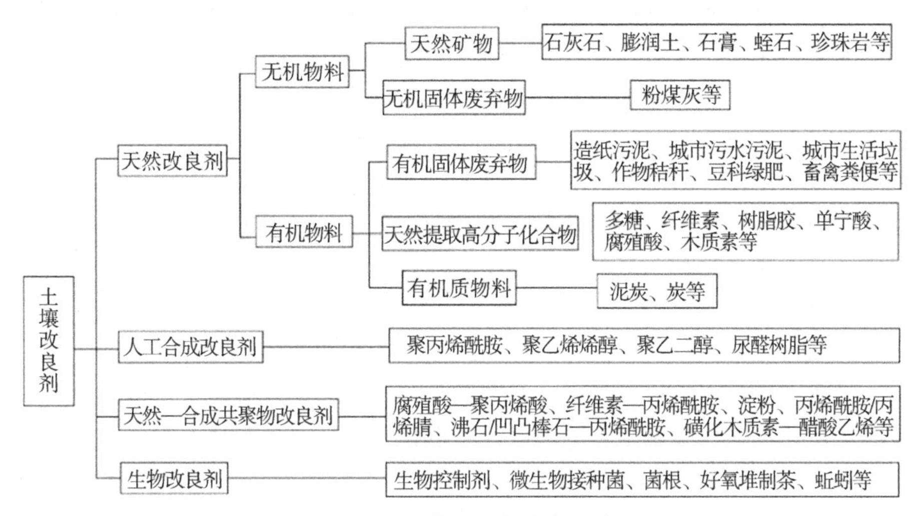

图 2-1 土壤改良剂分类系统

三、水利工程改良措施

盐渍土的水利工程改良措施是根据“盐随水来、盐随水去”的规律进行灌溉压盐或排水减盐。在合理排、灌改良盐碱土方面，目前主要采用的措施有以下几种。

1. 引水灌溉洗盐

引水洗盐世界各国普遍采用，利用自然降水或人工大水灌溉，可促使部分盐碱沿土壤孔隙、裂缝向下渗透，将表层土壤的盐分随水带到底层。在盐土周围贮存降水，可促使土壤脱盐。降水条件较好的地区，在田内灌水洗盐，可加快土壤脱盐速度。对盐碱比较严重的个别地方，进行单独灌水，且须加大灌水量增加渗透，灌水后可搅动表土，使盐分增大溶解，把盐分积聚到土壤深层，以此提高脱盐率（李小娟，2008）。对碱土有些国家用高矿化度水冲洗，利用高矿化度水中的钙、镁离子代换出土壤复合体的代换性钠离子。突尼斯在 1962 年成立了咸水灌溉研究中心，经过多年研究证明，微咸水灌溉 4 年后土壤化学组成和含量基本稳定，在合理灌溉和管理条件下作物可以获得高产。阿尔及利亚、西班牙、德国、瑞典、日本及中国均有在干旱降水不足时，引用含盐浓度在 0.7%～2.0% 的咸水灌溉，提高 10 多种粮油作物产量获得成功的报道（蔺海明，1994）。

2. 引洪放淤压盐

在无条件引水洗盐的贫水国家常采用引洪淤灌洗盐压碱，效果良好。利用洪水中的土肥、土资源淤灌盐碱地，可以变洪害为水利，变盐碱地为良田，是一项土、肥、水综合改良盐碱地的有效措施。盐碱地上引洪放淤不仅抬高地面，平整了土地，相对降低了地下水位，而且使土壤中盐分随着水分的下渗受到淋洗，收到冲洗脱盐的效果（曹稳根，1997）。研究表明，在雨季利用河流淤泥使土壤表面覆盖 0.6～3 cm 黏土，经太阳暴晒干燥结壳后可有效防止土壤盐渍化，当放淤黏土厚达 28～36 cm 时，土壤 10 年以上不致盐渍化（蔺海明，1994）。

3. 排水脱盐

排水也就是将农田中过剩的水分和盐分排除出去。排水洗盐适合地下水位高、矿化度大、盐碱很重的地区，可以排水排盐，控制地下水位，调节土壤和地下水的水盐动态，特点是洗盐效果好，返盐率低，要求排水设施配套，能将盐分排出灌区。排水包括排地表水和排地下水。通过开挖明渠、埋设地下暗管、竖井排水脱盐等工程措施，可以达到隔盐、抑盐、脱盐目的。近 50 年来，水利工程技术走过了 20 世纪 50—60 年代以明沟为主要排水体系的灌排改良盐碱土技术，70 年代竖井强制抽排技术，80 年代竖井、排水沟结合排水洗盐技术，到 90 年代目前为止的以明沟为主，同时辅以竖井与暗沟为特征的综合水利工程改良技术（冯锐 等，2000）。

4. 改排为蓄新模式

“改排为蓄”模式打破传统的淡水压盐、地下排水脱盐理念，提出了以蓄为主，区域对外不排水，区域内控制排水的新理念，通过循环压盐，改变土壤中盐分的分布，达到盐分向深层转移，减少耕作层含盐量的目标，同时通过在农沟里适当蓄水，适当提高田间地下水位，保证土壤内有充足的水资源，解决了缺水问题，减少了引水灌溉的麻烦，并且从根本上解决了田间排水对下游水体造成的污染问题，达到了保护生态环境的目标（叶校飞 等，2009）。

四、生物改良措施

在当今提倡生态效益为重的前提下，生物改良措施已成为研究的热点。国内外相关研究表明，生物措施是改良、开发和利用盐碱地的有效途径。通过生物措施改良的盐碱地具有脱盐持久、稳定且有利于水土保持以及生态平衡的效果。近年来，对盐碱地的生物改良措施主要包括以下三个方面：一是开展植物耐盐生理和提高植物耐盐能力的研究，二是在盐碱土壤上引种和驯化有经济价值的盐生植物和耐盐植物，三是利用传统的杂交技术和遗传工程方法培育抗盐新品种和培育转抗盐基因植物。

生物改良盐碱土应遵循的原则：一是所选择的抗盐植物应符合农业生产所具备的经济效益和生态效益。二是植物耐盐能力强，对土壤有迅速的脱盐作用，而且植物本身的无机盐含量不得高于一般农作物，并有明显的改良土壤物理性状的功效。三是耐盐牧草应具备较好的饲用品质与饲养价值，无毒无害。

目前，生物改良盐碱土壤所利用的方法主要有：一是种植耐盐树木，如沙枣、胡杨等。树木改良盐碱土壤的作用是多方面的，它可以防风降温，调节地表径流，树木的庞大根系和大量的枯枝落叶也可改善土壤结构，提高土壤肥力，抑制表层积盐。同时，枝繁叶茂的树冠可蒸发大量水分，使地下水位降低，减轻表层积盐。二是种植抗盐性较强的牧草。我国的耐盐牧草资源比较丰富，尤其近年来随着盐碱土壤的改良需要，人们对耐盐品种进行了广泛的筛选，从文献统计来看，涉及的品种近 70 个，其中，禾本科植物约 49 种，豆科植物约 17 种，还有其他科的一些植物。盐碱草地种植牧草，可以疏松土壤，减少表面土壤积盐，待秋天枯草腐烂分解后，产生的有机酸和 CO_2，可起中和改碱的作用，此外，还可促进土母质石灰质的溶解。由于牧草有较好的覆盖度，使土壤表面的水分蒸发减少，土表积盐降低。与此同时，土壤的物理性状也得到改善，土壤总孔隙度和毛孔隙度增加，透水性能改善。此外，若在轻度盐渍地上种植豆科牧草，可增加土壤有机质，提高土壤肥力。三是利用高抗盐植物，如盐地碱蓬、盐角草等。这些高抗盐植物为退化盐碱地的代表植物，它们本身的灰分含量很高（27%～39%），当枯枝叶腐烂时，其所含的大量盐分就会遗留在土壤表面，而且，这些植物也不具备饲用价值，因此，利用这类植物来改良盐碱土壤应保持慎重。四是提高植物的抗盐能力。提高植物的抗盐能力比降低土壤的含盐量更具有积极的意义，但难度也很大，这需要培育新的抗盐品种或提高植物的耐盐能力，目前这方面的研究处于研究阶段。

五、农艺配套措施

农艺配套措施主要包括缩小地块、整土地、耙保墒、进行精耕细作，选用优良耐盐碱的作物品种进行复种、套种，克服广种薄收、浅耕粗作的传统耕作习惯，推行秸秆还田，施有机肥，高地力，翻晒垡，伏水压碱，提倡合理灌溉、浅浇快轮、节约用水的一系列管水、用水制度。

1. 平整土地

土地不平整是形成盐斑地的重要原因之一。由于微域地形高起的部位暴露面大，蒸发强烈，土壤水分散失快，易形成盐分的局部聚积，使农田中稍高的微地形部位上的表土盐含量，可高于低处数倍至 10 倍以上。所以，无论从冲洗、灌溉、利用和改良的角度看，都必须重视农田的土地平整。平整土地的方法一般有以犁代平、开槽取土法、起高垫低法、插花法或鱼鳞坑法。土地平整不可能一次完成，须经粗平、细平和精平的过程。一般需要 3～4 年，至少也须 2 年。为了保持良好的地面状况，即使在精平完成以后，也还需要加强管理，勿使不良的耕地造成新的起伏地面。

2. 合理耕作

（1）机械化保护性耕作。机械化保护性耕作就是对农田实行免耕、少耕，尽可能减少土壤耕作，并用作物秸秆或残茬覆盖地表，减少土壤风蚀、水蚀，提高土壤肥力和抗旱能力的一项先进农业技术。保护性耕作的主要特点：一是不动土或少动土，二是用秸秆或残茬覆盖地表。① 深松：实行保护性耕作的地块，不再进行翻地和趟地，以深松解决土壤板结问题。深松分两种：一是播前深松，二是苗期深松。② 免耕播种：实行保护性耕作后，不再进行打垄，采用免耕播种机一次完成开沟、施底肥、播种、覆土、镇压等复式作业。③ 药剂除草：实行保护性耕作后，作物不再进行铲地和趟地，依靠化学药剂达到除草目的。一般在播种后、出苗前喷洒除草剂进行药物封闭。

（2）深翻窨盐改土（王遵亲，1993）。深翻是一项促进农业增产的有力措施。耕性不良的紧实土壤，通过深翻能消除板结，增厚耕层，改善土壤的通透性。同时，深翻还有利于消灭田间杂草和病虫害。在盐渍分布区，在心、底土含盐少，盐分表聚性强的情况下，通过深翻可以把含盐分较多的表土翻入深层，从而改变了土壤盐碱上重下轻的垂直分布状况，有利于提高作物幼苗的成活率。深翻可切断土体上下层的毛细管联系，土壤水分蒸发相应减弱，并且由于疏松土层的孔隙率高，能促进雨水的下渗，因此深翻也是抑制土壤返盐，促进土壤淋盐的有效措施。

（3）泡田搅拌。泡田洗盐是在前茬作物收获后，立即进行耕翻，同时将秸秆一起翻入田中，并进行晒垡。在降水较多的地区，利用天然降水淋洗盐分。在降水少的干旱地区，可在伏耕晒垡一个多月后，于 9 月上旬白露前后进行灌水泡田洗盐。国外研究了泡田洗盐时不同耕作技术的脱盐脱碱效果，例如前苏联在土质较黏重的盐化碱土上，泡田前先耕翻，放水后用圆盘耙或其他机具在水中不断搅拌、耙田，使土壤大土块分散变成小颗粒，增加盐分的溶解与扩散，然后排出盐碱水。据试验，在土壤黏重的盐化碱土上，泡田时水中搅拌冲洗比对照的脱盐率大 2 倍（陆崇德和吴澜，1992）。

（4）台田法。台田法改良技术是指在盐渍土上人为抬高田面，相对降低地下水位，从而达到抑制土壤返盐的方法。可以结合养殖业发展，选择低洼地铸造台田，形成“上农下渔”模式，该模式在宁夏、东营等地均取得了良好的效果（曹惠提和罗玉丽，2010；郭洪海和杨丽萍，2010）

3. 培肥抑盐

土壤水盐动态与土壤肥力状况息息相关。改良与利用相结合，利用与土壤培肥相结合，排除盐分与抑制返盐相结合，在排水排盐的基础上，通过增施有机肥，合理施用化肥和微生物肥料，同时加强地面覆盖，培肥熟化表土，可以有效提高土壤肥力，抑制土壤返盐。研究表明，在土壤熟化程度较高的情况下，地表的返盐程度都比较轻，甚至不返盐，基本能维持较低的含盐状况，表现出较明显的抑盐作用（王丽贤，2012）。

4. 因土种植

（1）选育耐盐作物。根据土壤含盐状况，以及作物对盐碱、旱、涝的适应性能，在盐碱地上种植耐盐作物，利用其具有避盐、泌盐和体内藏盐等生物特性达到改良盐渍土的目的。盐碱化较强的土壤，可种植向日葵、甜菜、碱谷、糜黍、高粱、胡麻等，盐碱化较轻的田块可种植绿豆、小麦、玉米等。

（2）躲盐巧种。躲盐巧种措施包括开沟躲盐，垄作沟灌和刨坑躲盐，使种子躲避盐碱危害。巧种增收目前已成为盐碱地区发展生产的重要措施之一。

土壤盐渍化涉及多方面因素，因而盐碱地改良也应采取综合措施，在一定区域内根据该地区的自然条件（土壤、水文地质、气候）和经营管理条件，对盐碱地进行统筹规划，综合治理，多种措施的综合运用对改良土壤有更好的作用。

第三章　物理方法改良及配套技术

物理方法改良指以物理措施调整土壤结构进行的改良，主要包括物理措施改良和工程措施改良两大类。物理措施主要有微区改造、筑造高台面、平整土地、秸秆覆盖和深耕松土等（韦本辉 等，2020；李建 等，2020；王本龙 等，2024；梁新书 等，2024）；水利工程措施包括铺设暗管及碎石层排水、建设灌溉洗排盐系统、蓄淡压盐等（李清顺 等，2009；巩芳忠 等，2013；邓玲 等，2017；耿其明 等，2019）。但研究表明，对盐碱地改良如果仅利用物理方法改良而缺少一定的配套排盐措施，对于盐碱地的改良效果无法长期持续，随着时间推移盐分随水分的蒸发，会重新堆积于表层土壤，盐渍化现象再次发生，造成大量植物死亡，且从长远来看物理改良方法还存在成本高、工程量大或者耗水量多等缺点，因此，利用物理方法对盐碱地改良利用后，以及配套的改良技术（梅红 等，2011；赵英 等，2022；孙盛楠，2024）。本章围绕黄河三角洲盐碱地实施的暗管排盐工程和淡水资源缺乏的制约因素，重点研究探讨了暗管排盐工程技术、咸水结冰安全灌溉技术和覆盖抑盐技术对盐碱地的改良效果。

第一节　暗管排盐工程技术改良效果及技术体系

暗管排盐技术作为世界上改良盐碱土的一项先进技术，由于具有节地、不影响农田机械化操作、改盐效果良好等优点，是目前应用较多的一种盐碱地工程改良措施。暗管排盐遵循“盐随水来、盐随水去”的水盐运移规律，利用人工或机械将排盐管埋入地表以下一定深度内，沿排水方向布置一定间距、平行的、相互联系的地下排水盐管网系统，汇入管道的灌溉水或雨水，将充分溶解的土壤盐分随水通过管道排出土地，从而达到有效降低土壤含盐量、改良盐碱地的目的。由于暗管埋深、间距、管径需要按土壤含盐量、地下水埋深、矿化度、渗透系数、土层厚度及地形来设计，不能一个标准，否则达不到预期的效果。因此需对项目区土壤和地下水多处定点取样，调查土壤和地下水基本理化性状，获得土地整理的第一手资料，为工程设计提供科学合理的基础和背景资料。同时结合黄河三角洲特定地区的水土资源条件和气候特点，确定暗管布局，研究其排盐效果，为黄河三角洲盐碱地大面积改良提供有效措施，对提升目前黄河三角洲地区暗管排盐效果也具有重要的借鉴作用。

一、暗管工程关键技术参数研究

（一）试验设计

1. 研究区域概况

研究区位于黄河三角洲东北部利津县境内的汀罗镇，地处黄河三角洲腹地，东靠济南军区黄河三角洲生产基地，南依黄河，与垦利县毗壤，西北与河口区相邻，具有很强的代表性。调查区域土地总面积 1.8 万亩，居罗孤路两侧，区位独特，交通便利。主要隶属于渤海农场一、二分场，且渤海农场总场部位于调查区内。该区域地势较平坦，土壤盐碱化程度不一，呈插花状分布。土壤为潮土，质地有砂土和砂壤土。项目区地下水矿化度较高，不适合灌溉。可利用的地表水源有黄河和挑河，其中项目区西邻的挑河与王庄三干渠相通。由于项目区内土壤盐碱化程度较重，土地开发利用程度低，区域内多为盐碱荒地，棉田面积约占调查区面积 25%，零星种植小麦—玉米，第二、第三产业几乎没有。

2. 调查内容与指标

根据暗管布设要求，在土壤理化性状方面，主要调查内容包括：研究区土壤不同土层的分布深度及厚度概况；土壤的机械组成；土壤渗透性指标，主要包括土壤渗透系数和土壤入渗率；土壤容重，土壤田间持水量，土壤盐分，土壤 pH 值，土壤 EC 值，土壤速效氮、磷、钾养分。在水理化性质方面，主要调查内容包括：研究区地下水埋深；地下水矿化度；地下水临界深度。通过研究区土壤、水性状的调查，探明土壤剖面状况及理化性状，从而为暗管排盐工程提供土壤方面的背景资料及数据支撑。

3. 布点情况

（1）布点原则。土壤勘察布点遵循土壤勘察点的代表性和均匀性原则，主要有以下特性。

代表性。即要求每个土壤盐渍化程度相对一致的调查区域分单元至少设置一个调查采样点，并布置在具有稳定土壤发育条件、未受侵蚀和崩塌等影响的、最有代表性的典型地形部位上。调查人员根据项目区土地利用现状、地形地貌、土壤质地类型、盐碱化程度的初步调查及观测，按照现有蓄水排水沟渠分块布点，使得取样具有代表性。

均匀性。在不同地块上面，多点均匀布点，从而使土壤样品具有均匀性，采样点尽可能遍及项目区不同覆被及利用类型的土地单元内，而且尽可能使布点分布规则和易于采集，进而为项目提供翔实而科学的土壤数据资料。

要求同一调查区域单元内，应按照一定的面积比例设置调查采样点，确保调查采样的精度。

（2）布点方法。按照土地整理项目开展的调查目的和任务、调查区地形及环境状况等实际需要，布点数量依据 NY/T 395—2000 农田土壤环境质量检测技术规范，利用 GPS（卫星导航系统）定位技术，对研究区的调查布点采用分块随机布点法。

研究区内用于蓄水排水的沟渠众多，将土地分成较规则地块。在不同地块内，再按照地势高低等进行二次均匀布点。布点时远离沟、渠、路等，以使样点具备充分代表性。

（3）布点数量。本调查所用数据采集于 2014 年 4 月 1—20 日，共计布点 120 个，具体分布见图 3-1，涵盖面积约 18 000 亩。

在每个布设点位分层采集土壤，其中，取样深度为 1.5～3.0 m 的样点 60 个，主要观测土壤剖面状况、土壤颗粒组成、土壤容重、田间持水量。留样上层 1 m 土样（分层，分别为 0～20 cm、20～40 cm、40～70 cm、70～100 cm）测定土壤 pH 值、土壤盐分、土壤 EC 值、土壤速效氮磷钾养分；取样深度 1.0 m 的样点 60 个（分别 0～20 cm、20～40 cm、40～70 cm、70～100 cm 分层取样）测定土壤 pH 值、土壤盐分、土壤 EC 值、土壤速效氮磷钾养分；共计测试 1 980 个土壤样品指标。

（二）土壤剖面层次特征

针对此次土地整理项目中土壤勘察的目的，土壤剖面调查采用田间钻孔法。项目区共计钻孔 60 个，每钻孔深度为 1.5～3.0 m 不等。利用卫星导航系统定点后，土壤取样器钻孔取土，取出土后按原土层顺序在平整土地上排开，根据不同土层的土壤形态特性，观察测量得出土层深度。

调查中发现，项目区土层深度为 0.8～2.6 m。并且由于项目区为黄河冲积而形成，所以部分调查的土体中存在流沙层，且呈现垂直面深浅及水平面位置不规则分布的现象（表 3-1）。

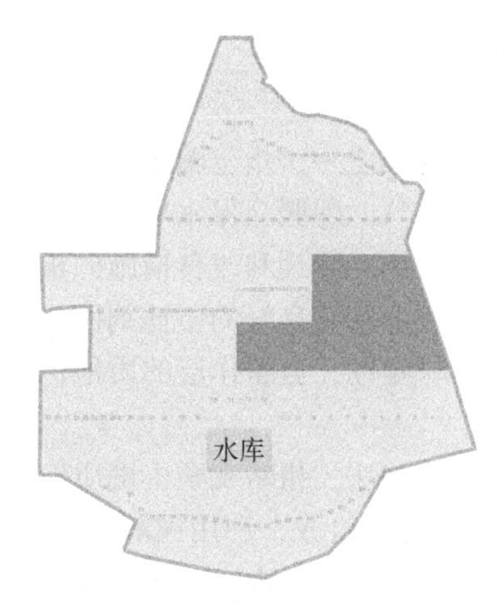

图 3-1 暗管排盐调查样点分布

表 3-1 部分调查点剖面说明

调查点编号	经纬度坐标（N，E）		土壤质地	备注
3	117°37′36″	37°47′14″	砂土	1.2 m 处有 10 cm 流沙
5	118°37′31″	37°47′07″	砂土	1.6 m 处有 10 cm 流沙
19	118°35′19″	37°47′09″	砂壤土	0.8～1.0 m 处有流沙
23	118°35′38″	37°47′13″	砂壤土	0.4 m 以下为砂土
25	118°35′48″	37°47′12″	砂壤土	0.5 mm 以下为砂土
27	118°35′58″	37°47′15″	砂壤土	0.6 m 以下为砂土
29	118°36′08″	37°47′13″	砂壤土	0.7 m 以下为砂土
49	118°37′02″	37°47′42″	壤土	0.8 m、1.1 m 处有流沙层
73	118°36′00″	37°46′42″	砂壤土	0.6 m 以下为砂土
75	118°35′48″	37°46′42″	砂壤土	0.6 m 以下为砂土
77	118°35′09″	37°46′42″	砂壤土	0.6 m 以下为砂土
79	118°35′27″	37°46′42″	砂壤土	0.7 m 以下为砂土
81	118°37′03″	37°48′26″	砂土	1.1 m 处有流沙，1.6 m 下为砂土
85	118°36′42″	37°48′31″	砂土	0.9 m 处有流沙
97	118°35′53″	37°48′30″	砂壤土	0.4 m 处有不透水硬层

（三）土壤剖面理化性质特征

1. 土壤质地与粒径分布状况

土壤质地是土壤物理性质之一，指土壤中不同大小直径的矿物颗粒的组合状况。土壤质地与土壤通气、保肥、保水状况及耕作的难易有密切关系；土壤质地状况是拟定土壤利用、管理和改良措施的重要依据。肥沃的土壤不仅要求耕层的质地良好，还要求有良好的质地剖面。虽然土壤质地主要决定于成土母质类型，有相对稳定性，但耕作层的质地仍可通过耕作、施肥等活动进行调节。

土壤勘察过程中采用手测法，粗略观察土壤质地情况，并选取部分调查点 0～20 cm 土层分析土壤颗粒组成，利用国际制土壤质地分类三角坐标图查找相应的土壤质地类型。在研究区内，土壤质地类型主要有两类：砂土和砂壤土，其中粒径为 0.02～2 mm 的砂粒含量较高（图 3-2）。

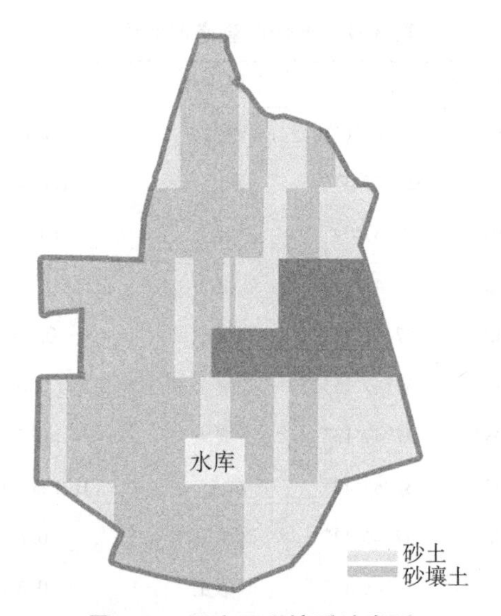

图 3-2　研究区土壤质地类型

2. 土壤盐分组成与含盐量

土壤盐分状况是由自然条件下当地的气候、地貌、水文及地质等诸因素决定的。盐分对土壤的作用以及盐化度可由盐分的数量和其化学组成来。

经调查分析，项目区内土壤盐分类型为 Cl^{-}-SO_4^{2-}类型。其中阴离子以 Cl^{-}、SO_4^{2-}为主，CO_3^{2-}较少，HCO_3^{2-}几乎没有；阳离子以 Na^{+}、Mg^{2+}、Ca^{2+}为主。

调查发现，研究区内土壤盐分差异较大（图 3-3），这可能和研究区属于滨海区有关。在 0～20 cm 土层土壤含盐量为 0.59～32.87 g/kg，其中，非盐化土（土壤含盐量＜1 g/kg）占 4%，轻度盐化土（土壤含盐量 1～2 g/kg）占 26%，中度盐化土（土壤含盐量 2～4 g/kg）占 18%，强度盐化土（土壤含盐量 4～6 g/kg）占 15%，其余 37% 为盐土（土壤含盐量＞6 g/kg）。此外，20～40 cm 土层土壤盐分为 0.94～27.69 g/kg，40～70 cm 土层土壤盐分为 0.56～21.61 g/kg，70～100 cm 土层土壤盐分为 0.76～17.58 g/kg。且调查发现，由于调查时间处于春旱时期，天干少雨，蒸发量大，盐分积累于土壤表层，所以土壤表层盐分总体高于土壤下层。

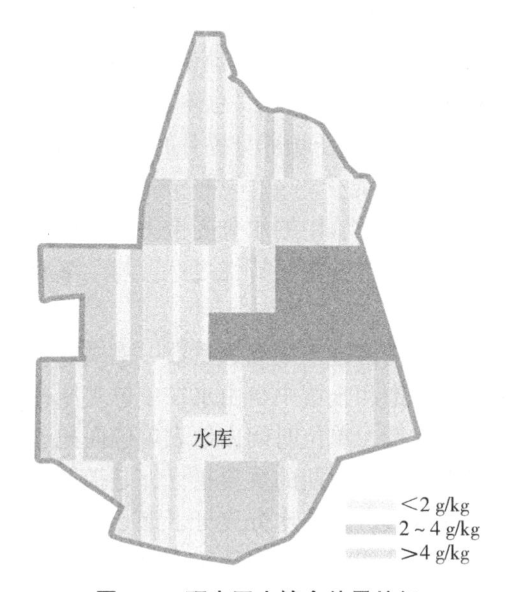

图 3-3 研究区土壤含盐量特征

3. 土壤酸碱度

土壤酸碱度，又称“土壤反应”，它是土壤溶液的酸碱反应，主要取决于土壤溶液中氢离子的浓度，以 pH 值表示。研究发现，项目区内土壤酸碱度差异变化不大。在 0～20 cm 土层土壤 pH 值为 7.63～8.89，其中，83% 为非碱化土壤（土壤 pH 值＜8.5，碱化度＜5%），17%为弱碱化土壤（土壤 pH 值 8.5～9.0，碱化度 5～15%）。此外，20～40 cm 土层土壤 pH 值为 7.67～9.42，40～70 cm 土层土壤 pH 值为 7.79～9.25，70～100 cm 土层土壤 pH 值为 7.78～9.22。即土壤 20 cm 以下土层碱化度较大，最强碱化程度达到中碱化土壤。这可能是由于项目区土壤盐分主要以 Cl^-、SO_4^{2-} 为主，盐基离子由于天气原因随蒸发积于表层，所以导致下层碱度较大。

4. 土壤速效养分

土壤速效养分是土壤所能提供给植物生活必需的、易被作物吸收利用的营养元素，主要是指速效氮、磷、钾养分，是评价土壤自然肥力、肥沃贫瘠的主要因素。

根据第二次全国土壤普查的土壤养分分级标准。土壤碱解氮含量＜50 mg/kg 的土壤属于氮极缺状况，土壤速效磷为 5～10 mg/kg 的为磷缺乏状况，土壤速效钾为 60～100 mg/kg 为中度钾状况。

通过对土样的分析测试数据分析发现，在所取的 120 份表层土壤样品中，土壤碱解氮含量在 15.60～24.01 mg/kg，速效磷含量介于 7.06～8.62 mg/kg，速效钾含量介于 166.78～286.29 mg/kg。总体表现为氮、磷缺乏，钾高，要对项目区土地进行农业生产利用，土壤养分提升的培肥措施是关键。

5. 土壤渗透性与持水性能

当土层被水分饱和后，土壤中的水分受重力影响而向下移动的现象称为土壤渗透性。土壤渗透性是土壤重要特性之一，与土壤质地、结构、盐分含量、含水量等有关。

土壤渗透性与持水性能通过土壤渗透系数、土壤入渗率及田间持水量来表示。土壤渗透系数是指饱和土壤中自由水在单位水压梯度下、在单位时间内通过土壤单位面积的水量。单位时间内地表单位面积土壤的入渗水量。土壤田间持水量是反映土壤持水性能的重要指标，是指地下水较深和排水良好的土地充分灌水或者降水后，允许水分充分下渗，并防止其水分蒸发，经过一定时间，土壤剖面所能维持的较稳定的土壤含水量。

项目区内选取 60 个点调查土壤的田间持水量状况。结果表明，项目区土壤田间持水量为 24.37～41.08%。在项目区内布置 20 个地下水观测井，深度至 3.0 m。通过注水法及双环法分别实测土壤渗透系数和土壤入渗率。调查发现，该区域内土壤渗透系数为 0.03～0.81 m/d，均为半透水性土壤。土壤入渗率介于 0.7～1.23 mm/min。

6. 地下水埋深

地下水埋深介于 1.0～1.5 m 的土地占 35%，属于强烈积盐深度，土壤呈强烈盐渍化。建议建立完整的排灌渠系，采取洗盐措施，迅速降低地下水位。地下水埋深介于 1.5～2.0 m 的土地占 40%，属于积盐深度，土壤呈较轻的积盐过程。建议建立完整的排灌渠系，采取洗盐措施，迅速降低地下水位。地下水埋深为2.0～2.5 m的土地占25%，属于稍安全深度，土壤积盐迅速下降，处于临界深度范围。建议建立完整的排灌渠系，可以加大沟间距。地下水埋深<1.0 m和>2.5 m的土地没有。

7. 地下水矿化度

地下水矿化度是指地下水中水分蒸发后剩余的残渣重量。调查发现地下水矿化度介于12.69～20.08 g/L，所有样品的干残余物均在10～30 g/L范围内，所以，项目区内地下水均属于强矿化水。

8. 地下水临界深度

地下水临界深度又称“临界水位”或“警戒水位”，是指在蒸发最强烈季节，土壤表层不显积盐的最浅地下水埋藏深度。在此次地下水调查情况下，根据项目区土壤质地及土壤盐碱化程度查表可知，该区域地下水临界深度为2.1～2.3 m。

（四）暗管改良工程关键参数确定

黄河三角洲滨海平原盐碱地具有地下水埋深浅、土壤盐分重、土壤水盐季节性变化强烈等特点，适宜推广暗管排盐改良工程。土壤勘察结果显示，项目区土壤质地多为砂土或砂壤土，土层深度为0.8～2.6 m，土壤渗透系数0.03～0.81 m/d，均为半透水性土壤，土壤入渗率为0.7～1.23 mm/min，土层稳定性好。地下水埋深介于1.2～2.4 m，大部分浅于当地地下水临界深度，所以，实施暗管排盐改良工程时，暗管埋于地下水位以上，而且疏松周围土壤，增加土壤透水性，利于土壤上层盐分更易向下随水排出，降低作物根系土壤环境盐分，保证作物正常生长。对于没有排水沟的地块尤其是盐碱荒地，需要重新开挖排水沟，以保障淋洗的盐分能充分排出。

二、暗管排盐工程降低土壤盐分技术研究

为了节约水资源、提高盐分淋洗效率，许多学者对盐碱地灌溉淋洗改良技术进行了研究。暗管改碱工程技术在黄河三角洲地区应用十几年来，一直是沿用传统的集中式大水漫灌方式，不但浪费宝贵的淡水资源，而且因土层板结等原因，存在渗透慢、淋洗效果差的缺点。本研究结合渤海农场土地整理，研究暗管排盐等工程治理技术及洗盐剂在暗管排盐等工程治理中的应用技术。

（一）试验设计

该试验区从2015年6月1日开始进行铺设暗管施工，至7月10日完成

暗管铺设等配套工程。该暗管改碱试验区面积 2 042 亩，铺设暗管试验田总面积 1 437.5 亩，共 15 个试验条田，铺设暗管长度 41 227 m，间距 20 m，埋深 1.3 m。土地精平处理面积约 1 198 亩，粗平 239.5 亩做对照；深松破结处理面积约 1 287 亩，未深松面积 150.5 亩做对照。根据不同灌水量和洗盐的关系确定合适的灌水量。洗盐灌水量设计为 150 m^3/亩、220 m^3/亩、300 m^3/亩和 400 m^3/亩。

（二）灌水量对土壤盐分的影响

不同洗盐灌水量下，水分下渗深度及土壤盐分的变化见表 3-2。由表 3-2 可以看出，当灌水量在 150 m^3/亩时，水的下渗深度仅为 63 cm，各层土壤盐分含量也很高，当加大用水量到 220 m^3/亩时，水分下渗深度为 92 cm，耕层土壤盐分有所降低，但还是较高，灌水量为 300 m^3/亩时，水分下渗深度为 117 cm，而且耕层土壤盐分降低比较明显，其含量为 0.18%，但因为水还没有下渗到暗管处，盐分还在 60～100 cm 范围内积累而没有随着暗管排出，容易引起返盐，当灌水量达到 400 m^3/亩时，水随着暗管排出，0～40 cm 土壤含盐量均减低到 0.3% 以下，达到轻度盐渍化程度，0～100 cm 处土壤盐分积累明显减少。所以，建议灌水量为 400 m^3/亩。

表 3-2　灌水量和下渗深度及盐分的关系

灌水量（m^3/亩）	下渗深度（cm）	土壤盐分（%）				
		0～20	20～40	40～60	60～80	80～100
150	63	0.29	0.32	0.40	0.48	0.33
220	92	0.21	0.25	0.34	0.50	0.51
300	117	0.18	0.23	0.31	0.52	0.55
400	暗管	0.16	0.20	0.37	0.42	0.36

（三）土地精平对脱盐率的影响

由图 3-4 可见，粗平处理 0～20 cm 土层土壤脱盐率为 64.40%，而精平处理为 66.44%，精平比粗平条田的土壤脱盐率增加 2.04%，脱盐效果提高 3.16%；粗平处理和精平处理 20～40 cm 土层土壤脱盐率分别为 65.07% 和 68.71%，精平比粗平田块的土壤脱盐率增加 3.64%，脱盐效果提高 5.59%。试验结果表明激光精平技术对 0～40 cm 土层土壤脱盐率平均增加 2.84%，

脱盐效果平均提高 4. 37%

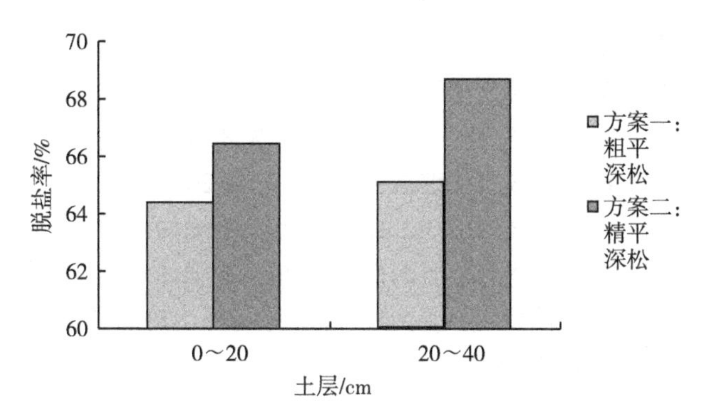

图 3-4 激光精平技术对土壤脱盐率的影响

（四）土地深松对脱盐率的影响

由图 3-5 可知，未深松处理 0～20 cm 土层土壤脱盐率为 58. 82%，深松处理 0～20 cm 土层土壤脱盐率为 64. 40%，深松比未深松田块的土壤脱盐率增加 5. 58%，脱盐效果提高 9. 49%。未深松处理和深松处理下 20～40 cm 土层土壤脱盐率分别为 59. 91%和 65. 07%，深松比未深松田块的土壤脱盐率增加 5. 16%，脱盐效果提高 8. 61%。由此可知，土壤深松技术对 0～40 cm 土层土壤脱盐率平均增加 5. 37%，脱盐效果提高 9. 05%，也就是说深松能提高土壤的脱盐率和脱盐效果。这是因为全方位深松后，可使土壤的渗水速度增大，显著改善土壤的透水能力，使灌溉淋洗淡水和降雨能迅速溶解上部

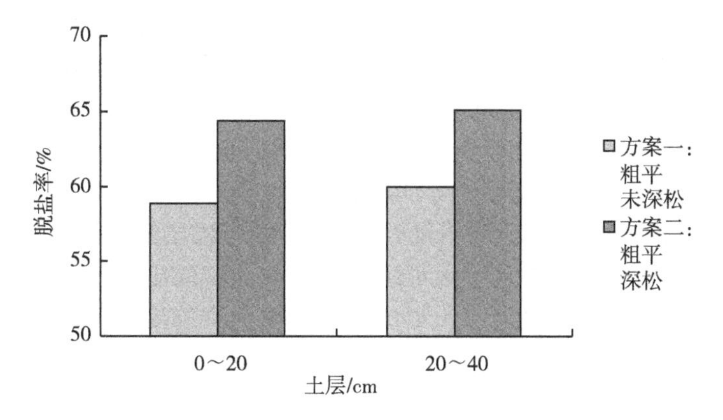

图 3-5 土壤深松技术对土壤脱盐率的影响

土层中的盐分，大大提高土层的冲洗脱盐速度。同时深松使土壤颗粒孔隙增大，也大大降低了地下水的毛管上升作用，有效降低土壤盐分向表层积聚，减轻了土壤的次生盐碱发生。

（五）洗盐剂应用效果分析

由表 3-3 可以看出，施用不同的表面活性剂对洗盐时间影响不同，在灌水量为 400 m^3/亩时，添加季铵盐为 10 L/亩和 20 L/亩时，水到达暗管用的时间比对照短，并且用量为 20L/亩时，比对照缩短 80 min，但当浓度进一步加大到 30 L/亩时，由于添加表面活性剂，灌溉水比较黏稠，所用时间比对照长。而添加不同浓度的羧酸时，所用时间都比对照长。所以，选用季铵盐为 20 L/亩为最佳淋洗用量。

表 3-3　表面活性剂对洗盐时间的影响

灌水量（m^3/亩）	添加剂	用量（L/亩）	时间（min）
400	对照	—	180
	季铵盐	10	161
		20	100
		30	191
	羧酸	10	195
		20	201
		30	186

由表 3-4 可以看出，当使用季铵盐 20 L/亩为最佳洗盐量时，因为季铵盐的 pH 值较高，造成土壤 pH 值的升高，这对于碱性土壤是无利的。当用有机酸中和季铵盐配合时，随着有机酸用量的增加，0～100 cm 土层 pH 值均呈降低趋势。进一步分析水分到达暗管的时间可知，当有机酸用量为 20 L/亩时，水分到达暗管的时间和对照一样（表 3-3 和表 3-4），比单独使用季铵盐多 80 min；当有机酸用量为 10 L/亩时，各层土壤的 pH 值都比对照低，而且水分到达暗管时间比对照缩短 71 min，仅比单独使用季铵盐多 9 min，因此是可取的。通过以上研究，总结出适合黄河三角洲盐碱地暗管排盐的洗盐剂为：季铵盐 20 L/亩+有机酸 10 L/亩。

表 3-4 表面活性剂和有机酸对土壤 pH 值的影响

指标	深度	pH 值	季铵盐（20L/亩）	季铵盐+有机酸（10L/亩）	季铵盐+有机酸（20L/亩）
土壤	0～20 cm	8.33	8.45	8.24	8.13
	20～40 cm	8.31	8.34	8.21	8.15
	40～60 cm	8.26	8.30	8.19	8.12
	60～80 cm	8.19	8.23	8.15	8.09
	80～100 cm	8.18	8.25	8.10	8.08
到达暗管时间（min）	130 cm	—	100	109	180

三、滨海盐碱地暗管排盐工程技术体系构建

本技术体系采用暗管排盐工程措施，可使滨海盐碱地快速脱盐 10%～20%，土壤肥力迅速提升，有机质含量增加 10%～20%，土壤肥力、脱盐效果显著。技术规程主要包括勘察设计、灌排配套、工程布局、暗管敷设、激光精平、深松破结、灌溉淋洗环节，形成一个相互关联的整体。

（一）勘察设计

在实施规划和工程措施前对整块土地的海拔高程，此区块与周边区块的联系，地表面貌、水系、河流、道路、建筑物、水库、洼地、高地进行测绘，以便确定如何将此区域与区外衔接。除此之外，还要对该区块土壤多处定点钻探打孔，以调查土层结构、土壤渗透系数、土壤中盐碱及矿物质含量化验等，取得第一手资料，以此为依据设计明沟、暗管的走向、间隔与埋深度，布置水库、泵站、灌排系统的位置、走向，使改碱规划设计更科学合理。

（二）灌排配套

规划设计图纸审查确定之后，第一步需要对项目区域进行灌排系统的配套，如灌溉淡水来源和水渠、水库建设，挖建排渠和建设灌排泵站，田间桥涵路闸的规划与建设等，使之与项目区外的系统合理衔接。只有项目区形成科学合理的灌排与生产运行大系统，才能为其他措施的实施奠定基础。

（三）工程布局

将原有农级沟渠填埋复垦为耕地，并将田块化零、散为整，以条田形式进行划分，长度为 800～1 000 m，宽度约 300 m。

（四）暗管敷设

1. 暗管材料

地下暗管是带孔的 PVC 波纹管，管孔是由激光打孔机按一定规格打在波纹管的纹沟内，管径一般 80～110 mm。

2. 暗管深度

暗管埋深按地下水的埋深和改碱需要确定，一般在 1.3 m。埋深 1.3 m，暗管不仅渗入和排出进入上部土壤且溶解了盐分的地表水，而且截住了地下盐碱水和矿化度高的水不再上升到上层土壤造成返盐。

3. 暗管间距

大面积土壤盐碱改良，每条暗管间距以 20 m 为综合效果最佳。

（五）土地精平

盐碱荒地和一般农田不够平整，造成浇灌不均，既浪费水又使改碱效果不佳。项目区灌排配套和铺设暗管之后，就会成为一块块条田，每个条田按预先测定的高程确定平整基点，大功率整平机械在卫星定位系统和激光制导之下将条田整平，高程差在 2 cm 左右，为以后的种植管理打下基础，使耕地易于管理和节约灌溉用水。土地精平有利于防止土壤盐渍化，激光精平后土地平整，灌溉水能够均匀分布在整个灌溉田面，更容易淋洗土壤中的有害成分，减少土壤中的盐分，促进土壤脱盐。

（六）深松破结

东营地区土壤分层明显，土层中有黏土层和板结层（俗称铁板砂），这些土层渗透性极低，影响土壤的淋洗脱盐和以后土壤耕种及作物生长。用大功率机械拖带专用深松犁，将地表 70 cm 以上土层深松一遍，增加土壤的透气和透水性，保水保肥，为作物生长创造条件。土壤深松不是深翻，但这是加快土壤脱盐速度，使之形成团粒结构改良土壤的重要环节。

（七）灌溉淋洗

盐分淋洗主要依据的理论是溶质运移理论，土壤的盐分运移主要是通过对流和水弥散作用进行。因水分蒸发土壤中的盐分常形成固体结晶聚集在土壤表层形成盐皮或盐斑，部分以水溶性形态存在于土壤中，部分以交换态吸附于土壤胶体颗粒。暗管改碱淋洗的基本原理是遵循“盐随水来，盐随水走”的水盐运动规律，将充分溶解了土壤盐分而渗入地下的溶液通过管道排走，从而达到降低土壤含盐量的目的。

在暗管改碱系统工程完成后，根据当地降水条件及黄河淡水资源情况，结合精平、深松等土壤治理措施和雨水集蓄、暗管水循环利用等节水措施，确定了2次的间歇灌溉淋洗，即3月、11月各灌溉一次，灌水量约400 m^2。中间利用雨季降雨淋盐的精细化淋洗方式，起到快速脱盐的效果。

第二节 利用覆盖抑盐技术改良盐碱地效果

地面覆盖可以减少地面蒸发并抑制盐分积累，是改善盐碱地的一种重要手段（卜玉山 等，2006；Shi et al. 2019；张梦坤，2021）。研究表明，秸秆覆盖可有效降低土壤中水分的蒸发与散失，抑制土壤盐分的表聚，降低地表土壤盐渍化程度（孙博 等，2012；赵文举 等，2016；祝德玉 等，2022）。覆膜通过阻断土壤水分与大气之间的直接联系，减少土壤蒸发量，降低膜下土壤盐分累积弱（Li et al. 2004；祝德玉 等，2022）。基于此，本节设置了地膜、秸秆不同覆盖方式，研究不同覆盖方式对黄河三角洲滨海盐碱土壤的改良效果，可为滨海盐碱地高效利用开发提供科学支撑。

一、材料与方法

1. 地膜覆盖试验

（1）供试品种。鲁棉研28、W8225和水浒棉72-8。

（2）试验设计。采取裂区试验设计，主区为地膜覆盖方式：设露地直播（CK）和地膜覆盖（T2）两个处理，副区为品种：设鲁棉研28、W8225和水浒棉72-8三个处理，处理编号与处理方式的对应关系如表3-5所示，重复4次，随机排列。每处理的小区面积均为40m^2（10m×4m），留苗密度3万株/hm^2。

表3-5 地膜覆盖试验处理编号与处理方式的对应关系

处理编号	处理方式
CK-1	鲁棉研28，露地直播
CK-2	W8225，露地直播
CK-3	水浒棉72-8，露地直播
T2-1	鲁棉研28，地膜覆盖
T2-2	W8225，地膜覆盖
T2-3	水浒棉72-8，地膜覆盖

2. 秸秆覆盖试验

（1）试验处理。小区试验，设两种处理，①秸秆长度相同（15 cm），按照 5 cm、10 cm 和 15 cm 覆盖厚度。②秸秆覆盖厚度相同，设置秸秆长度分别为 1 cm、5 cm 和 10 cm。秸秆使用量具体见表 3-6，分别于玉米、花生播种后 10 d 覆盖和 20 d 覆盖两个处理，用人工均匀撒在试验小区内，小区面积 72 m^2。试验时间 2017 年 5—10 月。

表 3-6　小麦秸秆覆盖方式和小麦秸秆量

小区编号	处　理	秸秆使用量（kg/hm^2）
1	CK：无覆盖	0
2	SM1：小麦秸秆覆盖厚度 1 cm（秸秆原始长度 15 cm）	2 000
3	SM2：小麦秸秆覆盖厚度 2 cm（秸秆原始长度 15 cm）	4 000
4	SM5：小麦秸秆覆盖厚度 5 cm（秸秆原始长度 15 cm）	9 000
5	SM8：小麦秸秆覆盖厚度 8 cm（秸秆原始长度 15 cm）	16 000
6	SML10：覆盖秸秆长度 10 cm（秸秆厚度 2 cm）	7 300
7	SML1：覆盖秸秆长度 1 cm（秸秆厚度 2 cm）	10 900
8	SML5：覆盖秸秆长度 5 cm（秸秆厚度 2cm）	9 000

（2）供试品种。玉米品种为鲁单 9066，花生品种为花育 25。玉米田机播，行距 60 cm，株距 20 cm，每个小区宽 2.4 m（4 行），长 30 m，面积 72 m^2。花生田机播，垄宽 85 cm，垄上播 2 行花生，穴距 15.6 cm。每个小区宽约 2.4 m（3 垄 6 行），长 30 m，面积约 72 m^2。每个处理 3 个重复，共 24 个小区。

3. 不同覆盖方式试验

试验设 3 个处理，3 次重复。3 个处理分别是 T1：不覆盖；T2：地膜覆盖；T3：秸秆覆盖（300 kg/亩）。每个处理小区面积为 50 m^2。供试品种为鲁单 9066。试验时间为 2017 年 5—10 月。

二、地膜覆盖对土壤理化性质的影响

1. 地膜覆盖对地温的影响

地膜覆盖对 5cm 和 15cm 土层地温的影响如图 3-6 所示，地膜覆盖对 5 cm 和 15 cm 土层均有增温作用。随着播种后时间的推移，5 cm 的土层分别增温 2.9 ℃、2 ℃、2.2 ℃、1.8 ℃、1 ℃、1.2 ℃和 1.1 ℃；15 cm

的土层增温为1.7 ℃、1.7 ℃、1.6 ℃、1.6 ℃、1.3 ℃、1.1 ℃和1.3 ℃。因此，5 cm 土层的增温作用明显的高于 15 cm 的土层。此外，随着播种日期的推移，地膜覆盖的增温效果有减小的趋势。由此可见，地膜覆盖的“增温”作用明显，尤其以棉花生长前期和表土层显著，但是，随着棉株的生长，茎叶遮阴逐渐加重，地膜覆盖的增温效果逐渐减弱。

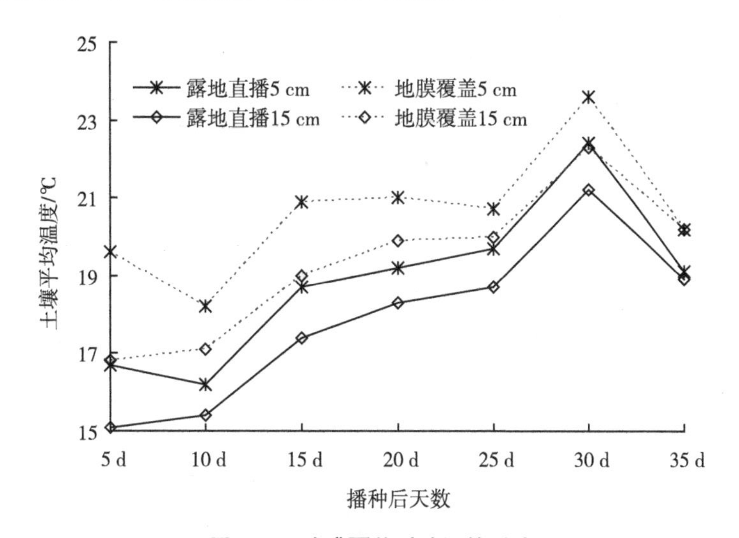

图 3-6 地膜覆盖对地温的影响

2. 地膜覆盖对土壤含水量的影响

地膜覆盖对0～10 cm 和 10～20 cm 土层含水量的影响如图 3-7 所示。由图 3-7 可知，地膜覆盖后，0～10 cm 土层的含水量明显增加，随着播种后时间的推移，0～10 cm 土层含水量分别增加 7.0%、4.6%、0.8%、5.0%、5.6%、4.4%和 3.3%。但是，10～20 cm 土层含水量与露地直播土壤差别并不大，有的时间甚至有所减少。由此可见，地膜覆盖有“保墒”作用，并且表土层的“保墒”作用更加明显。

3. 地膜覆盖对土壤含盐量的影响

地膜覆盖对0～10 cm 和 10～20 cm 土层含盐量的影响如图 3-8 所示。由图 3-8 可知，地膜覆盖后，0～10 cm 和 10～20 cm 土层的含盐量均有所下降。随着播种后时间的推移，0～10 cm 土层的含盐量分别降低了 0.105%、0.204%、0.025%、0.175%、0.142%、0.106%和 0.08%；10～20 cm 土层的含盐量分别降低了 0.04%、0.087%、0.011%、0.05%、0.065%、0.103%和 0.029%。由此可见，0～10 cm 土层含盐量的降低程度

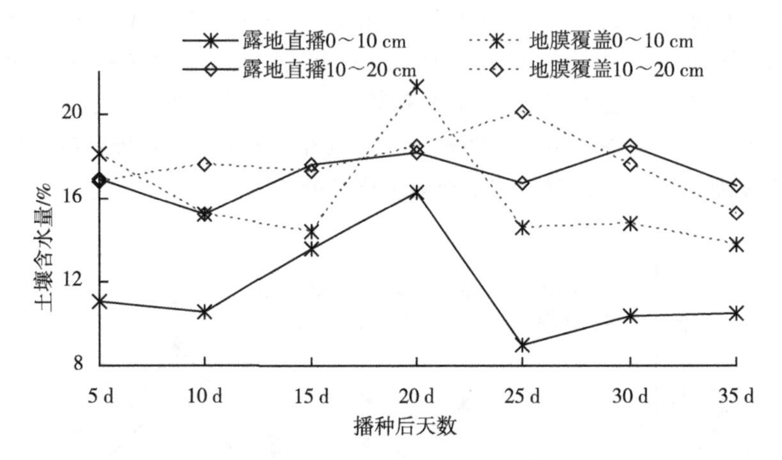

图 3-7　地膜覆盖对土壤含水量的影响

明显高于 10～20 cm。因此，地膜覆盖有抑盐的作用，并且与增温保墒作用类似，表土层的抑盐作用更加明显。

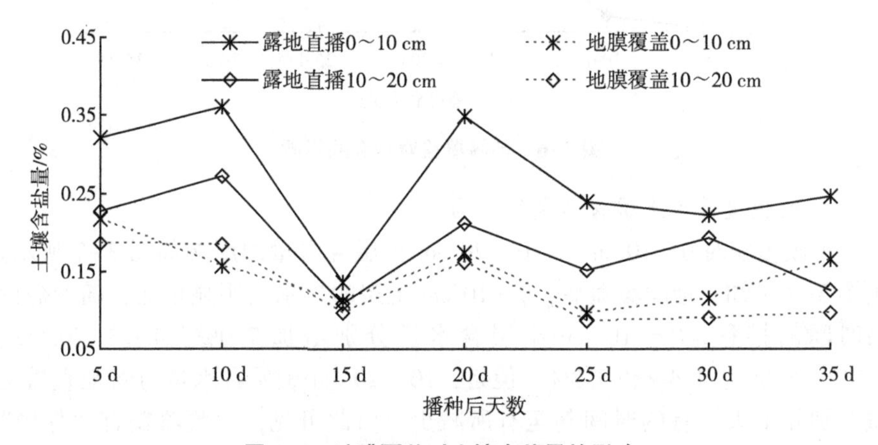

图 3-8　地膜覆盖对土壤含盐量的影响

三、地膜覆盖对棉花生长的影响

1. 地膜覆盖对棉花产量和产量构成要素的影响

地膜覆盖对皮棉产量和产量构成要素的影响见表 3-7 所示。由表 3-7 可知，地膜覆盖后，鲁棉研 28、W8225 和水浒棉 72-8 的皮棉产量分别提高了 14. 84%、9. 00%和 12. 43%，均达极显著水平（P>0. 01）。这说明，地膜覆盖可以提高棉花产量。

从产量构成要素来看，地膜覆盖后，鲁棉研 28、W8225 和水浒棉 72-8 的铃数分别提高了 8.66%、5.12%和 7.67%，并且差异显著（$P>0.05$）。鲁棉研 28 的铃重在地膜覆盖后增加 5.50%，增幅显著，W8225 和水浒棉 72-8 的铃重增幅不显著。但是，鲁棉研 28、W8225 和水浒棉 72-8 的衣分在露地直播和地膜覆盖两种处理方式下差异并不显著。由此可见，地膜覆盖对棉花产量的提高主要是通过增加铃数来实现的。

表 3-7 地膜覆盖对皮棉产量、产量构成要素和霜前花率的影响

处理编号	品种	覆盖方式	皮棉产量 (kg/hm^2)	铃数 (个/m^2)	铃重 (g)	衣分 (%)	霜前花率 (%)
CK-1	鲁棉研 28	露地直播	1 488.52Bc	64.38De	5.42Ab	42.19Aa	80.41Bb
T2-1	鲁棉研 28	地膜覆盖	1 709.41Aa	69.95Bc	5.72Aa	42.31Aa	85.82Aa
CK-2	W8225	露地直播	1 481.56Bc	73.93Ab	4.73Bc	41.99Aa	81.07Bb
T2-2	W8225	地膜覆盖	1 614.89Ab	77.71Aa	4.90Bc	41.97Aa	86.88Aa
CK-3	水浒棉 72-8	露地直播	1 488.52Bc	63.58De	5.57Aa	41.60Aa	79.09Bb
T2-3	水浒棉 72-8	地膜覆盖	1 673.59Aab	68.46Ccd	5.73Aa	42.26Aa	85.39Aa

2. 地膜覆盖对霜前花率的影响

霜前花是在下霜前棉铃吐絮、纤维已充分成熟的棉花，其纤维品质好，颜色白，是棉纺工业的重要原料，可以纺出强韧的细纱。棉花生产上可采取一定的技术措施，以促进早熟，增加霜前花的产量。由表 3-7 可以看出，地膜覆盖以后，鲁棉研 28、W8225 和水浒棉 72-8 的霜前花率分别提高了 6.72%、7.16%和 7.96%，并且增幅极显著（$P>0.01$）。这说明，地膜覆盖明显提高了棉花的霜前花率，有效促进了棉花早熟。

四、秸秆覆盖对作物产量的影响

1. 秸秆覆盖对玉米产量的影响

小麦秸秆不同覆盖处理下，由表 3-8 可知，秸秆覆盖可以影响玉米的产量，不同覆盖措施下，玉米的产量不同。相关分析表明，玉米产量和小麦秸秆覆盖量呈显著正相关（$R=0.807$，$P<0.05$）。与 CK 相比，秸秆覆盖长度相同时（15 cm），除覆盖厚度 1 cm 处理下，产量降低，其他覆盖厚度处理均提高了玉米产量，其中小麦秸秆覆盖厚度 8 cm 时，玉米鲜重最高，为 1 257.01 kg/hm^2，和 CK 相比，增产 243.07 kg/hm^2，增产

率达 24.31%，其次是覆盖厚度为 5 cm 时，玉米鲜重为 1 243.12 kg/hm²，和 CK 相比，增产 256.96 kg/hm²，增产率达 25.69%。当覆盖厚度相同时（2 cm），不同秸秆长度处理下，玉米鲜重均增加，其中当秸秆长度为 2 cm 时，玉米鲜重最高，为 1 159.78 kg/hm²。和 CK 相比，增产 159.73 kg/hm²，增产率达 15.97%。综合比较分析可知，为使玉米鲜重最高，当秸秆长度 15 cm 时，推荐覆盖厚度为 8 cm；其次是秸秆覆盖厚度相同时（2 cm），推荐秸秆长度为 1 cm，此时玉米产量也较高。

表 3-8　小麦秸秆覆盖对玉米产量的影响

小区编号	处理	秸秆使用量（kg/hm²）	玉米鲜重（kg/hm²）
1	SM1	2 000	958.38
2	SM2	4 000	1 132.00
3	SM5	9 000	1 243.12
4	SM8	16 000	1 257.01
5	CK	0	1 000.05
6	SML10	7 300	1 041.72
7	SML1	10 900	1 159.78
8	SML5	9 000	1 083.39

2. 秸秆覆盖对花生产量的影响

小麦秸秆不同覆盖处理下，由表 3-9 可知，秸秆覆盖后，不同处理小区花生的荚果数和产量均不同。分析可知，与 CK 相比，秸秆长度相同时（15 cm），不同覆盖厚度均使花生产量降低。覆盖厚度相同时（2 cm），不同秸秆长度处理下，花生的产量均增加，其中当秸秆长度为 1 cm 时，花生鲜重最高，为 659.76 kg/hm²。和 CK 相比，花生增产 69.45 kg/hm²，增产率达 12.94%。综合比较分析可知，为使花生产量增加，推荐秸秆覆盖厚度为 2 cm，秸秆长度为 1 cm。

表 3-9　小麦秸秆覆盖对花生产量的影响

小区编号	处理	秸秆使用量（kg/hm²）	花生鲜重（kg/hm²）	荚果数（个/120 株）
1	SM1	2 000	388.91	598
2	SM2	4 000	416.69	397
3	SM5	9 000	569.47	603
4	SM8	16 000	465.30	385
5	CK	0	590.31	470

（续表）

小区编号	处理	秸秆使用量（kg/hm²）	花生鲜重（kg/hm²）	荚果数（个/120株）
6	SML10	7 300	604.20	553
7	SML1	10 900	659.76	437
8	SML5	9 000	604.20	600

五、不同覆盖方式改良效果

1. 不同覆盖方式对土壤水分蒸发的影响

不同覆盖方式下，土壤水分蒸发量见表3-10。由表3-10看出，进行地表覆盖都能抑制土壤水分的蒸发，但不同的覆盖方式对水分蒸发量的影响不同。覆盖塑料膜打种植孔和覆盖塑料膜打渗水孔时，对水分的蒸发控制效果最显著，与其他处理达到极显著差异，单独覆盖秸秆比裸地也能控制水分蒸发，达到极显著水平（$P>0.01$）。覆盖残膜加秸秆覆盖对水分蒸发的抑制比单独覆盖秸秆好，达到极显著水平。

表3-10 不同覆盖方式对水分蒸发的控制作用

处理	蒸发量（g）	5%显著水平	1%极显著水平
T1	837.9	a	A
T5	318.8	b	B
T2	190.4	c	C
T3	88.7	d	D
T4	57.3	d	D

2. 不同覆盖方式对土壤盐分的影响

不同覆盖方式下，由图3-9可以看出，不同覆盖方式对各层土壤盐分分布影响不同，用地膜覆盖，在0～40 cm土壤土中，随着深度的增加，盐分逐渐升高，但在40～90 cm，土壤盐分变化不大，说明盐分在此深度范围内聚集。用秸秆覆盖，土壤盐分随着深度的增加，呈“Z”形变化，但变化幅度不大，但在30～90 cm范围内，土壤中的盐分比地膜覆盖小，说明用秸秆覆盖，土壤盐分在各层范围变化不大。地膜覆盖和秸秆覆盖两种覆盖方式下各深度土壤的盐分含量都比不覆盖低。

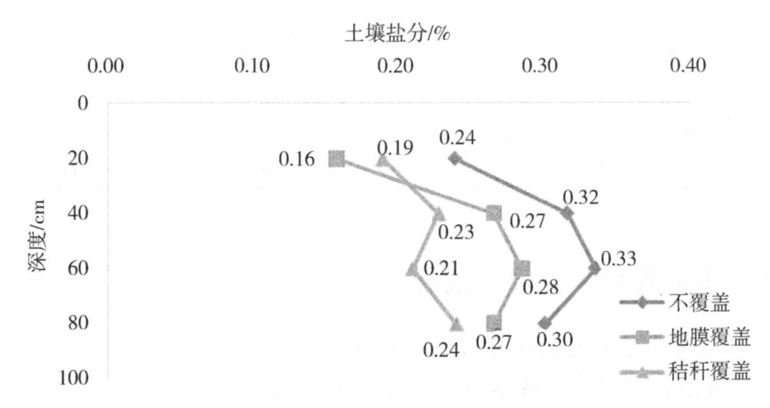

图 3-9　不同覆盖方式对盐分的抑制作用

六、小结

地膜覆盖对盐碱地棉田有抑盐的作用，并且与增温保墒作用类似，表土层的抑盐作用更加明显，并且可以提高棉花产量，为后续建立棉花高效种植体系提供科学依据。地膜覆盖可以增加铃数，从而提高棉花的产量，同时地膜覆盖可明显提高了棉花的霜前花率，有效促进了棉花早熟。

形成了小麦秸秆替代地膜覆盖技术。小麦秸秆长度为 15 cm 的情况下，覆盖厚度为 8 cm；覆盖秸秆厚度为 2 cm 时，覆盖秸秆长度为 1 cm。花生小区产量最高的覆盖模式：小麦秸秆长度为 15 cm 的情况下，覆盖厚度为 5 cm；覆盖秸秆厚度为 2 cm 时，覆盖秸秆长度为 1 cm。通过秸秆生物覆盖可减少田间蒸发量，降低土壤盐分等，达到保墒、控盐、抑草、促苗的目的，从而实现小麦季增产、增效、减药、减肥的绿色生产。

第三节　利用冬季咸水结冰灌溉改良盐碱地效果及技术体系

冬季咸水结冰灌溉是一种新兴的盐碱地改良方法，此方法是将冬季自然冷资源与滨海盐碱地区丰富的咸水资源相结合，通过自然结冰，使咸淡分离，再利用结冰融化时咸水先流出，淡水后流出的原理，对土壤起到一定的洗盐作用。李志刚等（2008）提出利用自然冷资源，进行冬季咸水结冰灌溉，通过咸水结冰冻融实现咸淡水分离，进而改良盐碱地。对于使用多少浓度的咸水适宜，研究结果还存在分歧，有研究表明利用小于 3 g/L 的咸水进行灌溉时，可以保证作物稳产，且能够保持土壤盐分的平衡，而当高于此值时，作物产量则随着灌溉咸水矿化度的升高而大幅降低（肖振华和万洪富，1998；Wang et al. 2015）。也有研究表明利用 15 g/L 的咸水进行结冰灌溉时，对土壤表层盐分的淋洗效果显著，结合春季抑盐措施和后续降雨，能够保证作物整个生育期的正常生长，且能够获得稳定的产量（郭凯 等，2010；Guo et al. 2014，2015）。本节通过探讨咸水结冰灌溉及其相应的配套措施处理下土壤水盐变化规律，建立咸水安全直灌方式、灌溉制度与配套的耕作栽培技术，以期为黄河三角洲盐碱地改良和微咸水安全利用提供科学依据。

一、冬季咸水结冰灌溉对土壤的改良效果

（一）试验设置

试验于 2010—2011 年在山东省垦利县兴隆街道办东兴村进行，通过研究咸水结冰灌溉前后土壤的水盐变化动态，探讨最佳灌溉水量及灌溉时间，明确冬季咸水结冰对盐碱地的改良效果。

试验于 2011 年 1 月 14 号开始灌水。设 3 个灌水量处理：90 m^3/亩（R1）、120 m^3/亩（R2）、180 m^3/亩（R3），以不灌溉小区作为对照（CK）；每个处理 3 个重复，共 12 个小区，随机区组排列。试验小区长 6 m，宽 3 m，各小区间设置宽 1 m、高 0.5 m 的田垄，以防测渗和互溢。灌水前（2011.1.13）在小区按照 0～10 cm、10～20 cm、20～40 cm、40～60 cm、60～80 cm 和 80～100 cm 取初始土壤，灌溉后，各处理小区及时覆膜。土壤及地表冰层完全融通后，分别在 3 月 10 日和 4 月 15 日按照 0～10 cm、10～20 cm、20～40 cm、40～60 cm、60～80 cm 和 80～100 cm 分层采集土壤样品，分析土壤电导率、pH 值及含水量。电导率采用电导率仪法，pH 值采用玻璃电极法，土壤含水量采用烘干质量法。灌溉水质见表 3-11，土壤基本理化性质见表 3-12。

表 3-11　灌溉水质情况

咸水来源	HCO_3^- (g/L)	Cl^- (g/L)	SO_4^{2-} (g/L)	Ca^{2+} (g/L)	Na^++K^+ (g/L)	Mg^{2+} (g/L)	盐分总量 (g/L)
地下 6m	0.655	11.314	1.092	0.295	3.312	0.797	17.465
地下 23m	1.185	28.486	3.686	0.725	7.796	1.654	43.532

表 3-12　研究区土壤基本理论性质

pH 值	EC (ms/cm)	碱解氮 (mg/kg)	有效磷 (mg/kg)	速效钾 (mg/kg)	Na^{+} (g/kg)	Ca^{2+} (g/kg)	Mg^{2+} (g/kg)
8.54	9.61	20.41	3.22	59.7	1.47	30.62	6.59

（二）研究区降水量与土壤含盐量年度变化

研究区多年月均降水量和土壤含盐量变化如图 3-10 所示，由图 3-10 可以看出，研究区降水量主要分布在 5—8 月，这段时间也是植物生长最旺盛且耐盐能力最强的时候，同时也是土壤盐分最小的时候。而植物的发芽期和幼苗期却没有多少降水量，在植物最需要水分、最不耐盐的时候，研究区降水量较低，此时也是土壤盐分最高的时候，因此如何在种子发芽和植物幼苗时期保证水分供应十分重要。试验区的降水量从 1—12 月呈现先增加后降低的趋势，在 7 月降水量达到最大值，为 214.5 mm，之后又随之降低。土壤含盐量（0～100 cm）随着季节的变化而变化，1—4 月，随着气温的升高，再加上这一时期滨海地区多大风天气，且降水较少，蒸发量增加，土壤积盐现象严重，在 4 月土壤的含盐量达到最大值（12.68‰）。之后（5—9 月），随着地表覆盖物和降水量的增加，土壤的含盐量随之降低，7—8 月是降水集中期，由于雨水的淋洗，土壤的含盐下降到最低值。到了 9 月，地表覆盖物枯落，降水也减少，土壤的含盐量又有所增加。

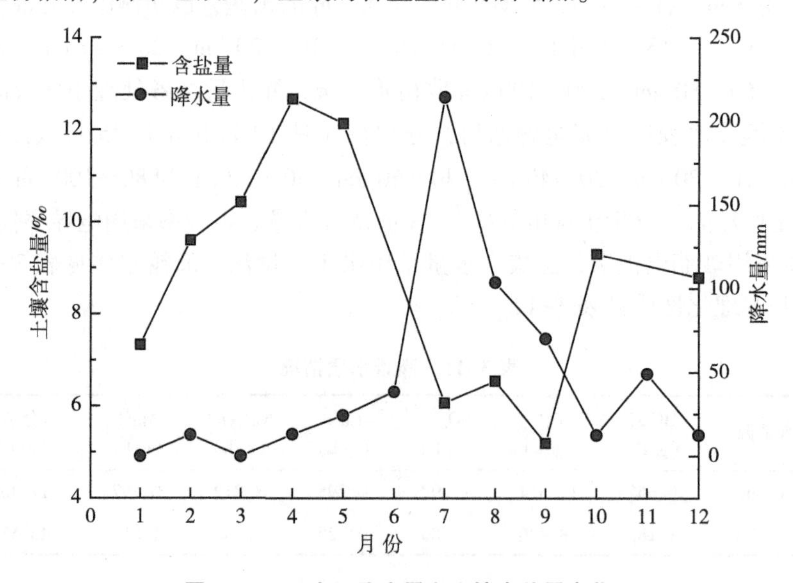

图 3-10　研究区降水量和土壤含盐量变化

(三)咸水结冰灌溉对土壤理化性质的影响

1. 咸水结冰灌溉对土壤含水量的影响

各试验小区不同时间段 0～100 cm 土壤含水量的变化见图 3-11。灌溉前，各处理小区表层土壤（0～20 cm）的含水量差异性不大，变化幅度均在 19%～21%。冬季冻融溶解后，各处理小区的土壤含水量都有所增加，但增加的幅度不同，表现为 CK＜90 m^3/亩＜120 m^3/亩。之后随着时间的推移，各处理的土壤含水量均有所下降，但表层土壤的含水量仍然表现为 CK＜90 m^3/亩＜120 m^3/亩。各处理土壤含水量的降低可能与春季气温升高，大风天气增加，土壤蒸发量增大有关。

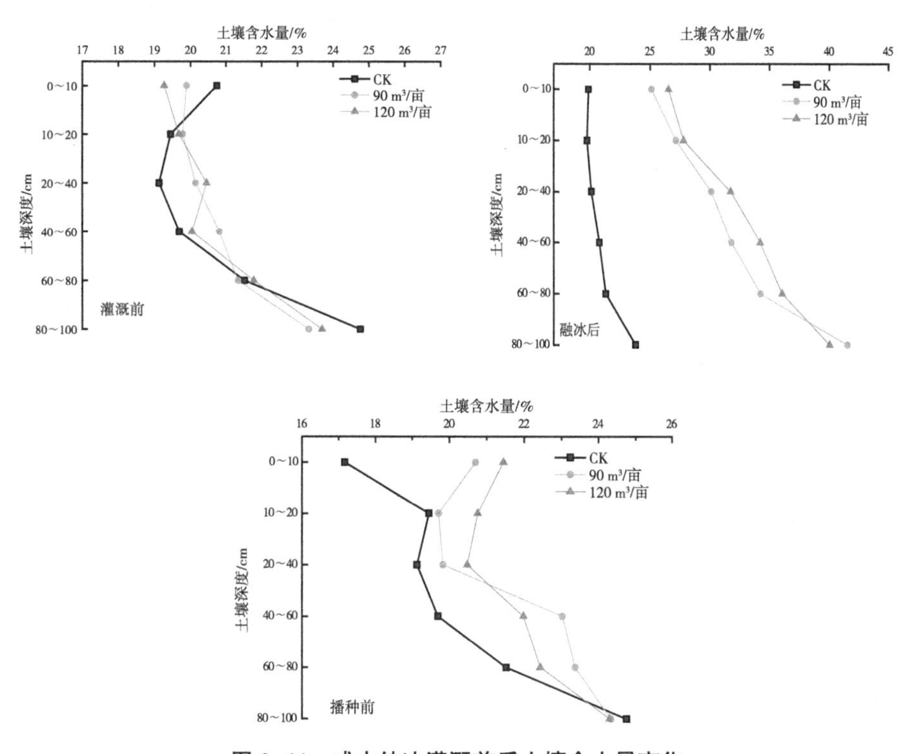

图 3-11 咸水结冰灌溉前后土壤含水量变化

结果还显示，在冬季灌水前 60 cm 以上土壤含水量均在 25%以下，春季融冰后和播种覆膜时土壤含水量均在 25%～30%，对植物发芽和幼苗生长有重要作用，同时也对土壤春季返盐有明显抑制作用。增加土壤水分，降低土壤盐分，两者双管齐下，对植物的发芽率和保苗率有着明显的提高作用。

2. 咸水结冰灌溉对土壤含盐量的影响

各试验小区不同时间段 0～100 cm 不同土壤层含盐量的变化见图 3-12。灌溉前各处理小区 0～100 cm 不同土壤层的含盐量随着剖面深度的增加而降低，但统计分析表明，各处理小区间没有明显差异（$P>0.05$）。冬季咸水结冰灌溉后，随着冰的融化，和 CK 相比，不同灌水量的表层土壤含盐量均有所降低，且灌水 120 m^3/亩的处理表层土壤的含盐量降低的幅度大于 90 m^3/亩的处理。但 20 cm 以下土层，和灌溉前相比，土壤含盐量有所增加。之后随着春季的到来，蒸发量增大，再加上降水较少，土壤出现了返盐现象，各处理小区 0～100 cm 不同土壤层的含盐量均有所增加，但总体上咸水结冰灌溉的表层土壤的含盐量仍低于 CK，不同灌水量间表层土壤的含盐量没有显著差异（$P>0.05$）。

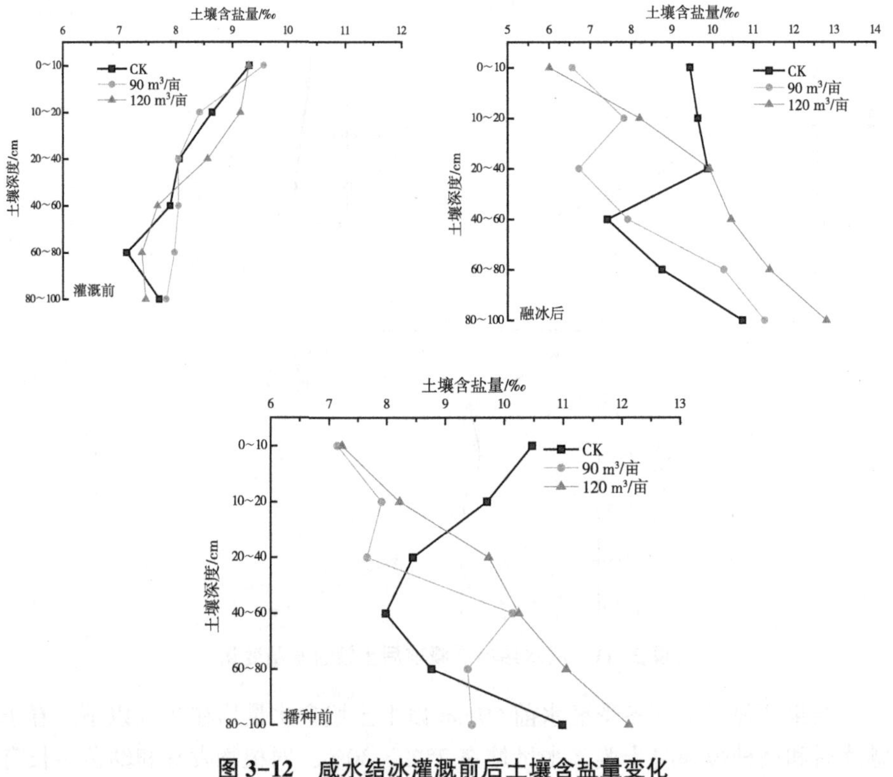

图 3-12 咸水结冰灌溉前后土壤含盐量变化

3. 咸水结冰灌溉对土壤 pH 值的影响

土壤酸碱度对土壤肥力及植物生长影响很大，但 pH 值的大小与土壤盐分大小没有直接关系，由图 3-13 可知，灌溉前，各处理间 0～100 cm 不同土壤层的 pH 值没有显著差异，表层土壤的 pH 值为 8～9。灌水融冰后，表层土壤的 pH 值均有所增加，也就说咸水直灌后，表层土壤存在碱化趋势。播种前，表层土壤的 pH 值均变化不大。

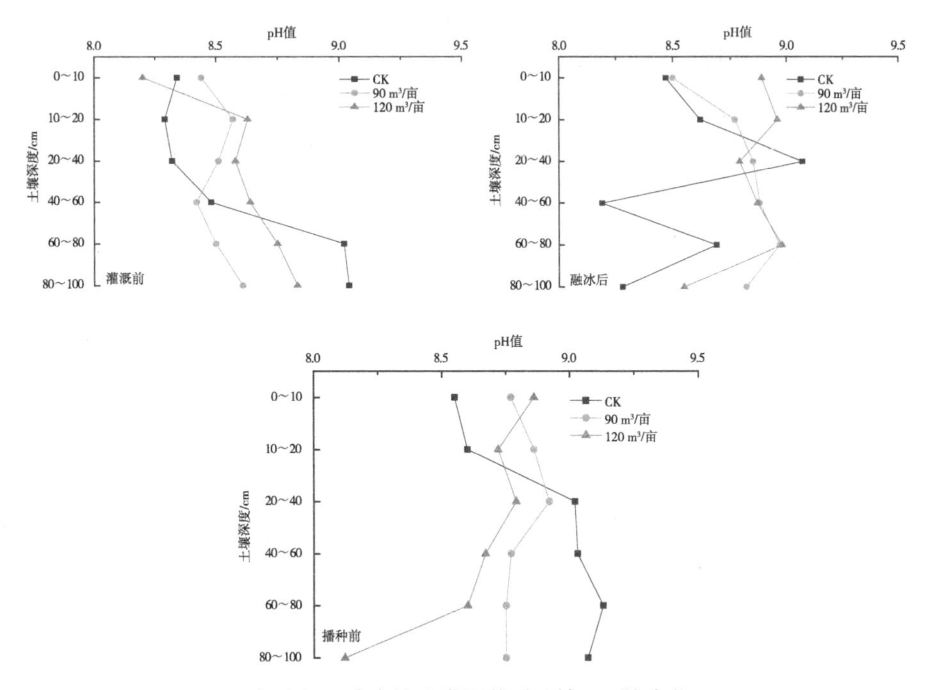

图 3-13　咸水结冰灌溉前后土壤 pH 值变化

二、咸水结冰灌溉棉花栽培配套技术

（一）棉花出苗保苗配套栽培技术

苗期是棉花生长发育的关键时期，棉花播种出苗期间，正逢盐碱地返盐最甚、盐害最重的 4 月和 5 月，由于棉花苗期的耐盐性较弱，大量盐离子进入棉花株体内，产生毒害作用，同时由于低温的影响，盐碱地种植棉花常出现缺苗断垄和晚发晚熟的现象，影响棉花产量和品质，进而降低棉花产业的生产力和竞争力。因此，棉花的出苗和保苗是盐碱地棉花生产中的一大难题，深入研究盐碱地棉花出苗保苗技术，对于解决盐碱地缺苗断垄和晚发晚熟的问题十分重要。

1. 材料与方法

试验于2008—2009年在山东省东营市广饶县丁庄镇进行，共分为3个子试验，分别进行耐盐棉花品种的筛选试验、地膜覆盖试验和播种密度试验。

供试土壤的含盐量为3.2‰，属于中度盐碱地，基础地力如表3-13所示，具有一定的排灌条件，3月18日灌淡水压盐，由于盐碱地土壤春季偏凉，地温偏低1～2℃，播种时适当推迟播期5～7 d，4月23日施复合肥（30N—35P—0K）作为基肥。4月25日播种，开沟后定量点播，2叶期定苗，每穴1棵，缺苗处不再补苗，中耕、整枝、化控和治虫等大田管理措施按照当地传统和习惯进行，各项管理措施一致。

表3-13　供试土壤的基础地力

有机质（%）	碱解N（mg/kg）	有效P（mg/kg）	速效K（mg/kg）
0.87	34.45	18.29	111.96

（1）品种筛选试验设计。品种筛选试验的供试品种为目前当地广泛种植的10个棉花品种，共设10个处理，处理编号与供试品种的对应关系如表3-14所示。

设计每处理重复3次，随机排列。每处理的小区面积均为40m^2（10m×4m），留苗密度3万株/hm^2，大小行种植，双行地膜覆盖。

表3-14　品种筛选试验处理编号与供试品种的对应关系

处理编号	供试品种
T1-1	99B
T1-2	K9918
T1-3	W8225
T1-4	丰抗6
T1-5	鲁棉研18
T1-6	鲁棉研21
T1-7	鲁棉研28
T1-8	水浒棉72-8
T1-9	中棉所41
T1-10	中棉所45

（2）播种密度试验设计。根据品种筛选试验的试验结果，播种密度试验的供试品种为鲁棉研28、W8225和水浒棉72-8。

试验采取裂区试验设计，主区为播种密度：设3万株/hm^2（T3）、3.75万株/hm^2（T4）、4.5万株/hm^2（T5）和5.25万株/hm^2（T6）四个处理，副区为品种：设鲁棉研28、W8225和水浒棉72-8三个处理，处理编号与处理方式的对应关系如表3-15所示，重复4次，随机排列。每处理的小区面积均为40 m^2（10 m×4 m）。

表3-15 播种密度试验处理编号与处理方式的对应关系

处理编号	处理方式
T3-1	鲁棉研28，3万株/hm^2
T3-2	W8225，3万株/hm^2
T3-3	水浒棉72-8，3万株/hm^2
T4-1	鲁棉研28，3.75万株/hm^2
T4-2	W8225，3.75万株/hm^2
T4-3	水浒棉72-8，3.75万株/hm^2
T5-1	鲁棉研28，4.5万株/hm^2
T5-2	W8225，4.5万株/hm^2
T5-3	水浒棉72-8，4.5万株/hm^2
T6-1	鲁棉研28，5.25万株/hm^2
T6-2	W8225，5.25万株/hm^2
T6-3	水浒棉72-8，5.25万株/hm^2

（3）测定项目及方法。包括成苗率的测定、皮棉产量的测定、地盐的测定、土壤含水量和含盐量的测定以及霜前花率的测定。

成苗率的测定：棉花出苗至2片真叶期间进行成苗率调查，成苗率=成苗粒数÷（实际播种粒数×种子发芽率）。

皮棉产量的测定：吐絮后在每小区中间3行随机选40株棉花，统计铃数，分3次收获子棉，风干称重后轧花，计算皮棉产量、铃重和衣分。

地温的测定：分别在CK和T2处理的小区内，随机插入5 cm和15 cm深度的地温表各10支，记录播种后第5、第10、第15、第20、第25、第30、第35 d 11:00的地温数据，计算平均数。

土壤含水量和含盐量的测定：分别在 CK 和 T2 处理的小区内，播种后第 5 d、10 d、15 d、20 d、25 d、30 d、35 d 随机选点 10 处，用土钻分别取 0～10 cm 和 10～20 cm 的土层，四分法取样，一份测定土壤含水量（烘干法），另一份测定含盐量（电导率法）。

霜前花率的测定：下霜后在每小区中间 3 行随机选 40 株棉花，统计已吐絮的棉铃数，霜前花率=霜前棉铃数/收获棉铃数×100%。

2. 品种筛选试验

品种筛选试验的成苗率、皮棉产量及产量构成要素如表 3-16 所示。从成苗率的调查结果可知，供试的 10 个棉花品种中成苗率大于 72%的有 3 个品种，分别为鲁棉研 21、鲁棉研 28 和中棉所 45，W8225、水浒棉 72-8 和 99B 的成苗率为 68%～70%，上述 6 个品种的成苗情况较好。鲁棉研 18、K9918、丰抗 6 和中棉所 41 的成苗率均低于 65%，特别是丰抗 6 和中棉所 41 的成苗率低于 60%。

表 3-16　棉花品种对成苗率、皮棉产量及产量构成要素的影响

处理编号	供试品种	成苗率（%）	铃数（个/m^2）	铃重（g）	衣分（%）	皮棉产量（kg/hm^2）
T1-7	鲁棉研 28	73. 02	64. 50	5. 41	42. 13	1 468. 82Aa
T1-3	W8225	69. 79	62. 84	5. 76	40. 29	1 459. 06Aa
T1-8	水浒棉 72-8	69. 29	68. 02	5. 36	39. 78	1 449. 07Aa
T1-6	鲁棉研 21	73. 83	63. 68	5. 13	42. 13	1 376. 34Bb
T1-1	99B	68. 58	76. 60	4. 74	37. 84	1 374. 87Bb
T1-10	中棉所 45	72. 82	57. 83	5. 75	40. 80	1 357. 34Bbc
T1-5	鲁棉研 18	64. 14	71. 55	4. 57	40. 80	1 334. 03Bc
T1-9	中棉所 41	58. 48	55. 71	5. 82	41. 00	1 330. 46Bc
T1-2	K9918	60. 90	66. 10	5. 11	39. 17	1 323. 11Bc
T1-4	丰抗 6	59. 09	73. 47	4. 75	37. 84	1 321. 53Bc

注：小写字母不同，表示在 5%水平上差异显著；大写字母不同，表示在 1%水平上差异极显著，下同。

棉花皮棉产量直接关系着植棉的经济效益。由表 3-16 可知，供试的 10 个棉花品种中，鲁棉研 28、W8225、水浒棉 72-8 产量最高，均达 1 400 kg/hm^2 以上，增产已达极显著水平。其余的 6 个品种产量也均在

1 300 kg/hm^2 以上，产量差异均达显著水平，其中鲁棉研 21 和 99B 的产量较鲁棉研 18、中棉所 41、K9918 和丰抗 6 增产显著。而中棉所 45 与鲁棉研 18、中棉所 41、K9918、丰抗 6 之间产量差异不显著。

铃数、铃重和衣分是棉花皮棉产量的构成要素。由表 3-16 可知，供试的 10 个棉花品种中，99B、丰抗 6 和鲁棉研 18 的铃数最多，中棉所 41、W8225 和中棉所 45 的铃重最高，鲁棉研 28 和鲁棉研 21 的衣分最高。

综合考虑成苗率和皮棉产量情况可以看出，鲁棉研 28、W8225 和水浒棉 72-8 的表现较好，适合盐碱地推广种植。

3. 播种密度试验

适当的密度是棉花获得高产的重要途径。播种密度对皮棉产量的影响如图 3-14 所示，由图 3-14 可知，在播种密度增加的条件下，鲁棉研 28、W8225 和水浒棉 72-8 的皮棉产量表现出先升后降的趋势。鲁棉研 28 和水浒棉 72-8 在 4.5 万株/hm^2 的播种密度时，皮棉产量达到最高值，而 W8225 在 3.75 万株/hm^2 的播种密度时，皮棉产量达到最高值。

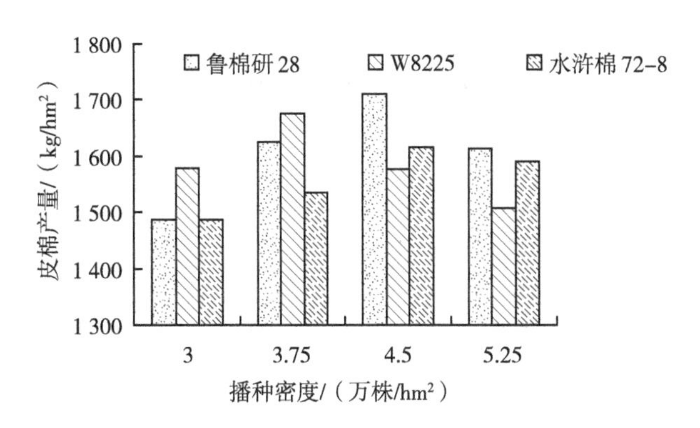

图 3-14 播种密度对皮棉产量的影响

（二）测土配方施肥配套技术

在棉花保证出苗的情况下，研究确定棉花最佳施肥量、施肥品种、施肥比例、施肥方法和施肥时期，为棉花合理施肥和高产提供理论依据。

1. 试验设计

（1）供试土壤的基本性质。试验于 2008 年 4—10 月在广饶县丁庄镇进行。试验地地势平坦、肥力均匀，排灌方便，种植模式为棉花一熟制，土壤类型为潮土。统一对示范区棉田进行了采样，共采集土壤样品 91 个，统一送到中国农业科学院相关机构进行了土壤养分测试分析，测试结果见表 3-17。

表 3-17　广饶县丁庄镇试验田土壤状况

土壤类型	有机质（%）	有效氮（mg/kg）	速效磷（mg/kg）	速效钾（mg/kg）
潮土	1.05	37	13.4	263

（2）供试品种与栽培密度：供试品种为鲁棉研 28，种植密度为每亩 3 500～3 800 株，W8225 杂交棉种植密度为每亩 3 200～3 800 株。平均行距为 70～80 cm，株距为 25 cm。

（3）试验处理：采用大田小区试验，共设置 6 个处理，以农民传统施肥作为对照，具体施肥量见表 3-18。每个小区长 20 m，宽 10 m，小区面积 200 m^2。试验采用随机区组排列，重复 3 次，四周设保护行。

（4）施肥时期及施肥方法：基肥：根据试验设计的肥料数量，将 45% 的氮肥、全部的磷肥、钾肥和有机肥作为基施，施肥时间是 4 月 15 日前后。追肥：把 55%的氮肥作为追肥在棉花花铃期施入。其他浇水、除草、病虫害防治等管理措施一致。

表 3-18　不同配料配比及使用量

处理	配比	施肥量（kg/亩）	
		化肥	农家肥
对照	传统施肥	110	1 000
1	N0P0K0	90	1 500
2	N0P2K2	90	1 500
3	N2P0K2	40	2 000
4	N2P2K2	40	2 000
5	N2P2K0	50	2 500
6	N0P0K2	50	2 500

2. 不同配方施肥对棉花植株性状的影响

由表 3-19 看出，现蕾为 6 月 4—8 日，对照现蕾最晚，处理 3、4 现蕾最早，其次是处理 1、2、6、5。开花为 7 月 3—7 日，处理 3、4、1、2、6 开花相对较早，其次是处理 5，对照开花最晚。铃重为 4.4～5.1 g，对照最轻，处理 4 最重。始花在 9 月 13—16 日，处理 3、4 始花期较早，对照最晚。

表 3-19 不同肥料配比对棉花植物性状的影响

处理	现蕾（月-日）	开花（月-日）	单铃重（g）	始花日期（月-日）
对照	06-08	07-07	4.4	09-16
1	06-05	07-04	4.7	09-14
2	06-05	07-04	4.8	09-14
3	06-04	07-03	5.1	09-13
4	06-04	07-03	5.0	09-13
5	06-06	07-05	5.1	09-14
6	06-05	07-04	5.0	09-15

3. 不同配方施肥对棉花产量的影响

9 月 13 日开始，各小区开始采、单收计算籽棉产量，做好记录，晒干后，统计各小区籽棉产量。由表 3-20 可知，各小区籽棉平均产量在 227.2～278.5 kg/亩，以处理 4 产量最高，平均产量为 278.5 kg/亩，其次是处理 3、5、2、6、1，对照籽棉平均产量最低，为 227.2 kg/亩。可见处理 4 的施肥品种和施肥比例最好。

表 3-20 不同肥料配比对棉花产量的影响

处理	籽棉平均产量（kg/亩）
对照	227.2
1	231.4
2	243.1
3	260.6
4	278.5
5	257.3
6	236.6

（三）秸秆还田与耕作配套技术研究

通过秸秆还田、增施有机肥、深耕等措施，可达到改善土壤结构、提高土壤肥力的目的，为棉花高产、丰产提供技术支撑。

1. 试验设计

试验于 2008 年在东营市广饶县丁庄镇开展。供试土壤的基本理化性质见图 3-15。供试品种为鲁棉研 28。

试验处理：设置免耕、深耕、秸秆还田+免耕、秸秆还田+深耕四个处理，其中秸秆还田+免耕为秸秆覆盖，深耕深度为 20～30 cm。秸秆为棉田秸秆，2007 年棉花采摘结束后，将棉花秸秆打碎直接还田。试验采取随机区组排列，每个处理设置三个重复，所有处理的施肥和管理均相同。

样品采集与测定：采样深度为 0～30 cm，每 10 cm 采集一个，每个样点采集 3 个重复样品，土壤样品采集好后，立即带回实验室，风干，过 100 目筛，装袋待测。采集样品时测定土壤容重。测试指标：有机质、全氮、速效磷和速效钾。

2. 秸秆还田与耕作方式对土壤理化性质的影响

（1）秸秆还田和耕作方式对土壤容重的影响。土壤容重是土壤紧实度的敏感性指标，也是表征土壤质量的重要参数。不同处理下土壤容重的变化见图 3-15。等量秸秆还田水平下免耕的土壤容重增大，相同土壤耕作深度水平下，秸秆还田的容重显著降低，主要因为秸秆还田在一定程度上改善了土壤结构。各处理的土壤容重表现为从第一层（0～10 cm）到第三层（20～30 cm）均随着土壤深度的增加而增加。

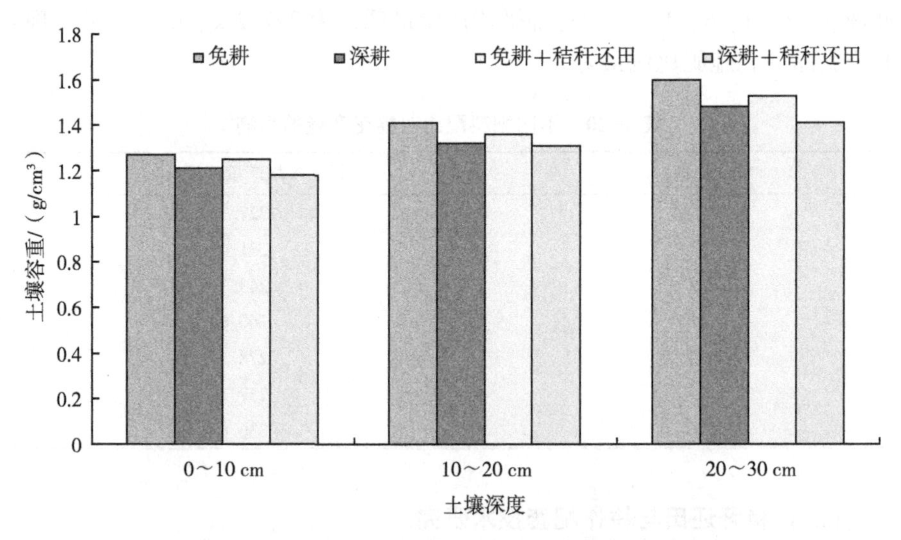

图 3-15　秸秆还田和耕作方式对土壤容重的影响

（2）秸秆还田和耕作方式对土壤有机质的影响。土壤有机质是土壤的重要组成部分，它不仅含有各种营养元素，还是土壤微生物生命活动的能源，对土壤物理性质及其土壤水肥气热等各种因素起着重要的调节作用，对土壤结构、耕性也有着重要的影响。由图 3-16 可知，秸秆还田后增加了土壤有机质含量。免耕处理使得土壤的有机质主要积累于土壤表层（0～

20 cm)，而深耕处理使有机质随土壤耕作较均匀地分布于整个耕层。这是因为免耕条件下不仅是秸秆分布在土壤表层，根系也在土壤表层分布较多，这样使得有机质很容易在土壤表层富集。深耕处理的土壤由于频繁扰动，增加了透气性，使得微生物与有机质的接触面积增大，从而使得外源施加的秸秆和土壤原有的有机质分解加快，因此深耕土壤表层有机质含量低于免耕土壤，但深层土壤有机质含量高于免耕土壤，也就是说，深耕能更好地改善土壤。

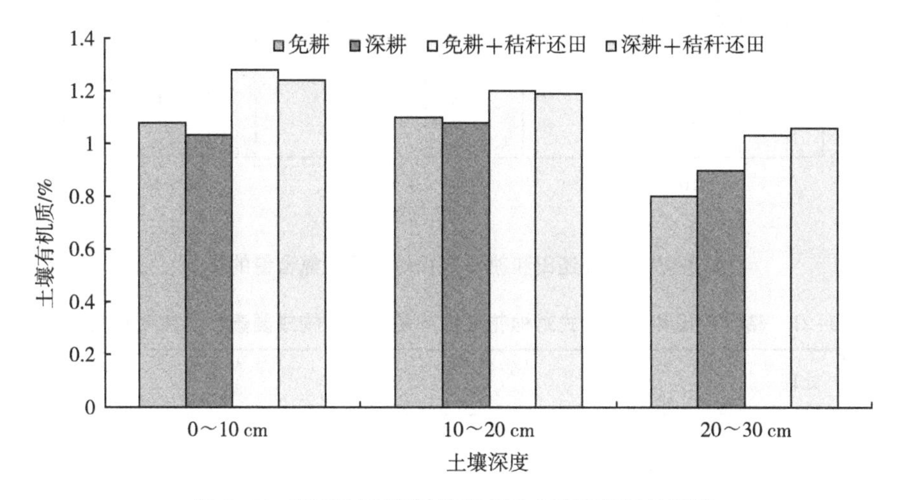

图 3-16 秸秆还田和耕作方式对土壤有机质的影响

(3) 秸秆还田和耕作方式对土壤全氮含量的影响。秸秆还田后，不同土壤层的全氮含量见图 3-17。秸秆还田增加了不同土壤层的全氮含量，但差异不显著（$P>0.05$），这可能和秸秆还田时间短有关。免耕土壤全氮含量呈明显的层次性分布，深耕土壤各层土壤全氮含量相差不大，这种变化与土壤有机质含量的变化相一致。

3. 秸秆还田和耕作方式对棉花产量的影响

不同处理方式下皮棉产量和产量构成要素的变化见表 3-21。秸秆还田后、皮棉产量增加，免耕和深耕处理相比，深耕增加了皮棉产量，也就是说秸秆还田和深耕可以提高棉花产量。

从产量构成要素来看，不同处理方式下，各要素的变化具有一致性。和免耕相比，深耕提高了铃数、铃重和衣分，同时秸秆还田也提高了铃数、铃重和衣分。同时深耕和秸秆还田也提高了霜前花率，提高了棉花的品质。由此可见，深耕和秸秆还田可以提高棉花的产量和品质。

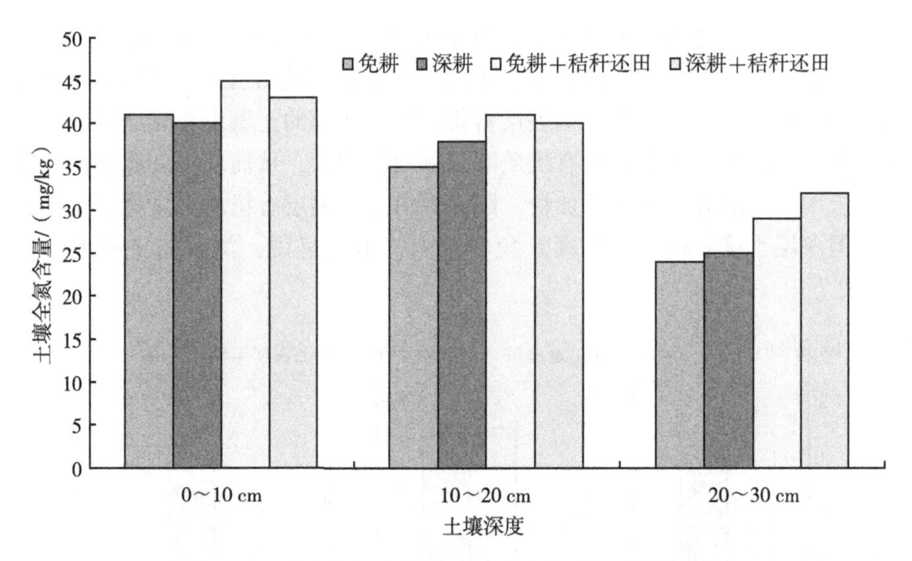

图 3-17　秸秆还田和耕作方式对土壤全氮含量的影响

表 3-21　秸秆还田和耕作方式对棉花皮棉产量、产量构成要素及霜前花率的影响

处理	皮棉产量（kg/hm²）	铃数（个/m²）	铃重（g）	衣分（%）	霜前花率（%）
免耕	1 400.23	62	4.52	40.29	80.26
深耕	1 482.3	69.95	4.92	42.18	82.19
免耕+秸秆还田	1 600.11	73.93	5.52	41.9	84.33
深耕+秸秆还田	1 701.25	72.18	5.74	42.3	85.62

三、咸水安全直灌耐盐作物综合栽培技术体系集成与效益分析

（一）咸水安全直灌耐盐棉花综合栽培技术体系集成

结合区域特征，通过集成适宜耐盐棉花品种、冬季咸水结冰灌溉技术、覆膜技术、施肥技术、微工程技术、施用改良剂等各种技术，建立了耐盐棉花咸水安全直灌技术体系，主要包括以下几项内容。

1. 选择耐盐碱抗虫的优良品种

通过品种对比试验，结果表明 W8225、鲁棉研 28 和水浒棉 72-8 的抗盐碱能力和产量均高于对照，因此选用 W8225、鲁棉研 28 和水浒棉 72-8 进行集中示范。

2. 棉花出苗保苗技术

针对盐碱地棉花出苗难、苗病重，死苗多、立苗和壮苗难的问题，结合覆膜抑盐技术。和露地栽培相比，覆膜能增温、保墒、抑制盐分上升，有效解决盐碱地植棉全苗难、保苗难的问题。盐碱地土壤春季偏凉，地温偏低1～2 ℃，播种时适当推迟播期5~7 d，以4月20—30日为佳。同时增大播量，有利于提高出苗率。

3. 配方施肥技术

（1）测土配方施肥。根据土壤养分测试结果，制定了施肥配方，既在示范区统一使用有机质含量30%以上的商品有机肥和氮磷钾含量为18∶17∶8的配方肥，使用量分别为200 kg/亩和40 kg/亩。

（2）增施有机肥。亩产皮棉125 kg以上的超高产盐碱农田，施农家肥3～4 t；亩产100 kg以上的盐碱农田施农家肥2～3 t；一般盐碱农田也要施有机肥2 t左右。

（3）合理施用化肥。在施足有机肥的基础上，基施氮磷钾复合肥30 kg（氮磷钾含量均在15%以上）；苗期、蕾期不宜追氮肥，但为防止早衰，亩追施氯化钾或硫酸钾15 kg；见花5 d后追施尿素15 kg；7月下旬追施盖顶肥7.5 kg，以后不在根基追肥。

（4）喷施叶面肥。受盐碱地过多盐分和土壤结构差的影响，单纯依靠根际施肥，往往营养供应不足，根系衰老较快，后期脱肥现象较为普遍。研究表明采用较高浓度的尿素和磷酸二氢钾配合使用效果较好，尿素浓度为3%～5%，磷酸二氢钾浓度为0.5%～1%，配成混合溶液喷施叶面。按此方法进行叶面喷肥，要注意以下几点：一是要现配现用，配好储存一段时间后再用，肥效会大大降低；二是采用孔径1.2 mm的喷片向棉花叶片喷雾，先在叶背面从下往上喷，然后在叶正面向下喷；三是选择无雨、无大风的天气，17:00以后喷施。阳光强烈时喷施会烧灼棉叶，引起损失。四是自8月10—15日开始，每隔7～10 d喷一次，连续喷2～3次。

4. 田间管理技术

（1）适时放苗、合理密植。将棉苗及时从覆盖的地膜里放出来是确保棉花成苗的重要措施。放苗的时间性很强，应选择在无风好天放苗，并在下午进行；放苗孔要小，以免被风撕裂；盐碱地棉花一定要掌握好时机，壅土堵孔：土壤湿度较小时，放苗后等苗叶上的水干后就可以堵孔，土壤湿度较大时，一般晾晒24 h左右，等棉苗周围的表土晾干后再堵孔。

大量试验表明适增密度可以在不降低铃重的前提下提高铃数8%～22%，

也可以延缓早衰。研究表明常规棉超高产棉田的密度为 2 800～3 200 株/亩，高产田为 3 000～3 500 株/亩；杂交棉超高产棉田为 2 000～2 500 株/亩，高产田为 2 500～2 800 株/亩。等行距时以 80～90 cm 为宜，大小行时以 90～100 cm 和 60 cm 为佳。

（2）中耕与灌溉。一般盐碱地棉田中耕 2～3 次，分别在定苗后、初蕾期和盛蕾期进行，也可以根据当年的降水、杂草生长情况等对中耕时间进行调整和减少中耕次数。但是 6 月中下旬盛蕾期前后的中耕在盛蕾期非常重要，不能减免，可以根据土壤墒情和降水情况将中耕、破膜和培土结合起来，一次完成，形成垄和沟，使之旱能浇、涝能排，还有利于防止倒伏。

根据天气状况，适当推迟首次浇水时间，之后遇旱浇水，高产田要一直浇到 8 月下旬，超高产田要浇到 9 月上旬乃至中旬。

（3）整枝与防虫。棉花生长期要不断去掉主茎上的叶枝和赘芽，下部 1～3 果枝留 1～2 节，中部果枝碰头就打边心。高产栽培可粗整枝，在现蕾后 10 d 左右去叶枝，以后可以不再整枝。所有棉田均要打顶，一般在 7 月 20 日前后。

实行病虫害预测预报制度，示范区内实行统一防治，在科学防治蚜虫、红蜘蛛和棉铃虫的基础上，重点防治好盲椿象。

（4）适时化学调控。化学调控是合理密植必不可少的配套技术，在合理密植的基础上，通过实施系统、适度的化学调控，创建合理的群体结构，达到高产优质的目的。根据棉花的长势，分别于蕾期、初花期、花铃期喷施缩节胺，进行全程化控。要遵循少量多次，前轻后重，看天看地看苗喷施。化控必须把定性和定量结合起来，通过调控，使叶面积系数动态变化在以下范围：初花期 0.5～0.6，盛花期 2.7～2.9、盛铃期 3.8～4.0、始絮期 2.5～2.7。控制封行时间和程度：等行距棉花于 7 月 25 日前后封行，大小行棉花于 7 月 20 日前后封小行，8 月 5 日前后封大行，封行程度均达到“下封上不封，中间一条缝”。

5. 盐碱地改良技术

（1）挖沟排碱。通过挖沟排碱，当下雨或者灌水的时候，土壤中的盐分会随水渗透到深层土壤，减少耕作层里的盐分，从而达到降低土壤含盐量的目的。挖沟排碱的技术为：每隔 1 000 m左右，挖一条深 3 m 左右的排水沟；每隔 300 m 左右，挖一条深 2 m 左右的支沟；每隔 50 m 左右，挖一条 1.5 m 左右的毛渠。

（2）冬季咸水结冰灌溉，并及时覆膜。冬季进行咸水灌溉（水源可以来自改良试验小区周围沟渠里盐分在 9～14 g/L 的咸水），在当地气温降到 0℃以下时进行灌溉，一般在 1 月中下旬。每亩灌水量 90～120 m^3，灌溉后，结冰厚度在 20～30 cm，灌溉后及时覆膜。利用咸水冬季结冰灌溉压盐不仅保证了棉花发芽出苗所需的水分，通过灌水，让土壤中的盐分渗透到深层，从排水沟排走，从而降低土壤盐分的浓度，给作物生长创造良好的生长环境，而且可以节约有限的淡水资源。

（3）春季淡水灌溉压盐。灌水压盐是降低土壤含盐量的有效方法之一，通过淡水压盐，不仅保证了棉花发芽出苗所需的水分，通过灌水，让土壤中的盐分渗透到深层，从排水沟排走，从而降低土壤盐分的浓度，给棉田创造良好的生长环境。春季棉花播种前，根据地块的大小，打好围堰，灌水压盐。为了节约用水一般选择在棉花播种前 25～30 d 进行灌溉，压盐水既可以压盐也可以造墒，一水两用。灌水定额：土壤含盐量 0.3%左右的轻度盐碱地，每亩灌水量 70 m^3；土壤含盐量 0.3%～0.5%的中度盐碱地，每亩灌水量 70～100 m^3；土壤含盐量在 0.5%以上的重度盐碱地，每亩灌水量在 110 m^3 以上。

（4）增施有机肥。施用有机肥不仅能使棉花在整个生育过程中得到全面营养，还能改善土壤结构，增强土壤保水保肥能力，降低盐分，减轻盐碱的危害。亩产皮棉 125 kg 以上的超高产田，施农家肥 3～4 t；亩产 100 kg 以上的高产田施农家肥 2～3 t；一般高产田施 2 t 左右。同时和深耕结合在一起，冬季封冻前，施肥后深耕，耕深为 20～30 cm。

（5）秋季秸秆还田，并进行深翻。土壤贫瘠是影响盐碱地种植的一个关键性因素，也是限制作物产量的一个重要因素，秸秆还田是避免棉花秸秆浪费、培肥地力和可持续发展的有效措施，对盐碱地棉田的改良和培肥至关重要。通过秸秆还田可以提高土壤各层的有机质和全氮含量，改善土壤的质地和肥力。同时深耕（20～30 cm）增加了土壤的通气性，加速了秸秆的分解，提高了土壤全氮含量，并且使土壤养分均匀分布，可以为作物生长持续提供肥力。

（二）咸水安全直灌耐盐棉花种植效益分析

根据集成建立的咸水安全结冰灌溉耐盐棉花综合技术体系，2009 年在东营市广饶县丁庄镇建立了示范区，进行了技术推广和培训，其中建设的示范区有 100 亩的盐碱低洼地棉花高产技术集成试验示范区和 1 000 亩的盐碱低洼地棉花高产技术集成示范推广区。示范区经济效益分析如下。

1. 产出

表3-22为2009年试验示范区和常规生产区棉田投入、产出情况，由表3-22可知，试验示范区内棉花亩产为278.9 kg，常规生产区棉花亩产为227.65 kg，由此可以计算出试验示范区棉花亩产比常规生产区高51.25 kg，2009年籽棉价格为6.8元/kg，亩增收益为：51.25×6.8=348.5元。

表3-22　单位规模投入、产出收益表

序号	项目	单位	试验示范区	常规生产区	增减数量	计算价格	金额（元）
1	产出	kg/亩	278.9	227.65	51.25	6.8元/kg	348.5
2	投入						
	1. 用工	个	18	15	3	40元/个	120
	2. 物质						
	（1）肥料						
	①土杂肥	kg	2 000	1 000	1 000	0.15元/kg	150
	②化肥	kg	90	110	-20	2.8元/kg	-56
	（2）农药	kg	2.1	2.6	-0.5	30元/kg	-15
	（3）种子	kg	2.5	5	-2.5	6元/kg	-15
	小计						-86
3	新增纯收益					174.5	

2. 投入

用工：由表3-22可知棉花投入主要为用工、肥料、农药和种子组成，试验区由于增加了冬季咸水结冰灌溉，用工为18个，常规生产区的用工为15，由此可以计算出试验区的用工比常规生产区增加3个，每个工按照当地价格为40元/个。实验区比常规生产区增加的费用为：40×3=120元。

农家肥：由表3-22可知，示范区内农家肥的施用量为每亩1 000 kg，常规生产区内农家肥的施用量为每亩500 kg，试验示范区每亩农家肥施用量比常规生产区高500 kg，每千克农家肥按0.30元计算，示范示范区比常规生产区亩增费用：（1 000-500）×0.3=150元。

化肥：由表3-22可知试验示范区内化肥的施用量为90 kg/亩，常规生产区内化肥的使用量为110 kg/亩，化肥的价格为2.8元/kg。则化肥使用亩均减少费用为：（110-90）×2.8=56元。

农药：由表3-22可知试验示范区内农药的使用量为2.1 kg/亩，常规生产区内农药的用量为2.6 kg/亩，农药的价格为30元/kg。每亩减少的费用：（2.6-2.1）×30=15元，记为-15。

种子：由表3-22可知试验示范区内种子的使用量为2.5 kg/亩，常规生产区内种子的使用量为5 kg/亩，种子的价格为6元/kg。每亩减少的费用：（5-2.5）×6=15元，记为-15。

3. 纯收益

纯收益=产出-投入=348.5-120-150-（-56）-（-15）-（-15）=174.5元。

由以上计算可知，示范区内每亩较前三年产量平均数高出51.25 kg，2009年籽棉价格为6.8元/kg，亩增收益228.5元，累计推广盐碱地棉花高产栽培技术10万亩，推广盐碱地棉花高产栽培技术后，每亩投入包括种子、肥料都有所减少，仅用工增加120元/亩，有机肥用量增加150元/亩，综合计算，亩增收效益174.5元。促进了农民增收，推动了新农村建设；秸秆还田加快了循环经济的发展，改善了土壤条件和环境条件，同时该技术的使用减少了化肥和农药的使用量，减少了对环境的污染，同时当地灌溉如果只用淡水春季洗盐，当地的灌溉方式为漫灌，每亩的灌溉水量约为150 m^3。由于使用了冬季咸水结冰灌溉技术，既降低了土壤盐分，又为播种出苗造墒，使春季播种时可不用淡水，或使用少量的淡水，可见该技术具有良好的经济效益、环境效益和生态效益。

第四章　起垄种植和地力提升技术相结合的改良效果及机理

近年来，滨海盐碱地改良技术日渐成熟，针对滨海盐碱地土壤含盐量高、肥力低，作物种植难等问题，起垄沟播、地力提升技术等农艺配套、生物改良措施都可以起到改善作用，但是起垄沟播和地力提升技术相结合对盐碱地土壤生态特征演替过程的影响研究极少。本章通过区域大田试验，采用平作、起垄、起垄+堆肥、起垄+绿肥、起垄+堆肥+绿肥五个农业配套与生物改良有机结合的处理方式展开实验，研究起垄沟播和地力提升技术结合对滨海盐碱地土壤水盐运动、微生物区系及作物产量的影响，从而选择出适宜滨海盐碱地小麦、玉米种植的配套改良技术，为滨海盐碱区农业结构调整开辟有效途径。

第一节　起垄种植和地力提升技术相结合对滨海盐碱土水盐的影响

盐分是盐碱地土壤组成中最活跃的成分之一，盐碱地有“盐随水来，盐随水去”的特点，盐分的运动是随着水分的运动而迁移的，水分在盐碱地土壤盐分运移中起到主要作用。同时土壤水分特性也制约着土壤对水分的吸收、保持，不但直接影响土壤对作物生长的供水能力，而且是土壤中很多物理变化、化学变化和生物过程的必要条件和参与者。滨海盐土盐分向土壤表层积聚是土壤表面水分蒸发和植物蒸腾使土壤表层水分不断减少，地下高含盐水分通过毛管作用不断向上运动的“水蒸盐留”的结果。垄作“躲盐巧种”是我国农民长期积累并证明行之有效的经验，以往这方面的研究报道一般都集中在农田垄作方式的影响上，很少运用到盐碱地的改良上，通过起垄和堆肥、绿肥处理可以改变滨海盐碱地局部土壤水盐的空间分布，并改善土壤理化性状，提升地力，使垄沟内土壤盐分降低，从而促进垄沟内作物种子的萌发和生长，从而提升作物产量。

一、材料与方法

（一）试验区概况

试验区位于山东省东营市利津县汀罗镇渤海农场科研基地，属于黄河三角洲腹地，地理坐标为118°07′～119°10′E，北纬36°55′～38°12′N。地下水埋深2～3 m，地下水矿化度10～40 g/L，受高矿化度地下水的影响，土壤极易返盐退化。供试土壤质地为砂质中壤，基本理化性质见表4-1，前茬种植棉花。

表4-1 试验区土壤基本理化性状

全盐（g/kg）	铵态氮（mg/kg）	全氮（%）	有效磷（mg/kg）	速效钾（mg/kg）	有机质（g/kg）	pH值
3.8	3.6	0.1	8.3	112	11.38	8.4

（二）试验设计

共设置五个处理：①平作（CK）；②起垄（QL）；③起垄+堆肥（DF）；④起垄+绿肥（LF）；⑤起垄+堆肥+绿肥（DL）。

起垄工程标准：垄沟宽60 cm，垄背为梯形，底宽40 cm，顶宽10 cm，高20 cm（图4-1）小区设计标准：每个试验小区30 m^2，东西宽5 m（5垄），南北长6 m。3次重复，每个重复单元设置1.5 m的保护行路。

肥料选择：堆肥选择牛粪充分露天发酵，绿肥选择鼠茅草、三叶草。堆肥每亩施用5 000 kg，绿肥均匀撒播。每亩施用纯氮（N）6～10 kg，磷（P_2O_5）3～5 kg，钾（K_2O）2～4 kg，氮肥80%底施，20%起身期追肥，其他肥料全部底施。

供试作物品种：小麦品种为青麦6，玉米品种为鲁单9066。

在试验布设前，进行一次深翻、平整土地。小麦每垄沟播种3行，玉米每垄沟播种2行。

（三）测定指标方法

1. 取样方法

土壤样品：用土钻每半个月取一次，取样层次分别为0～5 cm，5～10 cm，10～20 cm，20～40 cm，40～60 cm，60～100 cm。CK在小区中央进行取样；QL、DF、LF、DL分别在垄沟、垄坡、垄台三个位置取不同深度

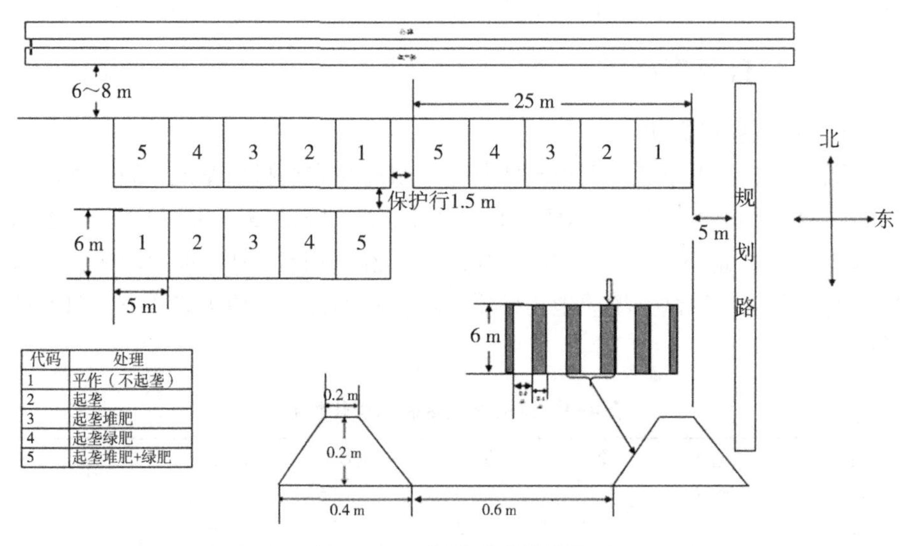

图 4-1　田间试验方案布局

的土样，在小区中间一垄的中间位置取样，不同时间取样的位置不能离上次取样的位置很远。

2. 测试指标及方法

生物学：小麦、玉米产量。测量方法是将作物收获后进行脱粒风化，称取重量，计算亩产量。

土壤水分：土壤含水量。测量方法是铝盒烘干法，提前称量铝盒的重量，从试验基地取样放到铝盒中，立即称量总鲜重，将铝盒放到 109 ℃的烘箱中烘烤 12 h，再称量总干重，利用公式计算出土壤含水量。

土壤盐分：土壤总盐含量。测量方法是电导率法，称取干土重 10 g，加入 50 mL 蒸馏水，搅拌 30 min 之后，立即用电导率仪进行测量。

二、起垄种植和地力提升相结合对盐碱土壤含水量的影响

（一）各处理间垄沟、垄坡、垄台土壤平均含水量的剖面分布特征

1. 各处理间垄沟土壤平均含水量的剖面分布特征

试验期内垄沟土壤剖面平均含水量分布特征见图 4-2。在土壤耕层（0～20 cm），起垄和地力提升相结合的各个处理土壤剖面平均含水量显著高于平作（对照），具体表现为：DL＞LF＞DF＞QL＞CK，并且各处理之间差异明显。在 20～40 cm 处，土壤属于硬土层，各处理平均含水量比

平作明显要高，但是各个处理之间并没有明显差异。在土壤黏土层（40～60 cm）处，平作土壤平均含水量比起垄和地力提升相结合的各个处理高，并且该层在所有土层中含水量最高，推测因为其土壤颗粒间孔隙小，毛细管作用力强，所以保水性强。土壤深度 60～100 cm 属于沙土层，各个处理没有明显差异，该层土壤保水性差，平均土壤含水量要比黏土层低，比耕层高。

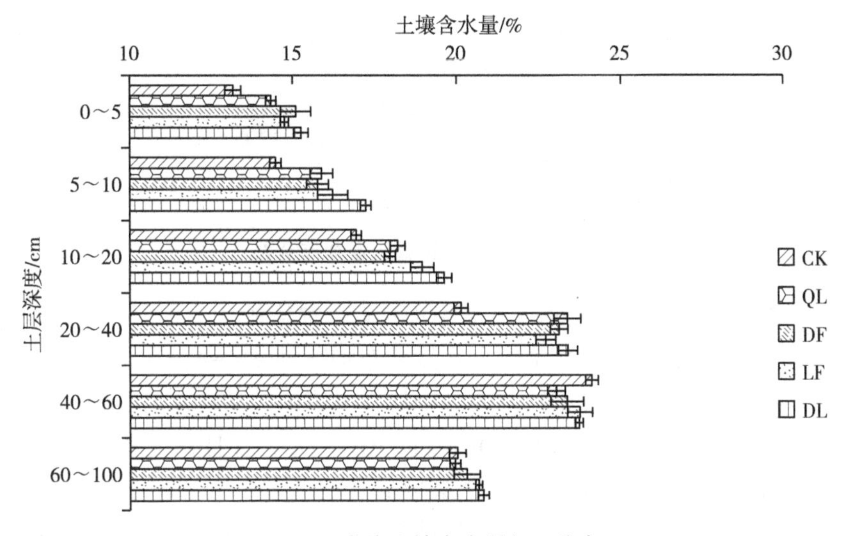

图 4-2　垄沟土壤含水量剖面分布

2. 各处理间垄坡土壤平均含水量的剖面分布特征

垄坡是在垄沟和垄台中间的交接位置，从图 4-3 显示的试验期内垄坡土壤剖面平均含水量分布特征可以看出，在土壤 0～5 cm 深度处，起垄和地力提升相结合的各个处理土壤剖面平均含水量显著低于平作（对照），具体表现为：CK＞LF＞DF＞QL＞DL，并且各处理之间差异明显，DL 最少，与上文垄沟中 DL 含水量最高以及下文中垄台含水量最少相一致。土壤起垄后垄坡处于裸露状态，直接暴露在外界条件下，水分蒸发强烈，所以四个处理的垄坡土壤含水量明显要比对照处理少。在 5～10 cm、10～20 cm 土壤层处，CK 依然比其他四个处理的土壤含水量高，四个处理间并没有显著差异。在 20～40 cm 处，5 个处理之间存在差异，具体表现为：CK＜QL＜LF＜DL＜DF。在 40～60 cm、60～100 cm 土壤层处，五个处理之间没有表现出明显差异。

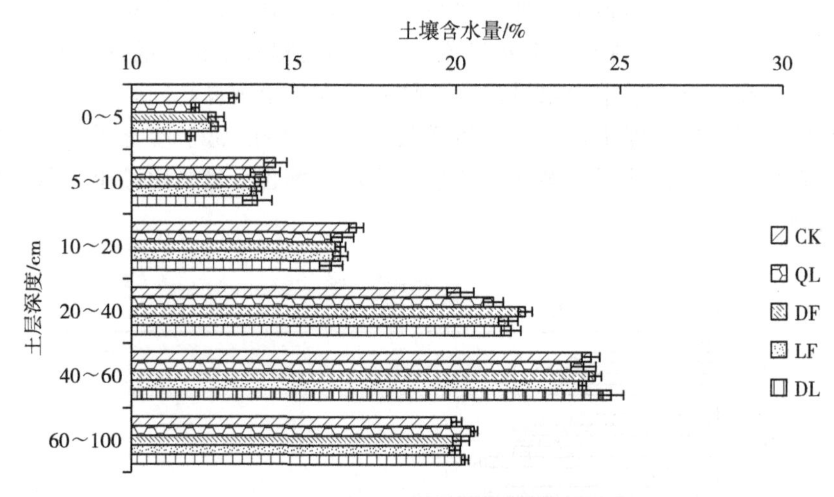

图 4-3　垄坡土壤含水量剖面分布

3. 各处理间垄台土壤平均含水量的剖面分布特征

试验期内垄台土壤剖面平均含水量分布特征见图 4-4，在土壤 0～5 cm 深度处，起垄和地力提升相结合的各个处理土壤剖面平均含水量显著低于平作（对照），具体表现为：CK＞DF＞LF＞QL＞DL，并且各处理之间差异明显，DL 最少，与上文垄沟中 DL 含水量最高相一致。土壤起垄后垄台也是处于裸露状态的，直接暴露在外界条件下，水分蒸发强烈，所以四个处理的垄台土壤含水量明显要比对照处理少。在 5～10 cm、10～20 cm 土壤层处，CK 依然比其他四个处理的土壤含水量高，四个处理间并没有显著差异。在 20～40 cm、40～60 cm、60～100 cm 土壤层处，平作土壤平均含水量比起垄和地力提升相结合的各个处理含水量要低，由于起垄后，垄台的表层水分蒸发作用，导致水分垂直提升，地下水区也会向上提升，从而下层土水分含量会比未起垄的土壤（CK）高。其中在 20～40 cm 土壤层，各处理存在差异，具体表现为：QL＞LF＞DL＞DF＞CK。在 40～60 cm、60～100 cm 土壤层处，各处理没有显著差异。

（二）土壤水分的时间动态变化特征

1. 垄沟土壤水分的时间动态变化特征

起垄及地力提升技术对垄沟土壤水分的作用明显。如图 4-5 所示，在 0～5 cm 土壤层中，由于是土壤表层，各处理之间的土壤含水量并没有很大的差异，土壤含水量时间动态变化趋势基本相似。但是起垄和地力提升技术

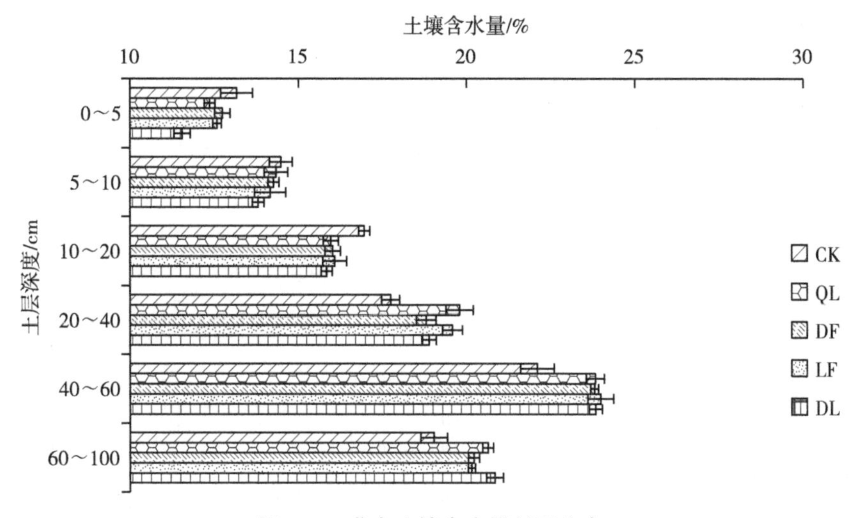

图 4-4 垄台土壤含水量剖面分布

相结合的处理总体是要比平作（对照试验）土壤含水量高。由于自然降水和人工灌溉的影响，表层土壤含水量明显出现三个高峰期和两个低峰期，4月8日出现第一个高峰，是因为春季灌溉追肥造成土壤含水量突然升高；之后温度开始慢慢升高，降水量很少，出现第一个低峰；6月1日出现第二个高峰，由于该试验地区雨季主要集中在这个时间段，所以土壤含水量迅速上升；之后，温度升高，蒸发作用加强，降水量明显小于蒸发量，土壤出现第二个低峰；到了6月28日，降水量变大，到了第三个高峰。

在5~10 cm土壤层中，各处理土壤含水量出现明显的差异，时间动态变化也出现不同。CK含水量随时间的变化幅度较大，变化趋势不稳定。QL、LF、DL的变化趋势基本稳定在相同水平，说明起垄能够使土壤垄沟含水量保持在适宜水平，具有保水作用，给作物提供良好的生长环境，同时施加绿肥也具有进一步的作用。但是DF含水量动态变化曲线出现几个峰值，分别在10月29日、4月8日和4月22日，出现较大的波动。

在10~20 cm土壤层中，各处理的水分时间动态变化趋势和5~10 cm土壤层基本相似。只是LF、DL的变化趋势更加平稳，几乎是基本不变，只有在降水量很大的时候出现一个峰值，说明起垄+绿肥、起垄+堆肥+绿肥能很好地保持该土层的含水量，使其保持在一个相对稳定的状态。QL和DF与CK比较，能看出QL更加稳定，其次是DF，CK变化幅度最大。在6月1日至6月28日的时间段中，CK和其他四个处理之间出现很大的差异，CK

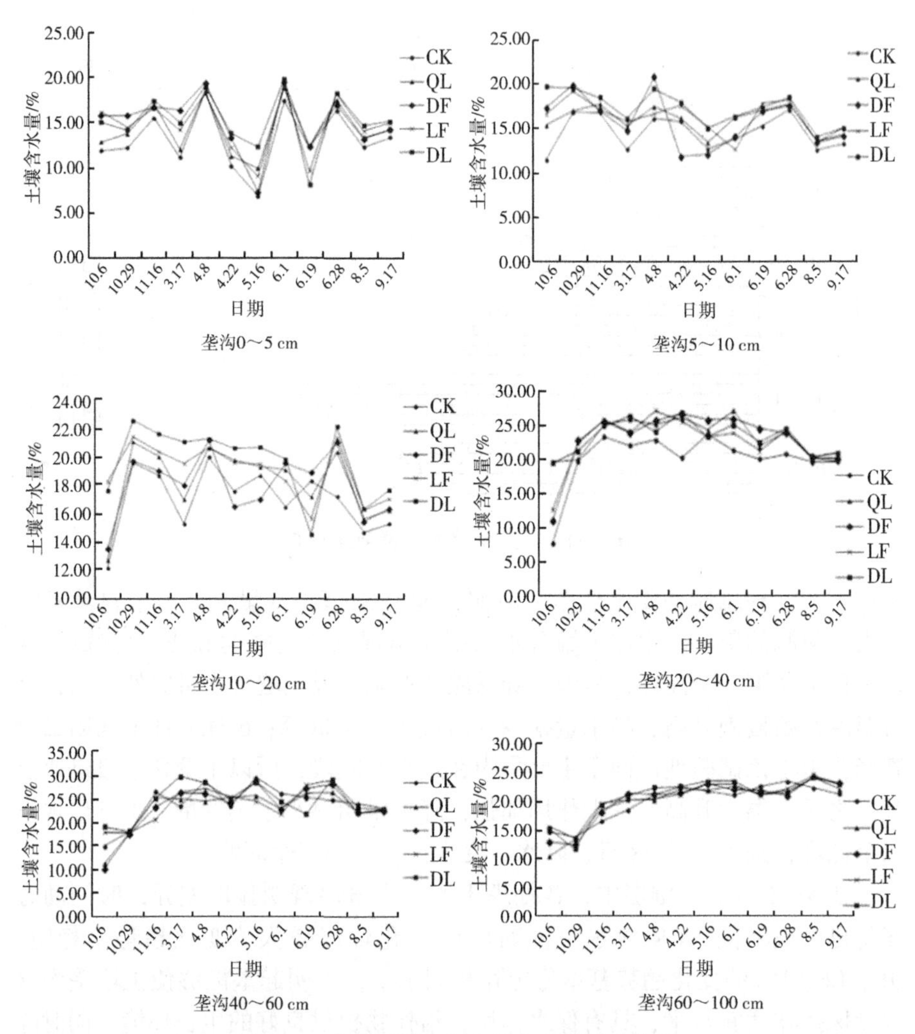

图 4-5 垄沟不同土层土壤含水量动态变化

是先上升后下降的趋势，而其他处理的趋势是先缓慢下降后缓慢上升的，由于该时间段是雨季，降水量大，起垄和地力提升技术能很好地使该层土壤含水量得到提升。

在 20～40 cm 土壤层中，DF 的变化趋势比其他四个处理的都要平稳，其他四个处理之间没有什么明显差异。说明起垄+堆肥处理能够很好地将硬化土层中的无机质转化成相应的有机物，从而影响土壤含水量。从图中能够发现，在 4 月 22 日，CK 与其他处理存在显著差异，CK 是下降趋势，由于该时间段正好的追肥灌溉期之后，CK 可能由于土壤水分蒸发作用，土壤含水量呈下降趋势，而起垄和地力提升处理能够很好地保持该层的水分。

在 40～60 cm 黏土层中，土壤含水量时间动态变化趋势 QL、DF、LF、DL 与 CK 有明显的差异，CK 的变化曲线波动幅度较大，其他处理呈稳定上升并且稳定在相对较到的水平。QL、DF、LF、DL 之间没有明显的差异。推测由于该层土壤是黏土层，土壤颗粒间土壤孔隙小，毛细管作用力强，所以具有良好的保水效果，该层土壤常年处于一个含水量较高的水平。各处理的水分时间动态变化趋势与其他土层有所不同。随着时间的变化，其含水量会出现不同程度的起伏变化，其中的含水量会根据上层土和下层土的需要相互转移，从而达到一个动态平衡。

在 60～100 cm 土壤层处，各处理呈现基本相似的趋势，没有明显差异。该土层比较接近地下水位，土壤含水量常年处于一种较高状态。

2. 垄坡土壤水分的时间动态变化特征

垄坡不同土层土壤水分的时间动态变化特征如图 4-6 所示。垄坡 0～5 cm 土壤层，受灌溉和降水的影响，CK 是在 4 月 8 日、6 月 1 日、6 月 28 日出现高峰，QL、DF、LF、DL 在 4 月 8 日也出现高峰，在灌溉的时候，水漫过垄坡，与下文讲的垄台的状态正好相反。在 6 月 1 日，CK 出现第二个高峰，由于该试验地区雨季的来临，QL、DF、LF、DL。含水量开始缓慢上升，到了 6 月 28 日，降水量变大，含水量到了个高峰。在 5 月 16 日到 6 月 1 日期间，LF、DL 的含水量动态变化与 QL、DF 是不同的，他们是处于一种下降的趋势，而 QL、DF 是上升的趋势。

在垄坡 5～10 cm 土壤层处，CK 与 QL、DF、LF、DL 并没有存在明显的差异性。在 4 月 8 日和 6 月 28 日出现两个高峰。

在垄坡 10～20 cm 土壤层处，CK 的土壤含水量动态变化趋势和 QL、DF、LF、DL 含水量动态变化频繁。在 5 月 16 日至 6 月 28 日期间，CK 含水量是保持先降低再升高再降低的趋势，QL 含水量是保持先升高再降低再升高的趋势，DF 含水量是保持一直升高再降低的趋势，LF、DL 含水量是保持一直降低再升高的趋势。说明该层土壤水分流动频繁，各个处理的水分流动也不同。

在垄坡 20～40 cm 土壤层中，各个处理的土壤含水量动态变化不稳定，说明垄坡作为垄沟和垄台的中间位置，其水分含量的传递作用值得深入研究。在 4 月 8 日至 5 月 16 日期间，CK 土壤含水量动态变化趋势与 QL、DF、LF、DL 之间有明显的差异，CK 表现为先降低再升高再降低，QL 表现为先

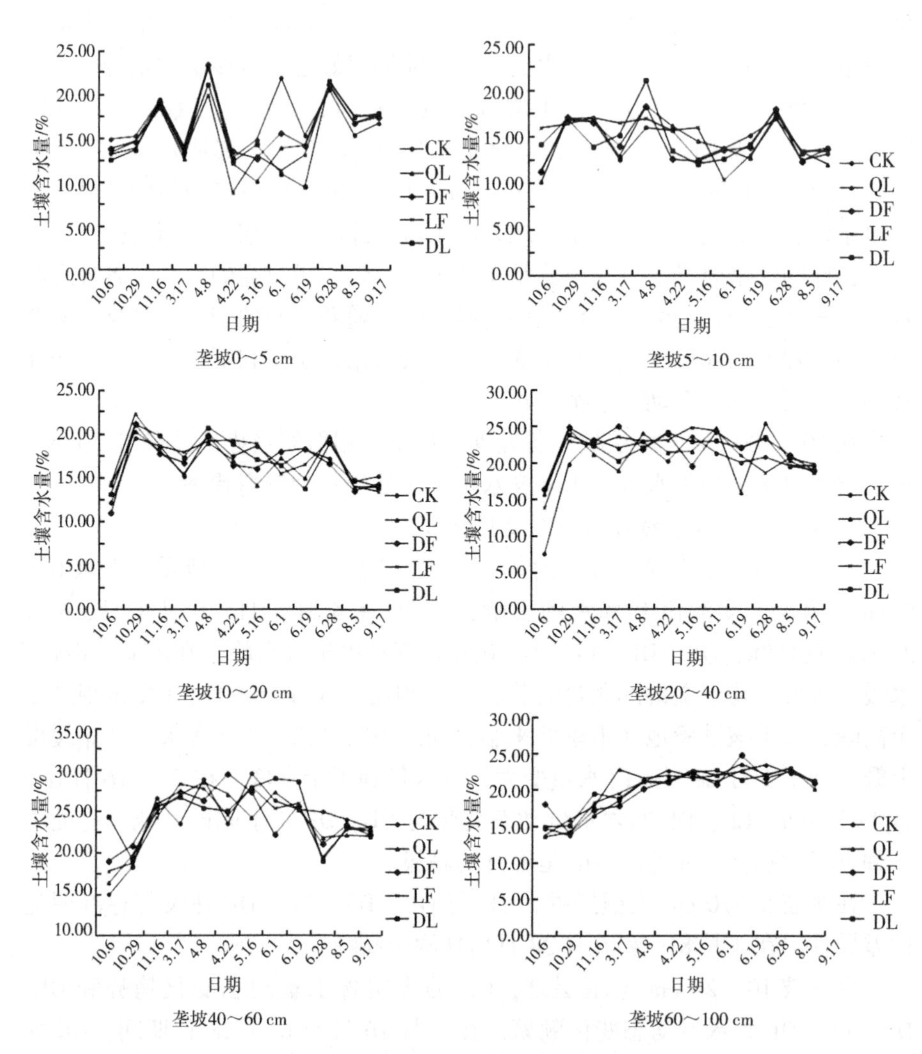

图 4-6　垄坡不同土层土壤含水量动态变化

下降再一直升高，DF 表现为先升高再降低再升高，LF 表现为先一直升高再降低，DL 表现为先升高再一直降低，5 个处理的表现情况都不同，进一步说明垄坡的土壤含水量迁移状态错综复杂。

在垄坡 40～60 cm 黏土层中，3 月 17 日至 4 月 22 日 QL、DF、LF、DL 与 CK 含水量时间动态变化趋势有明显的差异，QL、DF、LF、DL 表现为先下降再升高再下降，CK 表现为升高再下降再升高。其他时间段各处理之间含水量动态变化基本相似。

在垄坡 60～100 cm 土壤层处，各个处理之间没有发现明显的差异。含水量相对保持在一个较高的稳定水平。

3. 垄台土壤水分的时间动态变化特征

图 4-7 为垄台不同土层土壤水分的时间动态变化特征。在垄台 0～5 cm 土壤层，受降水和灌溉的影响，CK 在 4 月 8 日、6 月 1 日、6 月 28 日出现高峰，QL、DF、LF、DL 在 4 月 8 日并没有出现高峰，相对稳定。在灌溉的时候，水并没有漫过垄台，垄台一直处于一种干涸的状态。在 6 月 1 日，CK 出现第二个高峰，由于该实验地区雨季的来临，QL、DF、LF、DL 含水量开始缓慢上升，到了 6 月 28 日，降水量变大，含水量达到高峰。在这个试验过程中，四个处理垄台的含水量表现为：DF＞QL＞LF＞DL。

在垄台 5～10 cm 土壤层处，CK 与 QL、DF、LF、DL 存在明显的差异性。在 4 月 8 日至 5 月 16 日期间，CK 是在 5 月 16 日出现的低峰，而 QL、DF、LF、DL 是在 4 月 22 出现的低峰，说明 QL、DF、LF、DL 的垄台含水量蒸发的要比 CK 快。在该层土中，四个处理垄台的含水量总体表现为：DF＞QL＞LF＞DL。在 6 月 1 日，虽然到了雨季，但是该层土含水量并没有出现高峰，这是因为蒸发量大于降水量，含水量上升趋势较缓慢。

在 10～20 cm 土壤层处，CK 的土壤含水量动态变化趋势是相对平稳的，QL、DF、LF、DL 含水量动态变化出现波动，因为起垄高度是 20 cm，所以该土层是垄沟和垄台的交接地带，土壤的水盐运移情况相对较多。在 6 月 1 日至 6 月 28 日期间，CK 含水量是保持先升高再降低的趋势，QL、DF、LF、DL 含水量是一直保持升高的趋势。说明该土层在降水和蒸发共同作用的条件下，其含水量是一直保持上升的。

在 20～40 cm 土壤层中，CK 与 QL、LF、DL 没有明显的差异，DF 的变化趋势与其他四个处理有显著差异，其变化幅度较大，有较明显的高峰和低峰出现。说明起垄+堆肥处理能够很好地将硬化土层中的无机质转化成相应的有机物，从而影响土壤含水量，这与垄沟在该层的含水量动态变化得出的结果是一致的。

在 40～60 cm 的黏土层中，含水量时间动态变化趋势 QL、DF、LF、DL 与 CK 有明显的差异，QL、DF、LF、DL 之间没有明显的差异。在该黏土层具有良好的保水效果，土壤含水量常年处于一个较高的水平。在 4 月 8 日至 6 月 1 日期间，CK 的含水量变化趋势是先降低再升高再降低，QL、DF、LF、DL 正好与其相反，说明垄台的水分蒸发过程要比 CK 的蒸发过程快。

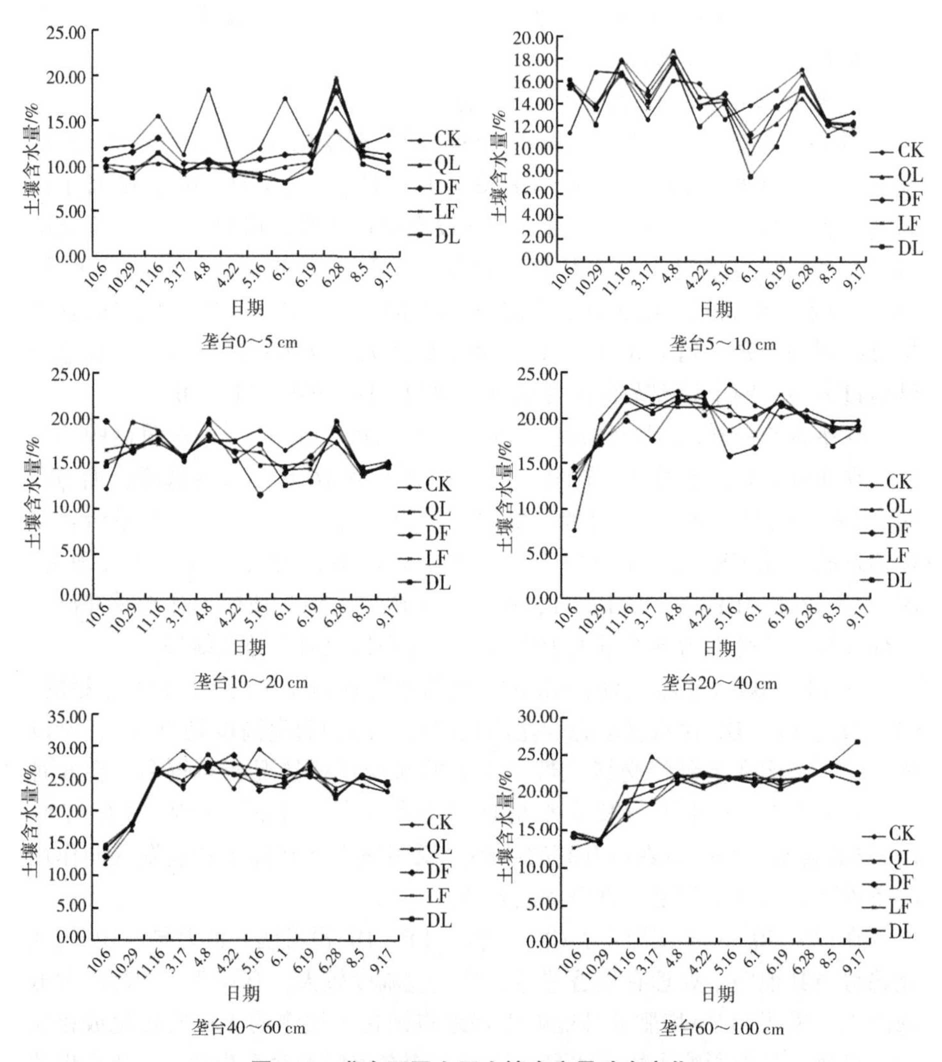

图 4-7　垄台不同土层土壤含水量动态变化

在 60～100 cm 土壤层处，各个处理之间没有发现明显的差异，含水量相对保持在一个较高的稳定水平。

三、起垄种植和地力提升技术相结合对盐碱土壤含盐量的影响

盐分是盐碱地土壤组成中最活跃的成分之一，盐碱地有“盐随水来，盐随水去”的特点，盐分的运动是随着水分的运动而迁移的，可以说水分

是盐分的重要载体，由于水分的周期变化，因而土壤也伴随着积盐和脱盐周期性变化。垄作“躲盐巧种”是我国农民长期积累并证明行之有效的经验，以往这方面的研究报道一般都集中在农田垄作方式的影响上，很少运用到盐碱地的改良上，通过起垄措施改变滨海盐碱地局部土壤盐分的空间分布并改善土壤物理状况，使垄沟内土壤盐分降低，从而促进垄沟内作物种子的萌发和生长。

（一）各处理间垄沟、垄坡、垄台土壤含盐量的剖面分布特征

1. 各处理间垄沟土壤平均含盐量的剖面分布特征

从图 4-8 描述的试验期内垄沟土壤剖面平均含盐量分布特征可以看出，在 0～5 cm 土壤层，起垄和地力提升相结合的各个处理土壤剖面平均含盐量显著低于平作（对照），表层土得到很好的降盐效果，含盐量具体表现为：CK＞DF＞QL＞LF＞DL，其中起垄+堆肥+绿肥达到最好的降盐效果。随着土层的继续加深，各处理的作用效果越来越不明显，10～20 cm 各处理与对照之间就没有显著差异了。在 20～40 cm 各处理平均土壤含盐量比平作要高，但是各个处理之间并没有明显差异。在 40～60 cm 的黏土层处，平作土壤平均含盐量比起垄和地力提升相结合的各个处理高，并且该层在所有土层中含盐量最高，因为其保水性强，所以盐分积累量也就大。在 60～100 cm 的砂土层中，各个处理没有明显差异，该层土保水性差，平均含盐量要比其他土层低，同时其接近地下水区。

2. 各处理间垄坡土壤平均含盐量的剖面分布特征

试验期内垄坡土壤剖面平均含盐量分布特征如图 4-9 所示，在 0～5 cm 土壤层，各个处理之间存在差异性，土壤含盐量具体表现为：CK＞QL＞DF＞DL＞LF。在 5～10cm 土壤层，各个处理的土壤含盐量具体表现为：DF＞DL＞CK＞QL＞LF。在 10～20 cm 处，各处理土壤含盐量具体表现为：DF＞LF＞QL＞CK＞DL。可以看出 0～20 cm 的垄坡土壤含盐量的变化是不稳定的，活动比较频繁。在 20～40 cm 土壤层处，DF 含盐量是最高的。在 40～60 cm 的黏土层处，平作土壤平均含盐量比起垄和地力提升相结合的各个处理高，并且该层在所有土层中含盐量最高。各处理土壤含盐量具体表现为：CK＞QL＞DF＞DL＞LF。在 60～100 cm 的土壤砂土层中，各个处理没有明显差异。

3. 各处理间垄台土壤平均含盐量的剖面分布特征

图 4-10 描述的试验期内垄台土壤剖面平均含盐量分布特征可以看出，在 0～5 cm 土壤层，垄台和垄沟的土壤含盐量分布特征恰好相反，起垄和地

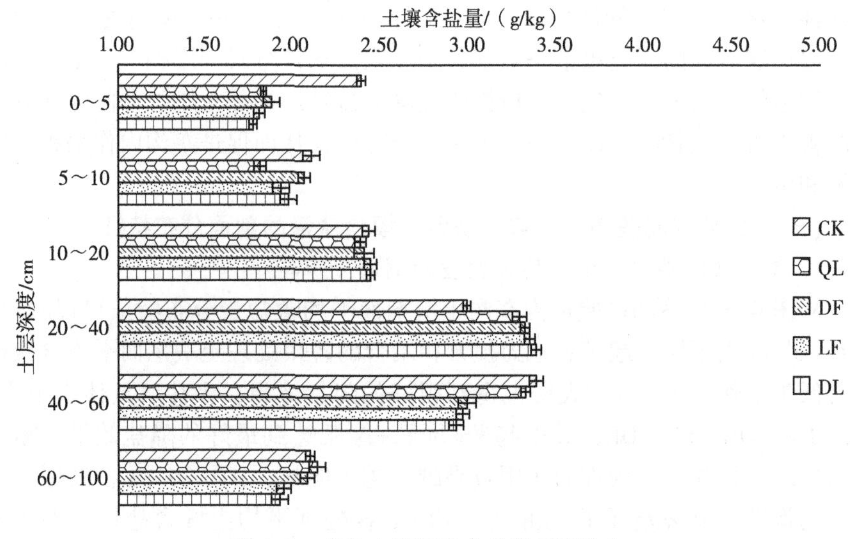

图 4-8　垄沟土壤平均含盐量剖面分布

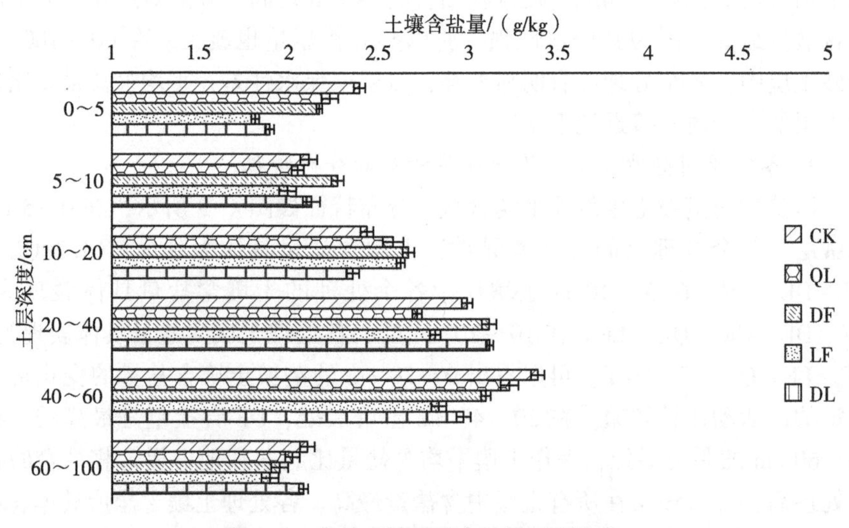

图 4-9　垄坡土壤平均含盐量剖面分布

力提升相结合的各个处理土壤剖面平均含盐量显著高于平作（CK），因为垄台土壤水分蒸发强烈，导致水蒸发了、盐留下了的结果。QL、DF、LF、DL之间没有明显的差异。随着土层的继续加深，各处理的土壤含盐量逐渐降低，这是因为盐分都向表层土移动，5～10 cm 和 10～20 cm 处各处理的土壤盐分含量相对较低。在 20～40 cm 各处理平均土壤含盐量有明显差异，DF 的土壤含盐量明显小于其他四个处理，说明堆肥能通过影响硬土层中的无机质来改变土壤的盐分含量。在 40～60 cm 的黏土层处，土壤含盐量依然是所有土层中最高的。在 60～100 cm 的砂土层中，各个处理没有明显差异，该层土保水性差，平均含盐量要比其他土层低，同时其接近地下水区。

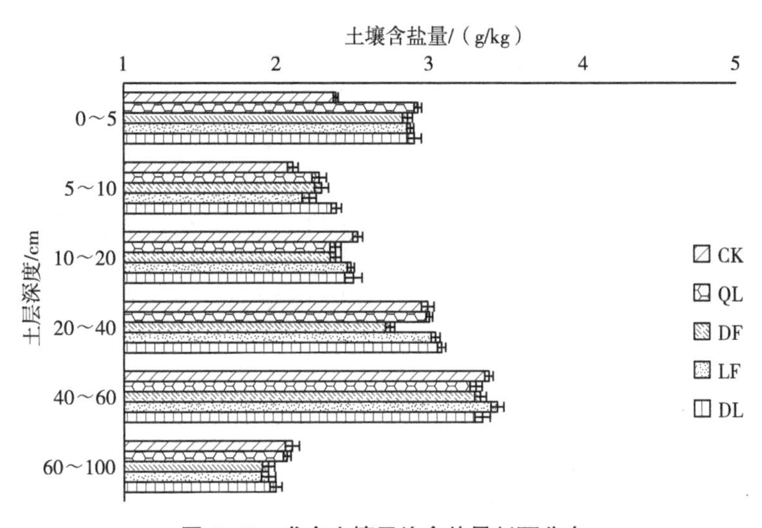

图 4-10　垄台土壤平均含盐量剖面分布

（二）垄沟、垄坡、垄台土壤平均含盐量的时间动态变化特征

1. 垄沟土壤盐分的时间动态变化特征

垄沟不同土层土壤含盐量的时间动态变化特征如图 4-11 所示。垄沟 0～5 cm 土壤层，5 种处理盐分含量变化规律基本相似，试验前期土壤含盐量变化基本相同，到了第二年春季，土壤盐分变化出现差异，QL、DF、LF、DL 在 4 月 22 日时出现低峰，而 CK 并没有达到低峰值，CK 一直到 6 月 28 日才出现低峰值，CK 出现低峰值的时间比其他四个处理滞后，说明起垄和地力提升技术相结合处理对 0～5 cm 土壤盐分有作用效果。表层土由于蒸发作用强，所以盐分变化波动比较大。

在垄沟 5～10 cm 土壤层处，QL、DF、LF、DL 与 CK 的土壤含盐量有显著差异，CK 在图中的波动幅度很大，在 10 月 29 日是高峰，到 11 月 16 日是低峰，3 月 17 日又是高峰。QL、DF、LF、DL 处理并没有出现很大

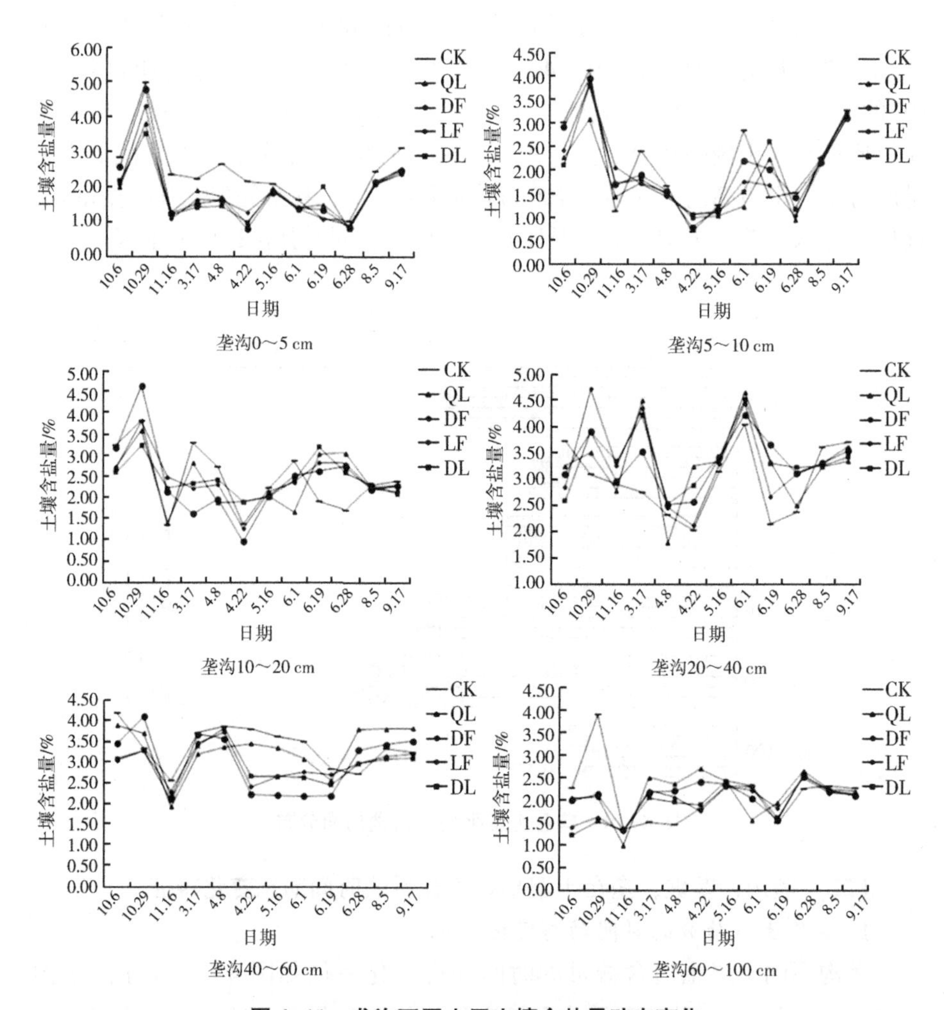

图 4-11　垄沟不同土层土壤含盐量动态变化

幅度的波动。在 6 月 1 日到 6 月 28 日期间，CK、DF、LF 是一直处于降低的趋势，而 QL、DL 是先升高再降低的趋势。

在垄沟 10～20 cm 处，CK 出现 3 个高峰值和 3 个低峰值，而 QL 出现 3 个高峰值和 2 个低峰值，DF、LF、DL 出现 2 个高峰值和 1 个低峰值，说明 CK 盐分动态变化频繁，不稳定；起垄及地力提升技术相结合的处理相对稳定。在 6 月 19 日至 6 月 28 日期间，CK 明显比其他四个处理盐分含量少，是因为该段时间是雨季，降水将表层土中的盐分冲洗到了该层，导致盐分升高。

在垄沟 20～40 cm 处，CK 和其他四个处理的土壤含盐量动态变化出现差异，CK 在实验前期一直处于盐分下降的趋势，直到 4 月 22 日出现低峰值。而 QL、DF、LF、DL 在这期间出现过两个高峰和两个低峰，变化不稳定。

在垄沟 40～60cm 处，CK 与 QL、DF、LF、DL 之间没有很明显的差异，在图 4-11 中出现两个低峰时间点，分别为 11 月 16 日和 6 月 19 日，这两个时间点都是土壤蒸发强烈的时期，表层土中水分向上运移，该层土壤盐分也向上运移，但是 60～100 的水盐由于进入该层土壤比较慢，所以该层土在这个时间点出现盐分低峰。

在垄沟 60～100 cm 处，CK 与 QL、DF、LF、DL 之间的土壤含盐量有很明显的差异，在 11 月 16 日至 5 月 16 日期间，CK 波动不大，一直处于一种缓缓上升的状态。QL、DF、LF、DL 是先升高再降低再升高，处于不稳定状态。

2. 垄坡土壤盐分的时间动态变化特征

土壤起垄之后，垄坡是处于完全裸露状态，表层土由于水分蒸发作用强烈，盐分残留在表层土中。图 4-12 显示了垄坡各层土壤含盐量的时间动态变化。在 0～5 cm 土壤层，各处理的含盐量动态变化趋势有差异。在 4 月 22 日至 6 月 1 日期间，CK、DF、LF、DL 是处于一直降低的趋势，QL 是先升高再降低。

在垄坡 5～10 cm 土壤层处，CK 与 QL、DF、LF、DL 间的土壤含盐量并没有存在明显的差异性。

在 10～20 cm 土壤层处，CK 的土壤含盐量动态变化趋势和 QL、DF、LF、DL 含盐量动态变化出现差异。在 6 月 1 日到 6 月 28 日期间，CK 含盐量是一直保持降低的趋势，QL、LF、DL 一直保持升高，DF 是保持先升高再降低的趋势。

在 20～40 cm 土壤层中，各个处理的土壤含盐量动态变化不稳定。在 4 月 8 日至 5 月 16 日期间，CK、DF 土壤含盐量动态变化趋势与 QL、LF、DL 之间有明显的差异，CK、DF 表现为先降低再升高，QL、LF、DL 表现为一直下降的趋势，进一步说明垄坡的土壤含盐量迁移状态错综复杂。

在黏土层（40～60 cm）中，11 月 16 日至 4 月 22 日含盐量时间动态变化趋势 QL、DF、LF、DL、CK 之间有明显的差异，QL 先持续升高再降低，DF 先升高再持续降低，CK、LF、DL 表现为持续升高。其他时间段各处理之间含水量动态变化基本相似。

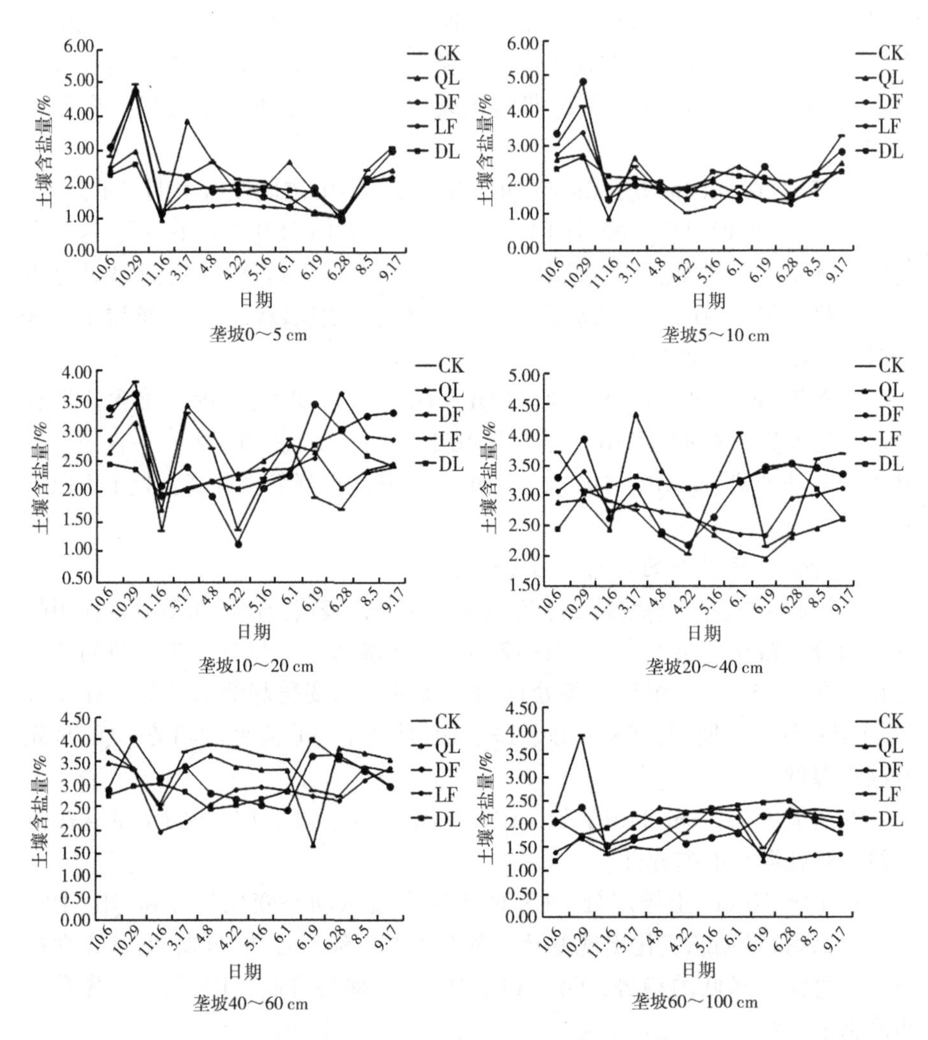

图 4-12　垄坡不同土层土壤含盐量动态变化

在 60～100 cm 土壤层处，各个处理之间的含盐量没有发现明显的差异，都处于一种相对稳定的变化趋势。

3. 垄台土壤盐分的时间动态变化特征

垄台各层土壤含盐量的时间动态变化如图 4-13 所示。垄台是处于完全裸露状态，由于水分蒸发作用比较强烈，水分蒸发，盐分残留在土壤中，所以垄台的盐分含量必定大于垄沟的盐分含量，所以起垄和地力提升处理的垄台含盐量比 CK 处理要多。0～5 cm 土壤层处，在 3 月 17 日至 6 月 28 日期间，CK 的含盐量是处于一种缓慢下降的趋势，QL、DF、LF、DL 含盐量恰好和 CK 处于一种相反的趋势。其中，DF 的上升趋势最明显，QL、LF、DL 达到一定含盐量之后，保持相对稳定状态。

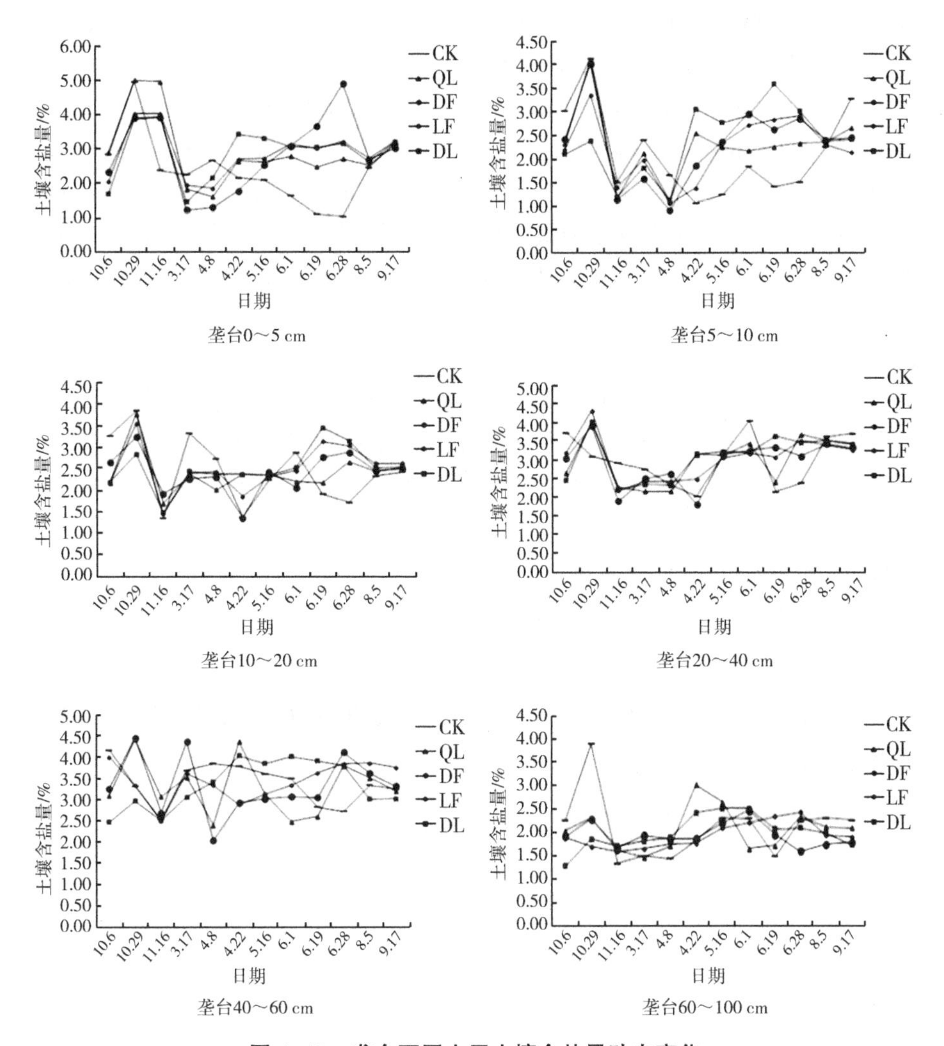

图 4-13 垄台不同土层土壤含盐量动态变化

在 5～10 cm 土壤层处，各处理在 4 月 8 日至 6 月 28 日期间出现明显差异，CK 是先缓慢升高再降低再升高的趋势，QL、DF、LF、DL 是持续升高的趋势，虽然期间有过降水，但是 QL、DF、LF、DL 在该层的含盐量并没有降低，说明该试验地区的降水量不是很集中，而且没有很大的降水量。

在10～20 cm土层处，CK、QL、DF、LF、DL的土壤含盐量动态变化趋势波动较大，因为起垄高度是20 cm，所以该土层是垄沟和垄台的交接地带，土壤的水盐运移情况相对较多。在6月1日至6月28日期间，CK含盐量是一直保持降低的趋势，QL、DF、LF、DL含盐量是保持先升高再降低的趋势。推测该层土盐分可能受降雨的影响。

在20～40 cm土壤层处，CK的土壤含盐量动态变化趋势是相对平稳的，出现一个高峰和两个低峰。QL、DF、LF、DL含盐量动态变化出现波动。DF的变化趋势与其他四个处理有显著差异，在4月8日至5月16日期间，DF是先下降后上升的趋势，QL、LF、DL是处于一直上升的趋势，说明起垄+堆肥处理能够很好地将硬化土层中的无机质转化成相应的有机物，从而影响土壤含盐量，这与上文垄沟在该层的含水量动态变化得出的结果是一致的。

在40～60 cm黏土层处，QL、DF、LF、DL、CK土壤含盐量时间动态变化趋势有明显的差异。在3月17日至6月1日期间，CK土壤含盐量时间动态变化趋势是保持稳定，QL土壤含盐量时间动态变化趋势是先降低再升高再降低，DF是下降然后慢慢升高，LF是先下降再上升，DL土壤含盐量时间动态变化趋势是一直上升。在该黏土层具有良好的保水效果，土壤常年处于一个含水量较高的水平，所以含盐量也很高。

在60～100 cm土层处，各处理之间没有明显的差异。

四、起垄种植和地力提升相结合对盐碱地土壤含水量与含盐量关系影响

土壤含盐量和含水量之间的关系十分密切，尤其在盐碱土壤中表现很明显，盐碱地土壤水盐运动具有一个特点是：盐随水来，盐随水去。土壤水是土壤盐分的载体，其土壤含水量的变化直接影响相对应土层盐分含量的变化。以起垄处理为代表，分析垄沟中土壤含盐量和含水量之间的关系（图4-14）。

在0～5 cm土壤层处，两条曲线大部分时间是处于一种背道而驰的运动趋势，土壤含盐量是随着土壤含水量的增加而减小，随着土壤含水量的减少而增加的。并且观察到土壤含盐量出现高峰值的时候，土壤含水量就是低峰值，同样土壤含盐量的低峰值则与土壤含水量高峰值相对应。土壤含水量在3月17日、6月19日、8月5日出现三个低峰值，在6月1日、6月28日出现两个高峰值。土壤含盐量在4月22日、6月28日出现两个低峰值，在

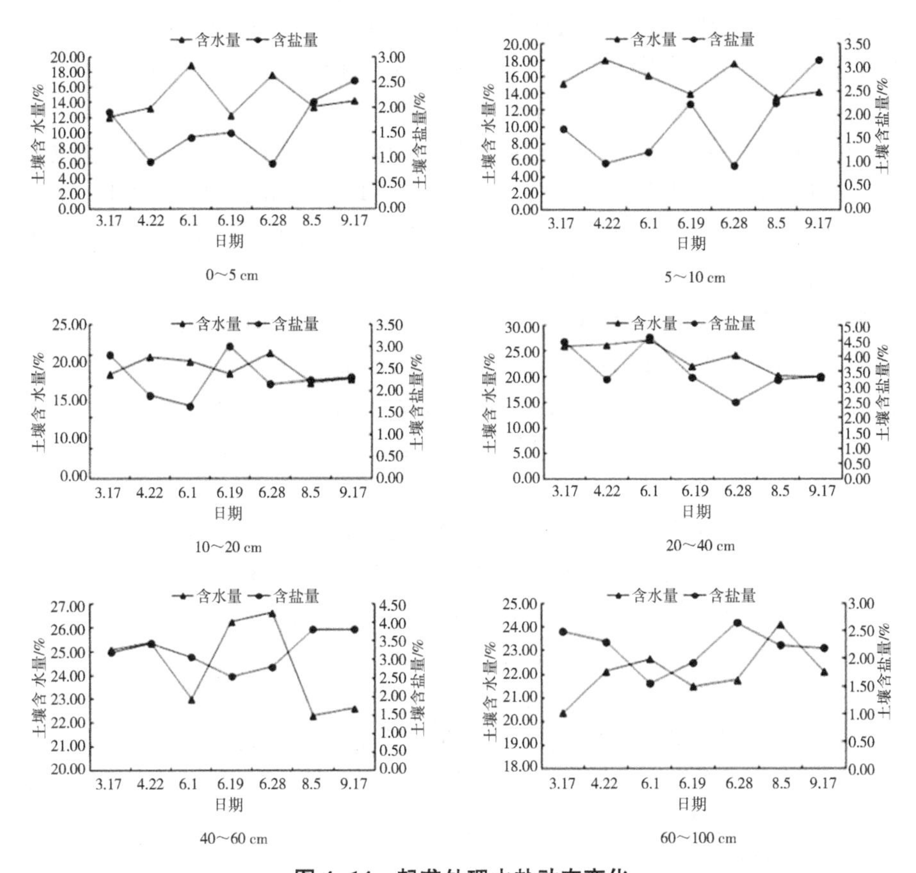

图 4-14 起垄处理水盐动态变化

3 月 17 日、6 月 19 日出现两个高峰值。在 4 月 22 日至 6 月 19 日期间，随着月动态的变化，土壤含水量呈先升高再降低的变化趋势，而土壤含盐量呈逐渐升高的趋势，这可能由于降水原因而呈现差异。在 6 月 19 日至 8 月 5 日期间，土壤含水量呈先升高再降低的变化趋势，而土壤含盐量呈先降低再升高的趋势，完全符合水盐运动规律。

在 5～10 cm 土壤层处，土壤含盐量也是随着土壤含水量的增加而减小，随着土壤含水量的减少而增加的。土壤含水量在 3 月 17 日、6 月 19 日、8 月 5 日出现三个低峰值，在 4 月 22 日、6 月 28 日出现两个高峰值。土壤含盐量在 4 月 22 日、6 月 28 日出现两个低峰值，在 3 月 17 日、6 月 19 日出现两个高峰值。在 3 月 17 日至 6 月 28 日期间，随着月动态的变化，土壤含水量呈先升高再缓慢降低再升高的变化趋势，而土壤含盐量呈先降低再逐渐升高再降低的趋势，这符合水盐运动规律。在6月28日至9月17日期间，土壤含水量呈先降低再缓慢升高的变化趋势，而土壤含盐量呈一直升高的趋势，这是由于灌溉影响了土壤含水量的变化。

在10～20 cm土壤层处，土壤含盐量总体也是随着土壤含水量的增加而减小，随着土壤含水量的减少而增加的。土壤含水量在4月22日、6月28日出现两个高峰值，在6月19日、8月5日出现两个低峰值。土壤含盐量在6月1日、6月28日出现两个低峰值，在3月17日、6月19日出现两个高峰值。在3月17日至6月19日期间，随着月动态的变化，土壤含水量呈稳定在相同水平的变化趋势，而土壤含盐量呈先持续降低再升高的趋势。在6月28日至9月17日期间，土壤含水量呈先降低再稳定在相同水平的变化趋势，而土壤含盐量呈一直相对稳定的趋势，这可能也是由于灌溉影响了土壤含水量的变化。

在20～40 cm土壤层处，土壤含盐量也是随着土壤含水量的增加而减小，随着土壤含水量的减少而增加的。土壤含水量在6月19日、8月5日出现两个相对低峰值，在6月1日、6月28日出现两个相对高峰值。总体看，该层土壤含水量的时间动态变化不明显。土壤含盐量在4月22日、6月28日出现两个低峰值，在3月17日、6月1日出现两个高峰值。在3月17日至6月19日期间，土壤含水量呈缓慢降低的变化趋势，而土壤含盐量呈先降低再升高再降低的趋势。在6月19日至9月17日期间，土壤含水量呈先升高再缓慢降低的变化趋势，而土壤含盐量呈先降低再升高的趋势，这符合盐碱地水盐运动规律。

在40～60 cm土壤层处，土壤含盐量同样是随着土壤含水量的增加而减小，土壤含水量的减少而增加的。土壤含水量在6月1日、8月5日出现两个相对低峰值，在4月22日、6月28日出现两个相对高峰值。土壤含盐量在6月19日出现一个低峰值，在4月22日、8月5日出现两个高峰值。该层土壤的含盐量时间动态变化不是很明显。在3月17日至6月19日期间，土壤含水量呈先升高再降低再升高的变化趋势，而土壤含盐量呈先升高再一直降低的趋势。在6月28日至9月17日期间，土壤含水量呈先降低再保持稳定的变化趋势，而土壤含盐量呈先升高再保持稳定的趋势，这符合盐碱地水盐运动规律。

在60～100 cm土壤层处，土壤含盐量也是随着土壤含水量的增加而减小，随着土壤含水量的减少而增加的。土壤含盐量在6月1日、8月5日出现两个相对低峰值，在3月17日、6月28日出现两个相对高峰值。土壤含水量在3月17日、6月19日、9月17出现三个低峰值，在6月1日、8月5日出现两个高峰值。在3月17日至6月19日期间，土壤含水量呈先持续升高再缓慢降低的变化趋势，而土壤含盐量呈先持续降低再升高的趋势，这符合盐碱地水盐运动规律。在6月28日至9月17日期间，土壤含水量呈先升高再降低的变化趋势，而土壤含盐量呈先降低再保持稳定的趋势。

滨海盐碱地土壤盐分受降水、灌溉、地下水等诸多因素的影响，在剖面土壤层次之间和时间动态变化上呈现出一定的规律，水作为载体，其含量直接影响着相应土层盐分的变化。土壤水分与盐分表现为相反的变化趋势，土壤盐分含量随着土壤含水量的增加而减少（高祥伟，2001）。4月土壤含水量高，且该时间点气温低、蒸发相对较弱，因而土壤盐分含量低。而7月温度升高，降水量少于蒸发量，土壤含水量低，因而土壤含盐量高于4月，这与张凌云（2004）、马丽静（2012）研究结果相一致。

五、起垄种植和地力提升技术相结合对盐碱地作物产量的影响

起垄（QL）和堆肥（QF）各处理下，作物产量见图4-15。分析可知起垄能够显著增加小麦和玉米的产量，这可能与起垄后降低了垄间播种行盐分、改善了作物生长环境有关。而起垄模式下，施加堆肥对产量无显著（$P>0.05$）促进作用，可能的原因是：第一，盐分是主要限制因子，高盐分下养分有效性被迅速降低；第二，堆肥分解成被作物吸收的过程被土壤盐分抑制或减慢。

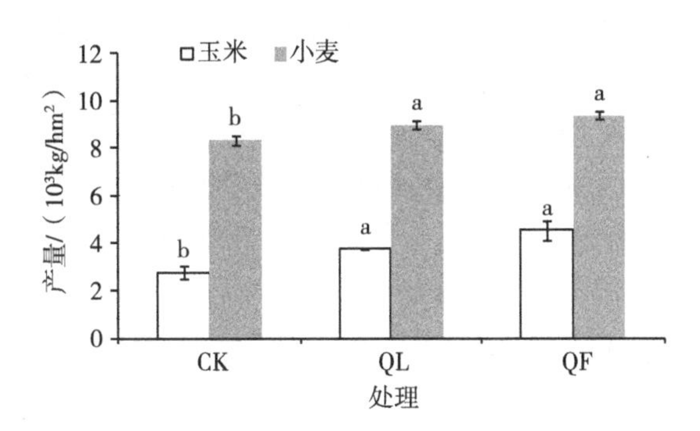

图4-15 起垄和有机肥处理对小麦和玉米产量的影响

第二节　起垄种植和地力提升技术相结合对盐碱土壤微生物的影响

土壤微生物是构成土壤内部生态环境的重要组成部分，对盐碱胁迫极为敏感，可以作为土壤盐碱胁迫过程中的重要指标（周玲玲 等，2010）。盐碱胁迫对微生物环境的危害主要表现在微生物区系的生理特征受到制约，细菌、放线菌、真菌等不能拥有正常的生长环境，并且影响有机质的转化，有机质含量下降，导致土壤肥力下降（张瑜斌 等，2008；尹勤瑞，2011）。本节主要研究了起垄、堆肥、绿肥等改良措施对滨海盐碱地微生物区系的影响，可为未来采取合理的农业措施改良利用盐碱地提供科学依据。

一、材料与方法

试验区概况、试验设计见前文所述，测定指标如下。

1. 取样方法

在 2015 年 4 月、5 月、6 月、8 月、10 月，用土钻取 5～20 cm 的新鲜土壤之后，立刻用保鲜封口袋装好，放到便携式冰箱，带回实验室分析。

2. 测试指标

土壤微生物测试采用稀释平板计数法。

分离计数培养基：牛肉膏蛋白胨培养基、马丁氏孟加拉红琼脂培养基和高氏一号培养基，分别用于细菌、真菌和放线菌的分离与计数。

测试方法：称取 10 g 鲜土样置于已灭菌的装有玻璃珠的三角瓶中，加入 90 mL 无菌水，振荡 30 min 使土样分散成为均匀的土壤悬液，进行梯度稀释，取合适的稀释度涂平板，一般好氧异养细菌采用 10^{-3}～10^{-5}稀释度，放线菌采用 10^{-4}～10^{-2}，真菌采用 10^{-3}～10^{-1}。将涂布均匀的平板倒置于 30℃培养一定时间（细菌 1～5 d，放线菌 5～14 d，真菌 3～6 d），进行 CFU（Colony Forming Unit）计数。

计算结果以每克烘干土中的微生物数量表示，计算公式为：每克干土中菌数=菌落平均数×稀释倍数/干土质量。

二、不同处理对盐碱地土壤微生物区系的影响

1. 不同处理对盐碱地土壤细菌数量的影响

不同处理随着作物生长时期的不同，细菌数量有所不同。从整体来看，细菌在6月数量达到最多；随着季节的变化，8月、10月数量明显下降，达到最低；等到来年春季4月、5月数量慢慢回升。各个处理与对照（平作）相比，起垄能够显著增加土壤细菌数量，增幅在4、5、6、8、10月分别为50.81%、35.62%、31.30%、64.29%、45.27%；起垄+堆肥处理在4、5、6、8、10月细菌增长率分别为104.76%、63.21%、38.39%、116.64%、84.89%；起垄+绿肥处理在4、5、6、8、10月细菌增长率分别为63.48%、48.28%、31.30%、73.79%、54.67%；起垄+堆肥+绿肥在4、5、6、8、10月细菌增长率分别为128.57%、77.00%、72.73%、135.71%、99.94%。可见，不同改良措施对土壤细菌数量的影响：起垄+堆肥+绿肥＞起垄+堆肥＞起垄+绿肥＞起垄＞平作（图4-16）。

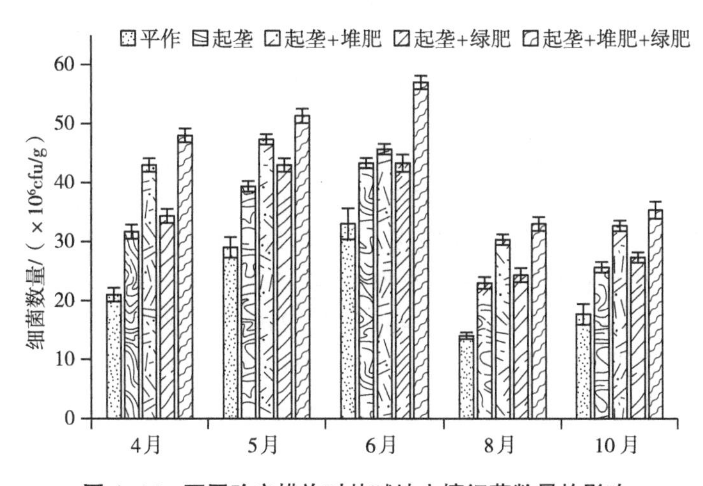

图4-16 不同改良措施对盐碱地土壤细菌数量的影响

2. 起垄种植和地力提升结合对盐碱地土壤真菌数量的影响

不同改良措施对盐碱地土壤真菌数量的影响见图4-17，由图4-17可知，真菌数量在不同月份表现为6月＞5月＞4月＞8月＞10月。各个处理与对照（平作）相比，起垄能够增加土壤真菌数量，增加的幅度在4、5、6、8、10月分别为9.38%、8.22%、6.00%、18.00%、20.94%；起垄+堆肥对土壤真菌增长率在4、5、6、8、10月分别为26.58%、21.95%、

13.23%、49.97%、39.57%；起垄+绿肥在4、5、6、8、10月真菌增幅分别为14.06%、10.97%、4.81%、33.95%、27.91%；起垄+堆肥+绿肥在4、5、6、8、10月真菌增长率分别为35.96%、26.06%、16.84%、63.95%、46.55%。可见，不同改良措施对土壤真菌数量的影响：起垄+堆肥+绿肥>起垄+堆肥>起垄+绿肥>起垄>平作。

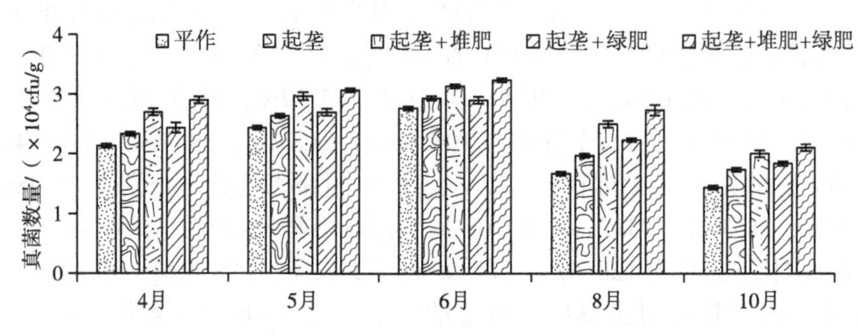

图4-17　不同改良措施对盐碱地土壤真菌数量的影响

3. 起垄种植和地力提升结合对盐碱地土壤放线菌数量的影响

不同改良措施对盐碱地土壤放线菌数量的影响见图4-18，不同处理随着作物生长时期的不同，放线菌数量有所不同。各个处理与对照（平作）相比，起垄能够显著增加放线菌数量（$P<0.05$），增幅在4、5、6、8、10月分别为31.88%、24.54%、28.33%、36.13%、26.25%；起垄+堆肥处理在4、5、6、8、10月对放线菌增长率为72.54%、31.80%、44.18%、59.71%、54.97%；起垄+绿肥处理在4、5、6、8、10月放线菌增幅为56.05%、27.27%、35.83%、44.46%、41.24%；起垄+堆肥+绿肥在4、5、6、8、10月放线菌增幅为85.72%、52.71%、53.33%、76.38%、68.73%。可见，不同改良措施对放线菌数量的影响：起垄+堆肥+绿肥>起垄+堆肥>起垄+绿肥>起垄>平作。

三、不同处理间盐碱土壤微生物区系与土壤的相互关系

1. 不同处理间盐碱土壤微生物区系差异

不同改良措施对盐碱地土壤微生物总数的影响见表4-2，由表4-2可知，各处理对细菌、放线菌和总菌数的影响效果基本相似，对真菌的影响有所不同。各处理下土壤细菌、放线菌数量和总菌数为起垄+堆肥+绿肥>起垄+堆肥>起垄+绿肥>起垄>平作，其中，起垄+堆肥+绿肥与起垄+堆肥、起垄+堆肥与起垄+绿肥、起垄+绿肥与起垄之间均差异不显著，但4个处理

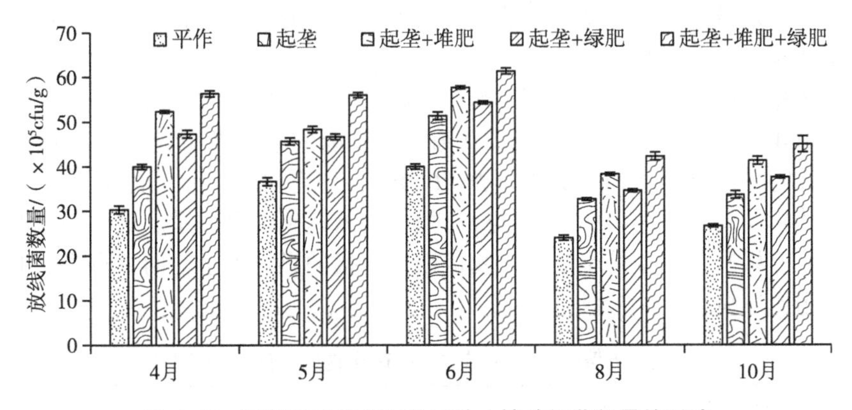

图 4-18　不同改良措施对盐碱地土壤放线菌数量的影响

均显著高于对照（平作），各处理真菌数量亦为起垄+堆肥+绿肥＞起垄+堆肥＞起垄+绿肥＞起垄＞平作，其中起垄+堆肥+绿肥、起垄+堆肥与对照差异显著，起垄+绿肥、起垄与对照差异不显著。

表 4-2　不同改良措施对盐碱地土壤微生物总数的影响

处理	细菌 10^6cfu/g	真菌 10^4cfu/g	放线菌 10^5cfu/g	菌总数 10^6cfu/g
平作（对照）	22. 93d	2. 09c	31. 53d	26. 11d
起垄	32. 60c	2. 32c	40. 67c	36. 69c
起垄+绿肥	34. 47bc	2. 42bc	44. 13bc	38. 91bc
起垄+堆肥	39. 80ab	2. 66ab	47. 6ab	44. 59ab
起垄+堆肥+绿肥	44. 93a	2. 81a	52. 20a	50. 18a

注：同一列不同小写字母表示在 0. 05 水平上差异显著（LSD 法）

2. 盐碱土壤微生物区系与微生物多样性、土壤理化性质之间的相关关系

盐碱地土壤盐分含量及水含量限制了土壤微生物活动，尤其对细菌的生长活动有重要的影响，有研究表明，土壤含水率的变化对土壤细菌多样性影响不显著，而对真菌的多样性影响差异显著；此外，土壤含水率与盐分的交互作用对细菌多样性不显著，对真菌多样性的影响显著。而有机质也是微生物最主要的影响因子，已有的研究结果表明，土壤有机质含量是影响土壤微生物量的一个重要因素（Powlson，et al. 1987；Lovell and Bardgett，1995），土壤有机碳对土壤微生物量起关键作用，有机碳控制着土壤中能量和营养物

的循环，是微生物群落稳定的能量和营养物的来源，有机碳越高，土壤微生物量就越大（刘秉儒，2010）。

将盐碱地不同改良措施下土壤微生物区系与土壤性质之间进行相关性分析，由 4-3 表可知，土壤细菌、真菌、放线菌的数量及总菌数与土壤盐分含量之间呈极显著负相关关系（$P<0.05$），与有机质、水分之间呈显著或极显著相关关系（$P<0.01$），与 pH 值之间未达到显著关系。这表明盐碱地盐分、有机质、水分是土壤微生物区系最直接的影响因子，而且有机质的影响作用比较显著。

表 4-3　土壤微生物区系与土壤理化性质之间的相关关系

项目	细菌	真菌	放线菌	菌总数
盐分	-0.358**	-0.495**	-0.433**	-0.365**
有机质	0.886**	0.897**	0.911**	0.891**
PH 值	0.027	0.046	-0.044	0.021
水分	0.668**	0.874**	0.656**	0.669**

注：** 在 0.01 水平（双侧）上显著相关。

盐碱地的微生物数量一般要少于普通农用土壤，原因一般认为是由于盐度导致的微生物生存适宜环境改变的结果（张瑜斌 等，2008）。土壤微生物群落是一个组成复杂的群体，不同微生物种类所要求的营养元素不尽相同（郑华 等，2004；时亚南，2007）。各种处理对其影响程度也不一样，起垄对盐碱地微生物区系的影响研究很少，本试验是首次研究其效果。施用有机肥能够显著增加土壤细菌、放线菌和真菌的数量，说明施用有机肥为土壤微生物提供了较多的能源与养分，特别是有机碳源为微生物生命活动提供了所需的能量，且有机肥本身也含有大量活的微生物，促进了土壤微生物大量繁殖，使土壤微生物的新陈代谢加快，施有机肥更有利于提高土壤微生物活性以及维持土壤营养元素的良好循环，这与陈梅生等研究的长期施有机肥与缺素施肥对潮土微生物活性的影响结果一致（陈梅生 等，2009）。孙文彦等（2015）研究了绿肥与苗木间种改良苗圃盐碱地，认为种植翻压耐盐绿肥作物（毛叶苕子和二月兰）可提高盐渍土细菌、放线菌、真菌数量，改善盐碱地土壤质量状况，其结果与本试验结果不一致。本试验发现绿肥对真菌几乎没有影响，对细菌、放线菌影响也极少，可能是因为两个试验用的绿肥种类不一样导致的。

3. 小结

（1）在垄沟中，起垄和地力提升相结合的各个处理在土壤耕层的剖面平均含水量显著高于平作，具体表现为：DL＞LF＞DF＞QL＞CK，并且各处理之间差异明显。垄坡和垄台都是处于裸露状态，在土壤 0～20cm 深度处，起垄和地力提升相结合的各个处理土壤剖面平均含水量显著低于平作，具体表现为：CK＞LF＞DF＞QL＞DL，并且各处理之间差异明显，DL 最少。在垄沟 0～20 cm 土层中，起垄和地力提升技术能够使土壤垄沟含水量保持在适宜水平。在垄沟 20～40 cm 土层中，起垄+堆肥处理能够很好地将硬化土层中的无机质转化成相应的有机物，从而影响土壤含水量。在垄坡和垄台中，由于水分蒸发作用比较强烈，0～20cm 土层中的水分含量必定少于垄沟的水分含量，垄台长期处于一种干涸状态，并且垄台含水量的时间动态变化受降水和灌溉的影响很大。QL、DF、LF、DL 之间没有明显差异。

（2）在垄沟中，起垄和地力提升技术相结合对土壤盐分起到很好的减盐效果，含盐量具体表现为：CK＞DF＞QL＞LF＞DL，其中起垄+堆肥+绿肥达到最好的减盐效果。在垄台和垄坡中，各处理含盐量具体表现为：DL＞DF＞LF＞QL＞CK。并且可以看出垄坡和垄台土壤含盐量的变化是不稳定的，活动比较频繁。

（3）土壤含水量和含盐量是处于一种背道而驰的运动趋势，土壤含盐量是随着土壤含水量的增加而减小，随着土壤含水量的减少而增加的。

（4）起垄对细菌、放线菌影响效果显著，对真菌影响效果不显著；堆肥对细菌、真菌、放线菌影响都很显著；绿肥的影响效果比起垄、堆肥相对较弱。

（5）起垄与平作对照，起垄能够显著增加小麦和玉米的产量，而起垄模式下，施加堆肥对产量无显著促进作用。

第五章　耐盐植物改良机理与技术

生物改良措施是按照自然生态学原理，利用植物和土壤的相互作用，在生态系统演替的引力下，重新构建和恢复植被，丰富盐碱地植物种类，增加生态系统物种多样性，提高生态系统稳定性和改善生态环境的综合效应（李颖 等，2014）。和物理和化学改良措施相比，生物改良虽然起效慢，但生态系统负担小，且能促进景观和生态环境的优化。生物改良将植被恢复和土地利用有机结合，经过长期实践表明，生态恢复技术是未来盐碱地改良恢复的重要突破口，对农业可持续发展具有重要意义。

第一节　耐盐植物种质资源与耐盐植物筛选

耐盐植物对盐碱的抗性性状，使得耐盐植物可以作为改良盐碱地，并进行植被构建与生态恢复的重要资源。例如通过在滨海盐碱地上种植耐盐植物—碱蓬，土壤脱盐效果显著，土壤有机质和 N、P、K 含量均显著增加（张立宾 等，2007），并且盐碱土壤微生物区系及生理生态指标对生物改良也具有良好的响应（康贻军 等，2009）。因此收集和开发适合黄河三角洲地区的耐盐植物种质资源，评估和筛选耐盐植物，研究耐盐植物的耐盐生理和抗逆机制，是进一步大规模实施盐碱地生物改良技术的科学基础，是一项重要且意义深远的科研课题。

一、耐盐植物种质资源

土壤中的盐分过多，植物常表现出渗透胁迫、离子毒害、营养亏缺和代谢受阻等，影响着植物生长和发育的重要生命过程（马献发 等，2011）。耐盐性是指植物在 NaCl 或其他混合盐分环境中能够维持生长的能力，Greenway 认为在 3.3×10^5 Pa 渗透压的高含盐环境中自然生长并能够完成生活史的天然植物区系即为盐生植物，耐盐植物是具有较强的耐盐能力，能在盐碱环境中生长良好的盐生植物（赵可夫 等，1999；马超颖 等，2010；赵可夫 等，2013）。根据 Le Houerou（1993）估计全球有高等盐生植物 100 多科 5 000～6 000 种，五大洲均有盐碱地分布，所以盐生植物亦广泛分布于世界各地，不同地区盐生植物分布特征受气候水文、地理位置与土壤类型的影响存在明显差异，其中禾本科盐生植物 45 属 109 种，蓼科盐生植物 44 属 312 种，菊科盐生植物（赵可夫 等，1999；2013）。

我国地域广阔，气候多样，盐碱土分布遍及全国。受地区气候水文等环境因素差异的影响，我国盐碱土主要分为滨海盐土与海涂、黄淮海平原盐碱土，东北松嫩平原盐土和碱土，半漠境内陆盐土和青新极端干旱的漠境盐土。其盐分的主要组成和成因各不相同，盐碱土地资源面积亦不同。受气候和盐碱土类型的差异影响，我国耐盐碱植物资源非常丰富。根据 2002 年赵可夫的调查研究显示，我国有盐生植物约 502 种，分属 71 科，218 属，其中耐盐植物最多的科是藜科，其次是菊科，禾本科和豆科植物，占我国盐生植物达 53.6%（林栖凤，2004）。张凤娟（2002）对河北省盐生植物种质资源进行调查，结果显示盐生植物大多分布在河北省沿海岸带，约有 25 科 62 属 91 种盐生植物，主要的盐生植被类型有柽柳灌丛，西伯利亚白刺灌丛等落叶灌丛和肉质型、禾草型、杂类草型盐生植被等滨海盐生植被。刘寅（2011）对天津大港水库周边地区的耐盐植物资源进行了调查，结果显示该地区土壤含盐量较高，人为干预较少，耐盐植物资源丰富。有主要耐盐植物 25 科 56 种，其中最多的是禾本科、蓼科，其次是豆科、蔷薇科、菊科等。耐盐植物占该地区植物种的 23.2%，野生和乡土耐盐植物资源较丰富，盐地碱蓬、芦苇和白蜡、枣等分布广泛。耐盐植物资源草本种类占绝对优势，木本种类较少，但柽柳、白蜡群落分布面积较大。

山东省分布着滨海盐土与黄淮海平原盐碱土，耐盐植物种质资源丰富，耐盐植物种类有 200 多种，菊科耐盐植物 18 属 25 种，禾本科耐盐植物 13 属 15 种，豆科耐盐植物 12 属 14 种，藜科耐盐植物 7 属 13 种。其中黄河三角洲地区共有盐生植物 30 科 63 属 88 种，其中禾本科植物 10 属 16 种，藜科植物 6 属 13 种，豆科植物 7 属 9 种，菊科植物 6 属 6 种（表 5-1）（王宝山，2010）。据中国科技信息报道，2008—2010 年由山东省科学院和南澳大利亚研究与发展中心合作建设了中国首个耐盐植物种质资源库。该数据库对世界耐盐植物种质资源进行全面的资料收集，涵盖了 1953 年以来世界上各相关研究单位公开发表的耐盐植物信息，涉及 99 638 个分类种，其中公认的盐生植物种类有 1 937 种；同时与数据相对应，耐盐植物种质资源实体库也在建设中，解决了中国面临的耐盐植物系统资料缺乏的问题（中国科技信息，2013），目前正在黄河三角洲地区建设耐盐植物种质资源库。

表 5-1 中国、山东省及黄河三角洲盐生植物科、属、种数与主要代表植物

科名		中国		山东		黄河三角洲		主要代表植物
中文名	拉丁名	属数	种数	属数	种数	属数	种数	
爵床科	Acanthaceae	1	2					
卤蕨科	Acrostichaceae	1	2					
番杏科	Aizoaceae	2	2					
苋科	Amaranthaceae	2	2	2	2	2	2	皱果苋，绿穗苋
伞形科	Apiaceae	5	6	2	2	2	2	滨蛇床，滨海前胡
夹竹桃科	Apocynaceae	3	4	2	2	2	2	夹竹桃，罗布麻
萝藦科	Asclepiadaceae	3	4	2	3	1	1	萝藦，鹅绒藤
桦木科	Betulaceae	1	1					
紫葳科	Bignoniaceae	1	1					
紫草科	Boraginaceae	8	10	2	2	1	1	砂引草，附地菜
十字花科	Brassicaceae	3	7	3	7	2	2	盐芥，独行菜
石竹科	Caryophyllaceae	1	1	1	1	1	1	拟漆姑
藜科	Chenopodiaceae	17	72	7	13	7	13	翅碱蓬，盐角草、碱地肤
使君子科	Combretaceae	2	3					
鸭跖草科	Commelinaceae	1	1	1	1	1	1	鸭跖草
菊科	Compositae	20	49	18	25	6	6	碱菀，茵陈蒿
旋花科	Convolvulaceae	3	9	3	6	1	1	打碗花，菟丝子
锁阳科	Cynomoriaceae	1	1					
莎草科	Cyperaceae	7	16	3	5	3	5	水莎草
鳞毛蕨科	Dryopteridaceae	1	1	1	1	1	1	贯众
胡颓子科	Elaeagnaceae	2	2	1	1	1	1	沙枣
大戟科	Euphorbiaceae	1	2	1	2	1	1	地锦，蓖麻
瓣鳞花科	Frankeniaceae	1	1					
草海桐科	Goodeniaceae	1	2					
禾本科	Gramineae	21	43	10	16	10	16	芦苇，拂子茅，荻
藤黄科	Guttiferae	1	1					
水鳖科	Hydrocharitaceae	1	1					
鸢尾科	Iridaceae	1	3	1	1	1	1	马蔺
水麦冬科	Juncaginaceae	1	3	1	2	1	2	海韭菜，水麦冬
唇形科	Labiatae	3	5	3	4	1	1	沙滩黄芩，地笋

（续表）

科名		中国		山东		黄河三角洲		主要代表植物
中文名	拉丁名	属数	种数	属数	种数	属数	种数	
玉蕊科	Lecythidaceae	1	2					
豆科	Leguminosae	2	9	2	9	2	9	田菁，甘草，野大豆
百合科	Liliaceae	1	1					
马钱科	Loganiaceae	1	1					
千屈菜科	Lythraceae	1	1	1	1	1	1	千屈菜
锦葵科	Malvaceae	3	5	2	2	1	1	蜀葵，苘麻
楝科	Meliaceae	1	1	1	1	1	1	楝
桑科	Moraceae	2	2	2	2	2	2	桑树，葎草
苦槛蓝科	Myoporaceae	1	1					
紫金牛科	Myrsinaceae	1	1					
茨藻科	Najadaceae	1	3	1	1	1	1	角果藻
睡莲科	Nymphaeaceae	1	1	1	1	1	1	莲
铁青树科	Olacaceae	1	1					
柳叶菜科	Onagraceae	1	1					
列当科	Orobanchaceae	2	3					
棕榈科	Palmae	1	1					
露兜树科	Pandanaceae	1	1					
车前科	Plantaginaceae	1	4					
白花丹科	Plumbaginaceae	1	11	1	4	1	4	二色补血草，烟台补血草
蓼科	Polygonaceae	2	10	2	5	1	1	西伯利亚蓼，萹蓄
马齿苋科	Portulacaceae	1	2	1	2	1	2	马齿苋，大花马齿苋
眼子菜科	Potamogetonaceae	6	13	3	6	3	6	川蔓藻，大叶藻，虾海藻
报春花科	Primulaceae	3	3	2	2	2	2	点地梅
毛茛科	Ranunculaceae	1	5	1	1	1	1	碱毛茛
帚灯草科	Restionaceae	1	1					
鼠李科	Rhamnaceae	1	1	1	1	1	1	冬枣
红树科	Rhizophoraceae	5	12					
蔷薇科	Rosaceae	3	4	2	2	2	2	杜梨，朝天委陵菜
茜草科	Rubiaceae	1	1					
芸香科	Rutaceae	1	1					
杨柳科	Salicaceae	2	2	2	2	2	2	杨，柳

（续表）

科名		中国		山东		黄河三角洲		主要代表植物
中文名	拉丁名	属数	种数	属数	种数	属数	种数	
无患子科	Sapindaceae	17	25	1	1			栾
玄参科	Scrophulariaceae	2	2	3	3	1	1	地黄，疔齿草
苦木科	Simaroubaceae	1	1	1	1			臭椿
茄科	Solanaceae	1	4	3	3	1	2	龙葵，枸杞
海桑科	Sonneratiaceae	1	3					
梧桐科	Sterculiaceae	1	1					
柽柳科	Tamaricaceae	2	15	1	2	1	2	柽柳，多枝柽柳
香蒲科	Typhaceae	1	1	1	1	1	1	无苞香蒲
马鞭草科	Verbenaceae	3	3	1	2	1	1	蔓荆，单叶蔓荆
蒺藜科	Zygophyllaceae	6	11	2	2	1	1	蒺藜，白刺

资料来源：赵可夫和冯立田，2001；林栖凤，2004；王宝山，2017

二、植物耐盐性评价指标

美国在植物耐盐种质资源评价研究方面居于世界前列，美国农业部于20世纪60年代就成立了国家盐碱地实验室，采用植物对土壤NaCl盐性反应模型开展了65种草本植物、35种蔬菜和果树、27种纤维和禾谷类植物的耐盐性评价，建立了多种植物的相对耐盐性数据库，耐盐程度依次列为敏感、中度敏感、中度耐性、强耐性4个级别（Tanji，1990）。Moya等利用盐敏感型柑橘和耐盐型柑橘的相互嫁接试验对其可传递耐盐性状进行鉴定，认为叶中氯化物含量较低、茎生长量少和木质部中导管较小是最重要的可传递耐盐性状（Moya et al.，2002）。Corney等发现赤桉的耐盐性可以用叶绿素荧光参数作为的评价指标（Corney et al.，2003）。

我国自20世纪80年代以来开展了大量的耐盐植物种质资源评价工作。不同专家学者对植物耐盐性、盐碱地造林树种选择、造林技术、选育耐盐植物等问题进行了比较深入细致的研究，取得了一定成果。其中在小麦耐盐种质资源评价方面，发现不同小麦品种对土壤盐碱胁迫的反应不同，受盐碱胁迫的农艺性状依次为产量＞单位面积＞穗数＞株高＞千粒质量＞单穗粒数＞穗长，认为以苗期作为小麦耐盐鉴定的主要时期，以出苗率和保苗率等作为耐盐性鉴定的指标较为快捷可靠（李树华 等，2000）。在林木方面，韩希忠和赵保江根据树木生长状况和年均生长量将黄河三角洲滨海地带引种的50余种耐盐园林树种分为强耐盐、中度耐盐、轻度耐盐和不耐盐4个等级

（韩希忠和赵保江，2002）。汪贵斌等以叶片中 Na^+浓度、Na^+/K^+作为树木耐盐能力评价指标，认为刺槐和侧柏最强（汪贵斌 等，2001）。除了以上树种还有一些果树在盐碱土改良中扮演很重要的角色。王业遴等用果树盐害反应的速度和程度鉴定了 5 种果树的耐盐力，将盐害轻重程度分为 5 个级别：0 级-无明显盐害症状；1 级-轻度盐害，少数叶片尖缘枯焦或黄化；2 级-中度盐害，一半左右叶片尖缘枯焦、黄化或少量叶片脱落，或失水萎蔫；3 级-重度盐害，大部分叶片焦枯，一半左右叶片脱落；4 级-极重度盐害，多数叶片脱落，枝条枯死，直至植株死亡（王业遴 等，1990）。陈竹生等对 91 个品种类型柑橘实生苗进行耐盐碱鉴定，得出它们在盐碱地生存的最上限含盐量，也用上述类似的等级作为柑橘耐盐性鉴定指标（陈竹生 等，1992）。

三、耐盐植物筛选与选育

耐盐植物对盐碱土具有明显的生物改良效果，种植耐盐植物后，一方面由于植物的覆盖作用，减少土壤水分的蒸发，有效抑制土壤盐分的表聚发生，有利于土壤脱盐（蔺海明，1994）。另一方面由于植物的根际效应，使得根际土壤中 Na^+被其他可溶性离子取代后将其移除到耕层以下（王立艳 等，2014）。进而使得土壤容重降低，土壤入渗能力增强，但不同类型耐盐植物的改良效果存在一定的差异，因此耐盐植物的类型以及种植模式是实现提高盐碱地生物改良效果的关键因子（雷金银，2011）。

近年来，我国科学家通过引进、驯化、育种等多种形式，选育出一批经济价值高、有应用前景、可在盐分含量 0.3%～1.5%的土壤中生长的耐盐植物，共 40 科 150 余种（徐明刚 等，2006）。汤巧香（2004）对天津市引进的几个草种进行耐盐性鉴定，其综合耐盐性顺序为碱茅＞黑麦草＞高羊茅＞百克星。2002—2004 年宁夏地区引进 22 种耐盐植物品种，并进行筛选和种植示范，筛选出了 5 种耐盐效果较好的植物：红豆草，苜蓿，聚合草，小冠花，苇状羊茅（张永宏，2005）。王志刚等人在粗放管理模式下对 12 个树种进行筛选，发现沙枣、沙棘、柽柳属适应于粗放管理模式盐碱地推广造林。经过黄河三角洲盐碱滩地区全面开发，说明在有良好排灌系统的低洼易涝盐碱区，种植水稻可使土壤脱盐和降低地下水矿化度（张建锋 等，1997）。很多人研究了柽柳、木麻黄等耐盐碱树种的造林技术，对重盐土改良利用进行了大量研究（于雷 等，1998；杨运立，1998）。还有一种重要措施就是封育，并辅以灌溉、补播、施肥、灭鼠、灭虫等措施，可以大幅度增加植被产量。

转基因耐盐植物主要基于植物耐盐基因的分离和克隆。方法主要是比较胁迫和未胁迫下基因的表达，通过差异显示在胁迫中增强表达的基因。现在耐盐基因工程的研究主要集中在逆境条件下才能表达的某些基因和抗逆代谢过程中关键酶，如胆碱脱氢酶基因。研究较成熟的有转基因抗盐碱杨树和转基因抗盐橡胶树（宋丹 等，2006）。

第二节　盐胁迫下耐盐植物抗逆性的生理机制

盐碱土壤是一个高渗环境，它能阻止植物根系吸收水分，从而使植物因“干旱”而死亡。同时盐碱土壤 pH 值较高，这使得植物体与外界环境酸碱失衡，进而破坏细胞膜的结构，造成细胞内溶物外渗而使植物死亡（John，1988；张福锁，1993）。盐胁迫影响植物生长和光合作用的变化，盐胁迫下单叶净光合速率和单株总叶面积的下降。光合作用的下降与膜的伤害，糖的反馈性抑制及细胞内离子失衡。植物质膜透性是细胞生理功能的一个重要生理指标，随着盐胁迫浓度的增加，细胞内的无机离子外渗率提高，外界盐离子大量地进入细胞（以 Na^+代替 K^+），使细胞内的离子平衡受到破坏，细胞的正常代谢发生紊乱，生长发育受到影响。植物质膜透性、丙二醛（MDA）含量以及渗透调节物质的种类和含量对植物抗盐性具有比较明确的指示意义。本节主要研究盐碱胁迫对种子萌发、渗透调节物质的影响，揭示耐盐植物对盐碱胁迫的生理调节机制。

一、材料与方法

（一）试验设置

供试品种：济甜 1 号、济甜杂 1 号、鲁苜 1 号、鲁苜 2 号、籽粒苋。济甜 1 号、济甜杂 1 号、鲁苜 1 号、鲁苜 2 号种子由山东省农业科学院提供，籽粒苋种子购买于华青园林有限公司。

NaCl 浓度设置：0 g/L、2 g/L、4 g/L、6 g/L、8 g/L 和 10 g/L。

盐碱胁迫对植物发芽的影响：挑选 50 粒种子放入口径 120 mm、内铺两层滤纸的培养皿内，然后在每个培养皿中加入定量（4mL）的不同浓度的 NaCl 盐溶液进行处理，盐溶液浓度为 0 g/L、2 g/L、4 g/L、6 g/L、8 g/L 和 10 g/L。0 g/L 为只添加蒸馏水，设为对照，每个处理设 4 个重复，将所有培养皿放在恒温光照（28 ℃，每天 12 h 光照，光照强度为 3 000 lx）培养箱中，每日上午称重，采用蒸馏水及时补充散失的水分直至初始重量，确保各处理盐浓度维持不变。每天观察并记录种子发育情况，并补充等量的蒸馏水，使各处理盐浓度维持不变。每天记录种子发育情况，若连续 3 d 无种子萌发即认定为发芽结束，4 d 后计算籽粒苋的发芽势，7 d 后测定发芽率。

盐碱胁迫对植物生长发育的影响：采用盆栽试验，供试品种为籽粒苋，购买于华青园林有限公司。取风干供试土壤放入直径 60 cm，高度为 50 cm 花盆中，花盆下垫托盘。每盆培养供试植物 20 株，直至幼苗长出新叶，选留高度、大小、生长势相当的籽粒苋 10 株，高粱 3 株作为试验材料。盐处理浓度分别为 CK；50 mM；100 mM；150 mM；200 mM。分别在苗期、生长期和成熟期进行咸水灌溉处理，每次在咸水灌溉后 24 h 进行取样，测定根长、株高、鲜重、游离脯氨酸、超氧化物歧化酶（SOD）、过氧化物酶（POD）、叶绿素和 MDA 含量等。每次咸水灌溉前测定株高，最后测定生物量。供试土壤基本理化性质为：有机质含量 8.6 g/kg，全 N 0.67 g/kg，速效氮 36 mg/kg，有效磷 12 mg/kg，速效钾 139 mg/kg，含盐量为 0.15%。

（二）计算方法

1. 发芽势和发芽率计算

发芽势：处理的第 4 d 以胚根突破种皮 2 mm 为标准统计发芽数，计算各品种的发芽势。发芽势=规定日数内发芽种子数量/检测种子总数×100%

发芽率：处理的第 7 d 以胚根突破种皮 2 mm 为标准统计发芽数，计算各品种的发芽率。发芽率=发芽终期全部正常发芽的种子数量/检测种子总数×100%

2. 籽粒苋苗期根长、苗高、根鲜重、苗鲜重的测定

在种植的第 30 d、45 d、60 d，将植株从盆内取出用自来水冲洗干净，再用吸水纸吸干后，利用米尺测量根长和苗高，并称取苗鲜重和根鲜重，计算根冠比。

根冠比（%）=根鲜重/苗鲜重

3. 渗透调节物质含量的测定

（1）游离脯氨酸的测定：参照李合生方法。取不同处理的剪碎混匀叶片 0.5 g，在研钵中研磨，加入 5 mL 3% 磺基水杨酸溶液，分别置于 10 mL 的离心管中，于沸水浴中浸提 10 min。取出冷却后 4 000 r/min 离心 10 min，吸取上清液 2 mL，加入 2 mL 冰乙酸和 3 mL 显色液，用大试管在沸水浴中加热 40 min（用封口膜）。取出冷却后向各管中加入 5 mL 甲苯充分振荡，

以萃取红色物质，静置分层后吸取甲苯层置于离心管中 8 400 r/min 离心 10 min，在 520 nm 下比色测定。

Y=（C×V）/（A×W）

式中：C——提取液中脯氨酸含量（由标准曲线求得）（μg）；

V——提取液总体积（mL）；

A——测定时所吸取的体积（mL）；

W——样品量（g）；

Y——脯氨酸含量（干重或鲜重）（μg/g）。

（2）可溶性蛋白质含量的测定：采用考马斯亮蓝法测定。提取方法同抗氧化酶，吸取样品提取液 100 μL 放入试管中，加入 5 mL 考马斯亮蓝 G-250 试剂，充分混匀，放置 15 min，取上清液于 595 nm 下比色，记录吸光度值，并通过标准曲线查得蛋白质含量。

样品蛋白质含量（mg/g）=（C×Vt）/（V1×Fw×1 000）

式中：C——蛋白质含量（由标准曲线求得）；

Vt——提取液总体积（mL）；

V1——测定时取样量（mL）；

Fw——样品鲜重（g）。

4. 抗氧化酶活性的测定

（1）SOD 活性的测定：称取叶片 0.5 g，加 5 mL 提取液，冰浴研磨，10 000 r/min 4℃ 离心 20 min，上清液即为蛋白和酶粗提取液。

取透明度好的指形管，加入以下溶液：①pH 值 7.8 磷酸缓冲液 2 mL；②104 mM/LMet 溶液 0.5 mL；③300 uM/LNBT 溶液 1 mL；④0.8 mol/L EDTA-Na_2 0.5 mL；⑤320 uM 核黄素 50 μL；⑥酶液 50 μL（对照管加缓冲液）。混匀后将一支对照管置暗处作空白对照，其余各管于 4 000 lx 的荧光灯下反应 15 min，待各管溶液颜色变蓝后，用黑纸遮光终止反应。以不照光的对照管为空白，在 560 nm 波长下比色测 OD 值。

SOD 活性=（对照 OD 值-样品 OD 值）×样品体积/对照 OD 值×0.5×样品鲜重×样品用量

（2）POD 活性的测定：反应液由 40 mM/L 的 H_2O_2 0.02 mL、20 mM/L 的愈创木酚 0.05 mL 和 2.91 mL（pH 值 7.0）的磷酸缓冲液组成。

20 μL 酶提取液+3 mLPOD 反应液，充分混匀，在 34℃恒温水浴中反应 3 min，加 20%三氯乙酸 20 μL 终止酶活性。在 470 nm 波长下测其光密度。

POD 活性=样品 OD 值×样品体积/0.5×样品鲜重×样品用量

（3）过氧化氢酶（CAT）活性的测定：反应液由 10 mM 的 H_2O_2 和 100 mM（pH7.0）的磷酸缓冲液组成。

0.1 mL 酶提取液+2.9 mL CAT 反应液，在 240 nm 波长下比色测 OD 值。

CAT 活性=样品 OD 值×样品体积/0.5×样品鲜重×样品用量

5. 叶绿素含量的测定

取样 0.2 g 左右，剪碎，放入黑色胶卷盒中，加 20 mL 等量丙酮乙醇混合液，48 h 以后，取上清液于 440 nm、645 nm、663 nm 波长下比色测 OD 值。

叶绿素 a 含量=12.7 D663−2.69 D645

叶绿素 b 含量=22.9 D645−4.68 D663

叶绿素总含量=20.2 D645+8.02 D663

二、盐胁迫对植物生长和发育的影响

（一）盐胁迫对种子萌发的影响

1. 盐胁迫对种子发芽率的影响

不同盐胁迫处理下，种子的发芽率见图 5−1。由图 5−1 可知，盐胁迫对种子萌发的影响基本一致，均随着盐浓度的增高而延迟发芽，发芽率明显降低，降低水平均存在差异。随着盐溶液浓度的升高，各供试品种的相对发芽势也呈现出明显下降趋势。在 NaCl 浓度为 2 g/L 时，不同种子的发芽率差异已达极显著水平（$P<0.01$），当 NaCl 浓度增大到 4 g/L 时，各供试品种的相对发芽率进一步下降。随着 NaCl 浓度的增大至大于 8 g/L 时，各供试品种种子的发芽率明显下降，当 NaCl 浓度达到 10 g/L 时，所有供试品种种子的发芽率都下降到 60%以下。其中鲁苜 1 号在各处理盐浓度下的发芽率都明显低于其他供试材料，说明鲁苜 1 号对盐胁迫最敏感，种子发芽率显示其耐盐性最差。

2. 盐胁迫对种子相对发芽率的影响

NaCl 胁迫对供试品种种子的萌发影响显著。随着盐分胁迫的增强，不同品种的相对发芽率均下降，但下降的程度不同（表 5−2）。除济甜 1 号在 2 g/L NaCl 胁迫下相对发芽率比对照增大了 8%外，供试植物在各盐分浓度下，种子的相对发芽率都明显下降，不同品种降低的幅度存在显著差异（$P<0.05$）。在高浓度盐（≥ 4 g/L）胁迫下，种子相对发芽率均出现显著降低，相对发芽率均降到了 80%以下。当 NaCl 浓度增加 10 g/L 时，相对发芽率降到了 50%或者以下，其中鲁苜 2 号种子的发芽率最低（10%），其次

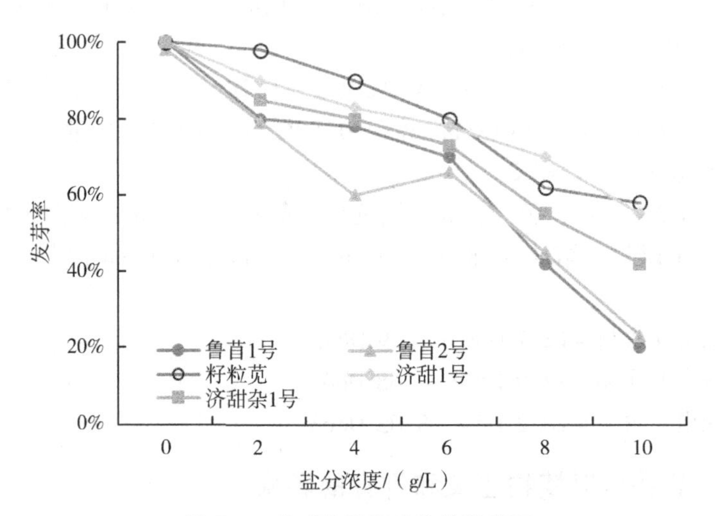

图 5-1　盐碱胁迫下植物的发芽率

是鲁苜 1 号，相对发芽率为 15%，济甜 1 号种子的相对分发芽率为 51%，籽粒苋的相对发芽率最高（53%）。

表 5-2　盐分胁迫下不同供试植物的相对发芽率

供试品种＼盐分浓度（g/L）	ck	2	4	6	8	10
鲁苜 1 号	100	75^Aab	80^Aab	67^Bcd	42^BDef	15^Def
鲁苜 2 号	95	77^Aab	61^Aab	53^Bcd	31^BDef	10^Def
籽粒苋	100	85^Aab	80^Aab	74^Bcd	62^BDef	53^Def
济甜 1 号	100	108^Aa	90^Ab	75^Bc	69^BDe	51^De
济甜杂试 1 号	100	86^Aa	80^Aa	73^Bd	55^BDf	39^Df

（二）盐胁迫对植物生长的影响

1. 盐胁迫对根长、生物量和根冠比的影响

在 NaCl 胁迫下，籽粒苋的根长和生物量随着 NaCl 浓度的增加而降低，但在 50 mM 浓度时，根长比 CK 的根长长度略有增加（图 5-2、图 5-3）。说明 NaCl 波度在 50 mM 时，NaCl 胁迫对籽粒苋根部生长的影响不大。根长：50 mM＞CK＞100 mM＞150 mM＞200 mM。在 100 mM 时，根长降低幅

度明显。45 d 和 60 d 时，根长差距不明显，但都在 150 mM 时，根长最长，说明籽粒苋在生长初期，盐胁迫对根长有较大的胁迫影响，而到生长中期和后期，盐胁迫对根部生长的影响作物不用。籽粒苋根冠比随着时间的增加降低，在同一生长阶段，不同盐胁迫下，根冠比大小不同，在 30 d 时，100 mM＞150 mM＞CK＞50 mM＞200 mM；在 45 d 时，表现为 CK＞150 mM＞50 mM＞100 mM＞200 mM；在 60 d 时，表现为 150 mM ＞200 mM ＞100 mM＞50 mM（图 5-4）。

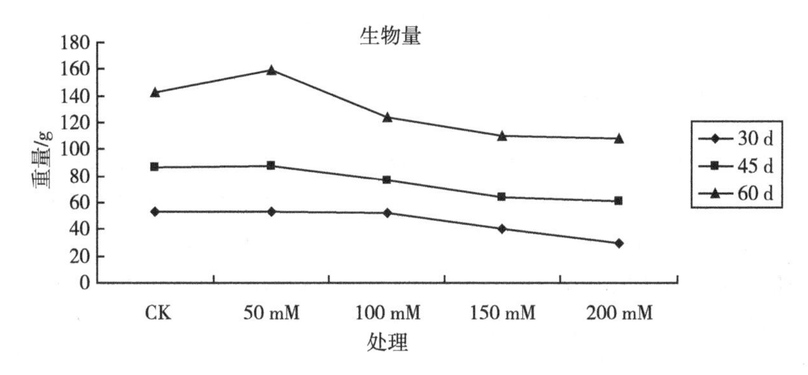

图 5-2 NaCl 胁迫对籽粒苋根生物量的影响

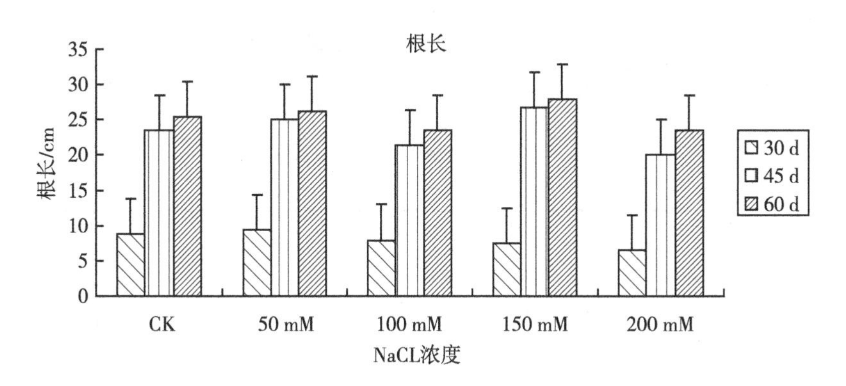

图 5-3 NaCl 胁迫对籽粒苋根长的影响

2. 盐胁迫对籽粒苋生理生化特性的影响

盐胁迫条件下所带来的渗透伤害往往能造成气孔和非气孔效应从而影响光合作用。受盐胁迫影响，籽粒苋幼苗叶绿素相对含量继续降低。可溶性糖不仅是高等植物的主要光合产物，在植物代谢中占有重要位置，可溶性糖在植物体内起到渗透调节的作用，当幼苗遭受盐胁迫时，光合作用受到抑制，

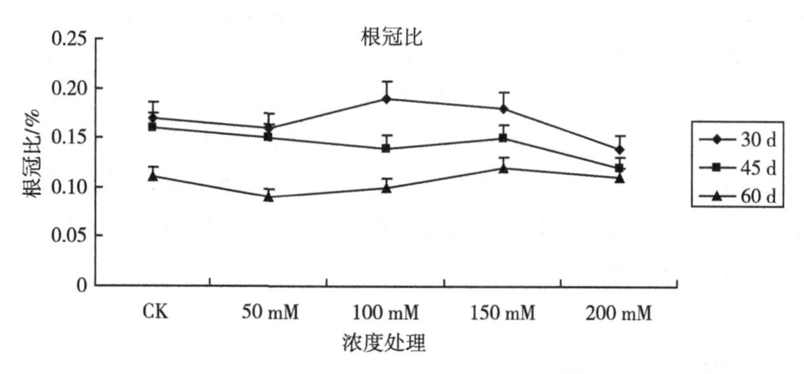

图 5-4　NaCl 胁迫对籽粒苋根冠比的影响

光合作用的主要产物单糖即果糖、葡萄糖的含量显著降低。脯氨酸在盐胁迫下，含量迅速增加，使细胞内的水势低于外界水势，保证植物从外界吸水的能力，维持一系列生理活动的需要。盐胁迫使 MDA 含量迅速上升，上升到不添加盐处理的 2 倍，在 100 mM NaCl 处理下 SOD 增加了 40%，SOD 含量的提高可以增加细胞保护酶的活性，减少活性氧物质的含量从而降低植物细胞内活性氧自由基对质膜和膜脂过氧化作用水平的伤害，维持细胞膜的稳定性和完整性（表 5-3）。

表 5-3　盐胁迫下籽粒苋的生理生化指标

NaCl 浓度（mmoL）	可溶性糖（%）	脯氨酸（Ug/g）	丙二醛（nmol/g）	超氧物歧化酶（U/g）
0	3. 50	415	0. 85	90. 5
100	4. 72	684	1. 58	119. 2

3. 盐胁迫对籽粒苋细胞组分的影响

叶绿体是植物进行光合作用的重要细胞器，它由水分、蛋白质、色素和无机盐等物质组成。盐胁迫下不仅使植物的生长环境遭到破坏，而且盐胁迫条件下所带来的渗透伤害往往能造成气孔和非气孔效应，从而影响光合作用和叶绿素的合成。在 NaCl 胁迫下，籽粒苋的叶绿素 a 含量和叶绿素 b 含量的变化见图 5-5 至图 5-7。在总体趋势上均随着 NaCl 浓度的增加而降低，但随着处理时间的延长，降低幅度放缓。其中 45 d 时，50 mM 处理叶绿素 b 含量最高。

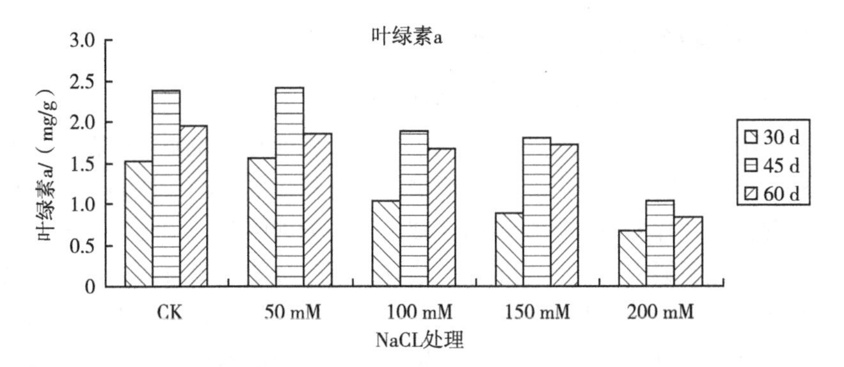

图 5-5　盐胁迫对籽粒苋叶绿素 a 含量的影响

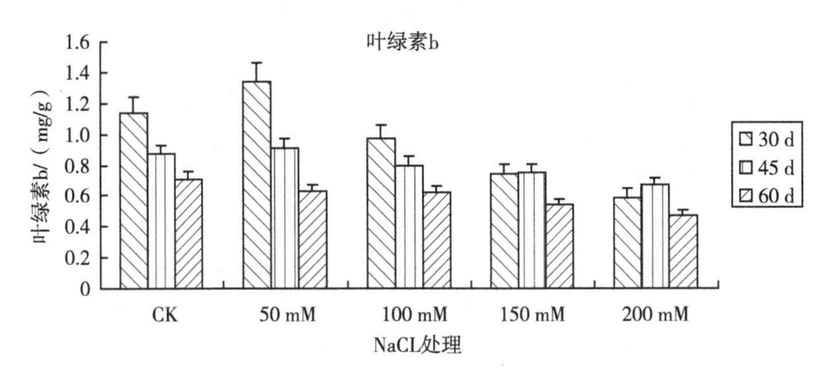

图 5-6　盐胁迫对籽粒苋叶绿素 b 含量的影响

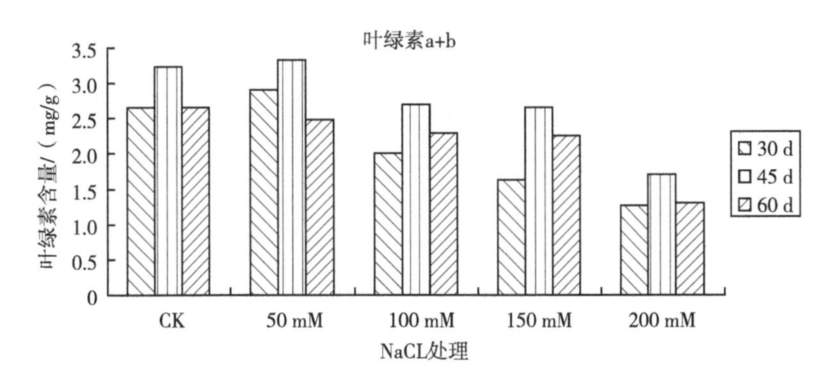

图 5-7　盐胁迫对籽粒苋叶绿素 a+b 含量的影响

三、耐盐植物的抗盐机理

盐分对植物的生长发育有一定的抑制作用，但一些植物仍然能够生长在盐分环境中，表现出耐盐生理特征和生态适应性变化，说明它们在长期的进化过程中对盐分胁迫有了相应的适应措施。受盐分的影响，植物的形态和结构发生变化，叶片变厚，减少蒸腾，减少对盐分的吸收，细胞体积增大，细胞容量增大，能够吸收更多的水分，达到稀释盐分浓度的目的。盐生植物最典型的一个结构特性是叶的肉质化，叶片厚且肉质化，含有较大的液泡，植物表现出较强的抗旱特性。有些盐生植物具有专门的表皮储水囊泡，提高植物的储水体积，有些植物具有盐腺和盐毛。盐生植物对应盐胁迫，在吸收盐分后，盐分并不会在体内积存，通过该结构主动地排泄到茎叶表面，降低盐分对植物的伤害（马献发 等，2011）。如藜科植物长期适应干旱，高盐环境所形成的进化形状和形态特征使得轴器官结构具有多样性。有些耐盐植物表皮细胞外壁加厚，星星草的根外皮层栓质化，脂肪物质栓质化，使得盐分难以侵入根中（陆静梅 等，1994）。

植物在胁迫下处于休眠或者细胞进行主动调节以忍受盐渍环境，其忍耐机制包括使渗透胁迫或离子不平衡降到最低或减轻由胁迫造成的次生效应。植物通过渗透调节来减轻或避免伤害，在细胞液泡重积累无机离子或合成有机溶质等方式进行渗透调节。植物重要的渗透调节剂包括可溶性糖、脯氨酸和无机离子，其中脯氨酸有助于细胞和组织的保水，是细胞核酶的保护剂。甜菜碱可以保持酶的稳定性。而研究认为抗氧化酶活性的变化可能是一种短期的保护性反应，长期的盐稳定性有赖于膜结构本身的调整和细胞的渗透调节。

植物胁迫信号途径，受钙离子的激活，控制离子动态平衡，在耐盐中起关键的调节功能。植物中钙离子信号是重要的渗透调节信号，抑制活性氧物质的生成，保护细胞质膜的结构，维持正常的光合作用，提高耐盐性。根据对不同植物的研究，耐盐或避盐的主要途径有：①排盐：植物吸收盐分后，向特定的部位或器官如盐腺运输、积累，再通过该器官把盐分排出体外。②稀盐：在盐分胁迫下，植物吸收大量的水分，以此稀释体内的盐分浓度。③拒盐：当环境中盐分浓度提高时，植物体内一些物质如脯氨酸、甜菜碱的积累增加。它们作为渗透剂，提高细胞的渗透压，使盐分无法进入植物体内。④隔盐：盐分进入植物细胞后，通过某种机制，让盐分在液泡内集中，并实行细胞区隔化，阻止盐分向其他细胞器扩散（林栖凤，2004）。⑤避盐：通过特定的调节机制，使植物的生理活跃时期避免在时间和空间上与环境盐害严重期一致。⑥忍盐：细胞内有高浓度的盐分，但不形成危害。⑦离子拮抗：一些植物通过离子交换或逆向运输，在吸收盐分离子的同时，也吸收一些与盐分离子有拮抗作用的离子，从而减弱或避免盐分离子的危害。⑧螯合作用：盐分离子进入细胞后，与细胞内的可配伍溶质螯合，成为非毒害性的螯合物。根据植物耐盐机理将耐盐植物分为稀盐耐盐植物、泌盐耐盐植物和拒盐耐盐植物（马超颖 等，2010）。

第三节　耐盐绿肥植物筛选与“稻—绿”改良模式构建

绿肥作物在盐碱地改良过程中普遍具有较强的适应性和耐盐碱、耐瘠薄能力，适宜于种植和翻压还田，可显著提高土壤肥力（郭耀东 等，2018）。研究表明通过选择适宜的绿肥植物并合理种植管理，绿肥植物的根系能够锁定土壤颗粒，经翻压还田后可有效改善盐碱土壤结构，提高土壤的稳定性和保水能力，增加有机质和矿质养分含量，促进养分循环和利用效率，使土地产生更大的经济效益和生态效益（石玉 等，2006；Bucka et al.，2019；Su et al.，2020；朱小梅 等，2022；李可心 等，2023）。合理的作物种植制度能够有效利用盐碱地，提高土地利用率，增加粮食产量，黄河三角洲存在着大量冬闲田，为绿肥种植提供了广阔空间。基于此，本节在筛选适宜黄河三角洲滨海盐碱地绿肥的基础上，构建“稻—绿”轮作制度，研究“稻—绿”轮作并翻压绿肥对滨海盐碱地土壤养分、盐分和种植作物产量的影响，以期为黄河三角洲滨海盐碱地生态改良、冬闲田利用和优化种植制度提供技术支撑。

一、材料与方法

1. 研究区概况

试验区位于山东省东营市垦利区盛元农场（118°54′ E，37°59′ N），试验田为多年种植的水稻田，地力均匀。试验区 0～30 cm 耕层土壤含盐量 3.6 g/kg、有机质含量 12.6 g/kg、全氮含量 0.56 g/kg、有效磷含量 29.8 mg/kg、速效钾含量 125.7 mg/kg。试验于 2022 年 10 月至 2023 年 10 月进行。

2. 试验设计

(1) 适生耐盐碱绿肥品种筛选。采用室内耐盐种子萌发和大田耐盐品种筛选。分别称取0 g、3 g、5 g、8 g和10 g NaCl，定容至1 000 mL容量瓶，配制0、3 ‰、5 ‰、8 ‰和10 ‰的NaCl溶液。利用d-9cm培养皿，内铺吸水滤纸，选取颗粒饱满的种子30粒/皿，培养皿内加入40 mL NaCl盐溶液（对照为蒸馏水）。25 ℃培养箱内黑暗培养。培养箱内湿度40%～60%，培养皿每两天更新一次盐溶液，以防溶液浑浊种子发霉。每天观察发芽数至第10 d，计算不同绿肥植物种子在不同盐浓度下的发芽率和发芽势。

不同盐浓度各3重复。选取室内3 ‰、5 ‰和8 ‰盐度下发芽势良好的绿肥品种，根据生长期特征，以及越冬抗寒性，选取中重度盐碱地适生绿肥，播种方式采用单播和混播，撒播，豆科绿肥播种量普遍为1.5～2 kg/亩。分别在轻度、中度和重度盐碱稻田设置14个小区，小区面积12 m^2（3 m×4 m），区组间间距0.2 m，小区撒播量25 g，均不施肥。

(2) 盐碱地绿肥翻压腐解试验。选用筛选的适宜绿肥品种（油菜油肥1号、紫花苕子、冬葵），采用网袋法，于盛花期分别收集绿肥地上部分，切成2～3 cm小段。尼龙网袋（20 cm×30 cm，孔径75 μm），每袋装入200 g。分别原位埋入轻度和中度盐碱地中，埋深10 cm。每种绿肥埋30袋。于第1、第3、第7、第14、第21、第28、第35 d，取出尼龙袋带3袋（3个重复），清水淋洗，烘干。测定绿肥地上部分干物质量、全碳、全氮、全磷、全钾含量和土壤微生物功能基因。

累计腐解率=（干物质总量第0 d-干物质总量第n d）/干物质总量第0 d×100%；

养分累计释放率=（养分总量第0 d-养分总量第n d）/养分总量第0 d×100%。

(3) 不同盐碱度下绿肥和生物炭还田对土壤碳储量的影响。选择轻度、中度盐碱稻田，设置3个处理，对照：清空所有地上植物残体；绿肥：混合绿肥包括黑麦草、紫花苕子、油菜等，全量还田，约250 kg/亩；生物炭还田：将水稻秸秆制作成生物炭还田，还田量400 kg/亩。还田时间为稻田土地整理前，水稻收获后。

于轻度、中度盐碱稻田不同还田处理下，用土钻准确采集0～30 cm土壤，3钻土壤全部装入自封袋中，12 h内称重后，记录鲜重。后打开自封袋阴干，至土壤全干后称干重。其余土壤用于测定土壤理化性质。土壤不可带任何植物秸秆残体。并分别测定样地土壤的盐度和土壤紧实度。

（4）绿肥还田对水稻表型和产量的影响。还田绿肥为花期—毛叶苕子，还田量 200 kg/亩，还田时间为稻田土壤整理前，对照为常规处理，水稻种植后统一管理。于水稻收获期进行相关指标测定。样方面积为 4 m^2（2 m×2 m），每个处理 3 个重复，共 6 个样方。

收割样方内地上部，阴干后测定地上生物量；并挖取地下部，收集根区土壤（约 100 g，分成两份，1 份 80 g，1 份 20 g，冷冻保存）后，洗净根系，65 ℃下烘箱烘干，测地下根系生物量、平均株高和最大根系长度、叶宽、土壤盐度、土壤紧实度等指标。并对稻米产量和品质进行分析测定。

3. 数据统计与分析

采用 Excel 分析作图、用 SPSS 17.0 软件进行方差分析和 Duncan's 新复极差法。

二、绿肥品种筛选结果

1. 豆科绿肥品种筛选

室内发芽试验结果显示，不同科属绿肥发芽和耐盐存在明显差异（图 5-8）。其中豆科绿肥红豆草、田菁、毛叶苕子和野豌豆均发芽缓慢，种子硬实度较高，需细沙磋磨提高种子发芽率。红豆草种子经过沙磨后第 2 d 开始发芽，而未沙磨的种子至第 4 d 才开始发芽。田菁则第 2 d 开始发芽，至第 10 d 红豆草和田菁发芽率在不同盐碱度下均可到 70%以上，耐盐性较好，推测适合黄河三角洲中重度盐碱地种植。而野豌豆和毛叶苕子耐盐性较差，种子硬实度更高，至培养第 5 d 开始发芽，在 3 ‰盐度下发芽率仅为 49.3%，至 5 ‰发芽率已低于 20%，在 8 ‰盐度以上几乎不发芽，仅适于低盐度地区种植。

小区试验显示，红豆草和田菁在重度盐碱地（7 ‰～12 ‰）下发芽率较高，但耐寒性较差，幼苗生长受到抑制，至夏季才会生长迅速，符合其作为夏季绿肥的特性。而野豌豆和毛叶苕子在不同盐度下发芽率和植株生长存在明显差异，轻度盐碱地下产量亩产约 1 t，中度盐碱下亩产 150～250 kg，而重度盐碱环境下，生育期缩短，株长约 10～20 cm，叶片呈紫红色，即开花停止生长。

野大豆作为黄河三角洲本土耐盐植物资源，和野豌豆等豆科绿肥存在相同问题，即具有较高硬实度。试验结果显示，常温环境下，野大豆发芽率低于 5%。烘干和高温处理均未有效提高种子发芽率。超声破壁仅使发芽率提上至 12%。有研究和专利显示硫酸处理能有效破除硬种皮，提升发芽率，

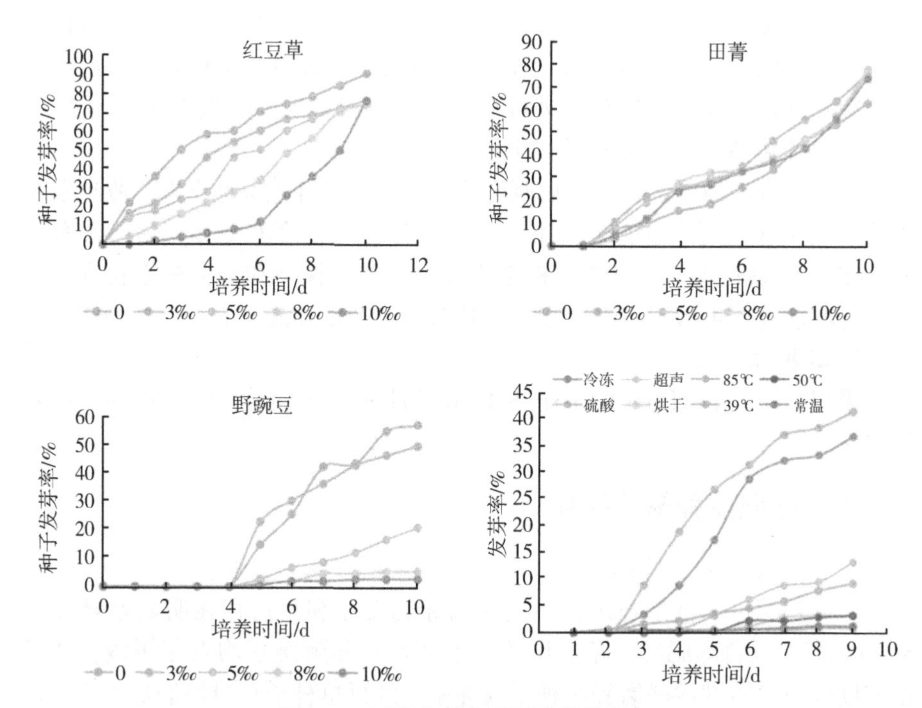

图 5-8　不同盐碱条件下绿肥发芽率

与本研究结果一致。冷冻处理亦可提高野大豆发芽率，且在实际操作中，更安全便捷，可广泛应用于农业种植。

2. 十字花科绿肥品种筛选

十字花科绿肥油菜在不同盐碱度下的发芽情况见图 5-9，由图 5-9 可知，油菜在不同盐碱度下的发芽时间较早，种子主要在培养第 1、第 2 d 发芽，其后发芽率基本保持不变，在盐度 3 ‰下发芽率可达 70%，盐度 5 ‰下发芽率为 50%左右，而盐度 8 ‰下发芽率为 40%，至盐度 10 ‰发芽率仅为 20%～30%。基于室内发芽实验结果，仅在轻度和中度盐碱地设置油菜小区种植实验，结果显示，在轻度盐碱地油菜株高 80～150 cm，而中度盐碱地株高 30～80 cm，生长受到明显抑制。在轻度盐碱地另播种苔菜（黑麻叶薹菜），发现植株生物量远大于油菜，其中株高无明显差异，但茎宽是油菜的 1. 2～2. 7 倍，地面覆盖直径 50～85 cm，推测其可有效降低土壤水分蒸发，抑制春季返盐效果或优于油菜。

3. 禾本科绿肥品种筛选

禾本科绿肥品种主要选择黑麦草，由于轻度盐碱地常见种植，未进行室

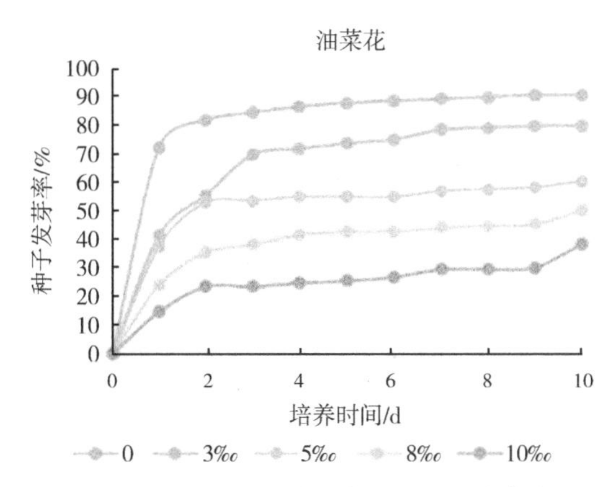

图 5-9　不同处理和盐碱条件下绿肥发芽率

内发芽实验，直接开展大田品种筛选。小区试验显示，黑麦草在轻、中、重度盐碱环境下，发芽率和幼苗生长情况没有明显差异，均优于其他绿肥品种。

三、绿肥翻压腐解和养分释放过程

1. 不同盐碱条件下绿肥养分释放规律

不同盐碱条件下，绿肥翻压后养分释放情况见图 5-10。绿肥残体养分含量在不同盐碱条件下，紫花苕子氮、钾释放没有明显差异，盐度仅对叶片中全磷的释放产生影响，轻度盐碱地紫花苕子的全磷释放更快。而冬葵的养分释放规律与紫花苕子相反，在中度盐度下全磷释放比轻度盐碱下更快，叶片中全氮和全钾亦呈现中度盐碱下释放快于轻度盐碱。

2. 不同盐碱条件下绿肥累计腐解率

基于绿肥残体干重的腐解率结果显示（图 5-11），绿肥残体中养分的释放与植株腐解没有同步性，在中度盐碱地紫花苕子累计腐解率远高于轻度盐碱地，而在中度盐碱地冬葵的累计腐解率低于轻度盐碱地。

3. 不同盐碱条件下绿肥腐解差异的土壤养分循环机制

绿肥还田后在土壤微生物的降解作用下，养分得以释放循环进入土壤，进而影响了土壤微生物含量和组成以及功能，土壤生态和功能变化反馈影响绿肥的腐解过程。由图 5-12 所示，紫花苕子还田后，随第 3、第 7 d 轻度盐碱土壤细菌含量略有降低，后期细菌菌群含量明显增加。而在中度盐碱地还田绿肥，第 3、第 7 d 土壤细菌含量增加，后期（14～35 d）细菌菌群含量

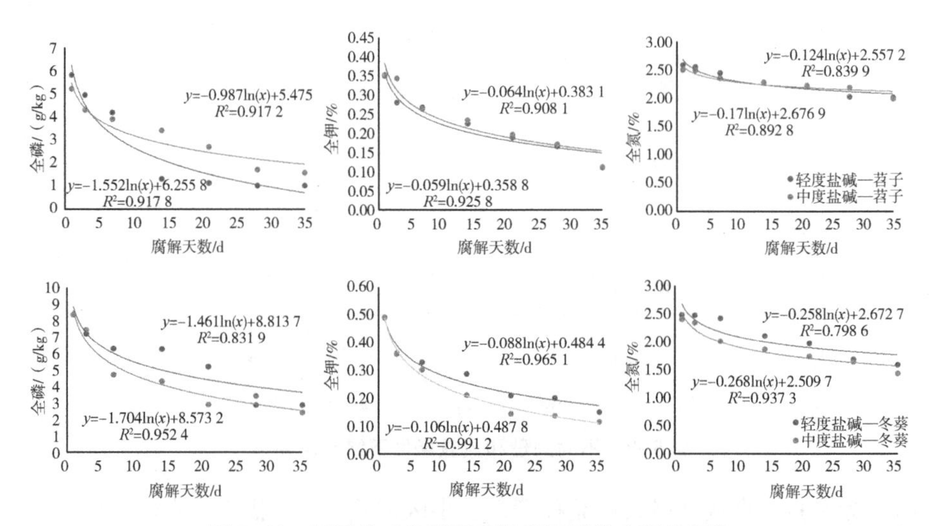

图 5-10　不同盐碱条件下绿肥翻压后养分释放规律

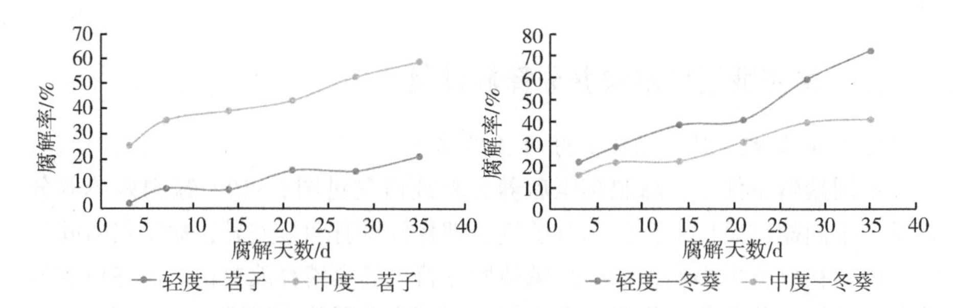

图 5-11　不同盐碱条件下绿肥翻压后累计腐解率

回落，并保持稳定，且显著低于轻度盐碱地还田绿肥。而冬葵腐解过程中，中度盐碱地土壤细菌含量没有明显变化，轻度盐碱地（7～21 d）细菌菌群含量升高后回落，含量亦保持稳定。可见绿肥还田对中度盐碱地土壤生态特征影响较小，推测盐碱度等土壤理化性质对土壤生态起关键作用，绿肥还田难以缓解盐害影响。

利用基因芯片分析绿肥还田后，盐碱土壤养分循环关键基因表达结果如图 5-13 所示，碳降解基因表达中度盐碱—苕子—1 d＞轻度盐碱—冬葵—1 d＞轻度盐碱—苕子—3 d＞中度盐碱—苕子—7 d＞轻度盐碱—苕子—1 d＞中度盐碱—冬葵—7 d＞中度盐碱—冬葵—3 d，可见在微生物对植物碳的降解多发生在绿肥还田前期（1～3 d）。碳降解基因表达规律与绿肥累计腐解规律相吻合，碳降解基因表达中度盐碱—苕子—1 d＞轻度盐碱—苕子—3 d＞中度盐碱—苕子—7 d＞轻度盐碱—苕子—1 d；轻度盐碱—冬葵—1 d＞轻度盐碱—冬葵—21 d＞中度盐碱—冬葵—7 d＞中度盐碱—冬葵—3 d，或可解释中度盐碱地紫花苕子累计腐解率远高于轻度盐碱地，中度盐碱地冬葵的累计腐解率低于轻度盐碱地的现象。

而紧随其后，土壤微生物开始固定碳，相关基因表达中度盐碱—苕子—7 d＞中度盐碱—苕子—3 d＞轻度盐碱—苕子—14 d＞轻度盐碱—苕子—21 d＞轻度盐碱—苕子—14 d＞中度盐碱—冬葵—7 d＞中度盐碱—冬葵—3 d，显示土壤微生物对碳的固定多集中于3～21 d。

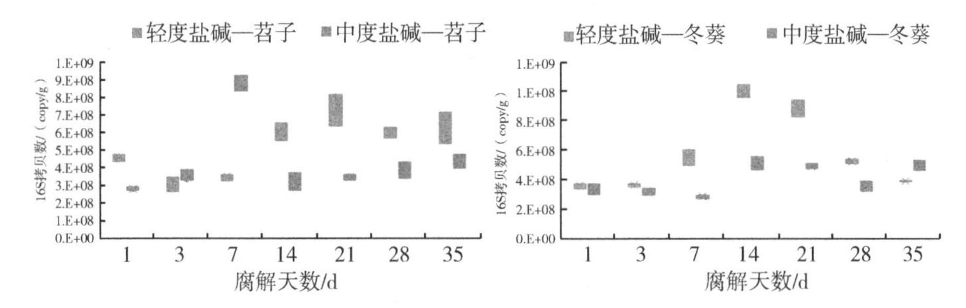

图 5-12 不同盐碱条件下绿肥翻压后土壤微生物群落结构变化

在绿肥还田后会灌水泡田，绿肥沤制可能会导致甲烷代谢加速。结果显示仅个别处理促进甲烷产生，其中中度盐碱—苕子—7 d＞中度盐碱—苕子—3 d＞轻度盐碱—苕子—14 d＞轻度盐碱—苕子—21 d，可能由于试验田在该时段有积水情况出现。而其他还田处理甲烷代谢基因表达量较小，推测是由于绿肥沤制过程中，保持水位低于2 cm，可有效降低甲烷产生。

不同绿肥还田后，土壤氮循环关键基因表达呈现相似规律，除个别时间段（7 d、21 d），随着绿肥腐解时间，土壤微生物氮循环关键基因表达逐渐降低，绿肥还田后第1 d土壤微生物对绿肥中氮降解迅速开始，不同盐碱度下表达量没有明显差异。至第3 d紫花苕子轻度盐碱地＞中度盐碱地，而冬葵中度盐碱地＞轻度盐碱地。至第7 d紫花苕子和冬葵均表现为中度盐碱地＞轻度盐碱地，至第14 d紫花苕子轻度盐碱地＞中度盐碱地，而冬葵中度盐碱地＞轻度盐碱地，第21 d紫花苕子中度盐碱地＞轻度盐碱地，冬葵轻度盐碱地＞中度盐碱地。氮循环相关基因表达规律和土壤细菌含量变化总体规律相似，推测氮循环关键基因的表达量是基于氮循环相关细菌含量多少，即土壤微生物功能是建构于土壤微生物含量和组成。

不同盐碱地绿肥还田腐解过程中的养分释放差异，主要表现在磷元素释放。相关基因表达结果显示，紫花苕子除第 1、第 7 d 外，均表现为轻度盐碱地＞中度盐碱地。而冬葵在腐烂解过程中一直呈现轻度盐碱地＞中度盐碱地。推测冬葵磷释放受到土壤微生物的降解作用，同时磷元素进入土壤，进一步促进土壤磷循环，以及促进土壤磷循环相关基因的表达。

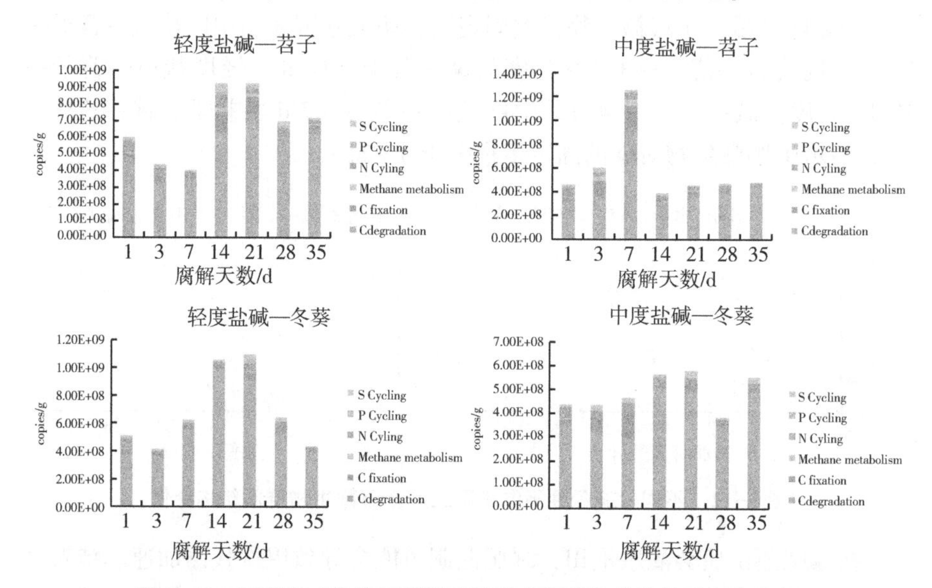

图 5-13　不同盐碱条件下绿肥翻压后土壤养分功能基因变化特征

四、不同盐碱度下绿肥和生物炭还田对土壤碳储量的影响

1. 对土壤有机碳及碳组分的影响

不同盐碱条件下绿肥还田和生物炭还田对土壤总有机碳、活性有机碳（微生物量碳）和惰性碳（腐殖质）的影响见图 5-14，分析可知轻度盐碱地绿肥还田和生物炭还田均可显著提高土壤总有机碳含量，并提升土壤有机碳中微生物利用活性碳组分。绿肥还田显著提高了土壤惰性碳储量，但秸秆烧制生物炭后还田并未提供惰性碳输入。中度盐碱地绿肥还田和生物炭还田亦显著提高土壤总有机碳含量，并提升土壤有机碳中微生物利用活性碳组分。但中度盐碱地惰性碳储量较高，绿肥和生物炭还田土壤惰性碳含量显著低于对照盐碱地。

综合分析显示不同盐碱度绿肥轮作还田和施加生物炭均会显著促进土壤碳固存，生物炭还田对土壤惰性碳没有贡献。

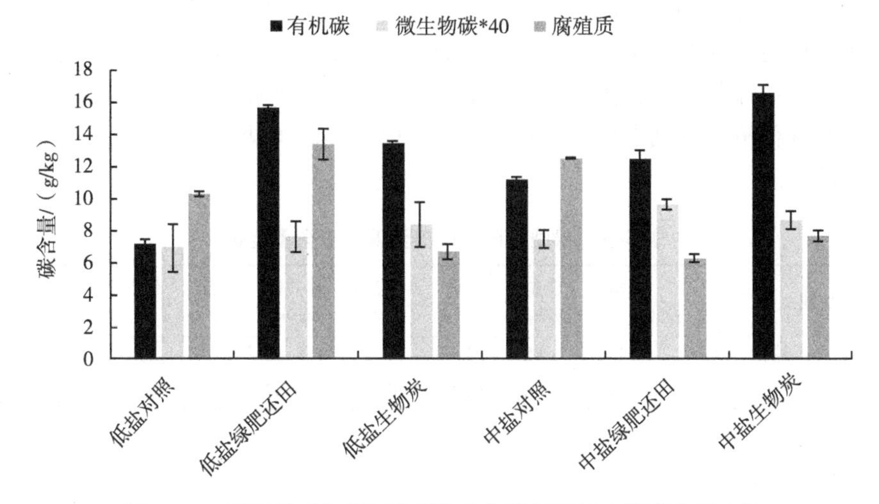

图 5-14 不同盐碱条件下绿肥和生物炭还田后土壤碳含量变化

2. 对土壤养分的影响

分析绿肥还田和生物炭还田对土壤养分的影响（表 5-4），结果显示轻度盐碱地绿肥还田能显著提高全氮量、硝态氮和铵态氮含量，而施加生物炭对土壤氮磷没有明显作用，但能提高土壤全钾量，并显著提高速效钾含量。中度盐碱地绿肥还田对土壤养分影响不明显，但生物炭依然能显著提升土壤速效钾水平（$P>0.05$）。

表 5-4 不同盐碱条件下绿肥和生物炭还田后土壤养分含量变化

处 理	全氮（g/kg）	全磷（g/kg）	全钾（g/kg）	有效磷（mg/kg）	速效钾（mg/kg）	硝态氮（mg/kg）	铵态氮（mg/kg）
低盐对照	0.68	0.68	18.50	33.63	158.25	4.47	3.78
低盐绿肥还田	1.22	0.88	18.50	47.61	167.68	6.68	5.37
低盐生物炭	0.78	0.71	19.08	27.46	192.93	5.51	2.61
中盐对照	1.01	0.80	19.13	38.25	167.99	3.56	5.02
中盐绿肥还田	0.63	0.65	19.02	20.98	203.86	3.70	5.09
中盐生物炭	0.71	0.74	18.97	30.75	294.97	3.45	5.02

五、绿肥还田对水稻产量和表型的影响

1. 对水稻产量和土壤养分的影响

豆科绿肥紫花苕子还田对水稻产量和土壤养分水平均有不同程度的提升

（表 5-5）。在水稻—绿肥轮作模式下，水稻产量（607 kg/亩）略高于水稻常规种植模式（574 kg/亩）。土壤养分除硝态氮外，氮磷钾含量普遍升高，其中水稻—绿肥还田轮作模式中土壤铵态氮、速效钾和有效磷含量，远大于水稻常规种植，可见水稻—绿肥还田轮作模式提高了盐碱稻田土壤养分的可利用活性。

表 5-5　绿肥还田后稻田土壤养分含量变化

处 理	产量 (g/m^2)	全氮 (g/kg)	全磷 (g/kg)	全钾 (g/kg)	有效磷 (mg/kg)	速效钾 (mg/kg)	硝态氮 (mg/kg)	铵态氮 (mg/kg)	有机碳 (g/kg)
水稻—绿肥轮作	910	1.17	0.85	19.06	39.28	168.62	2.87	12.15	15.96
水稻常规种植	860	1.07	0.76	18.94	35.17	151.87	3.37	2.54	13.74

2. 对水稻表型的影响

分别于拔节期、孕穗期和抽穗期测定水稻株高和根长，并对水稻叶片叶绿素和氮含量进行分析（图 5-15），结果显示水稻冬闲地轮种绿肥，并使绿肥全量还田可明显提高水稻株高，对水稻根长亦有微弱影响，但作用均不显著（$P<0.05$）。

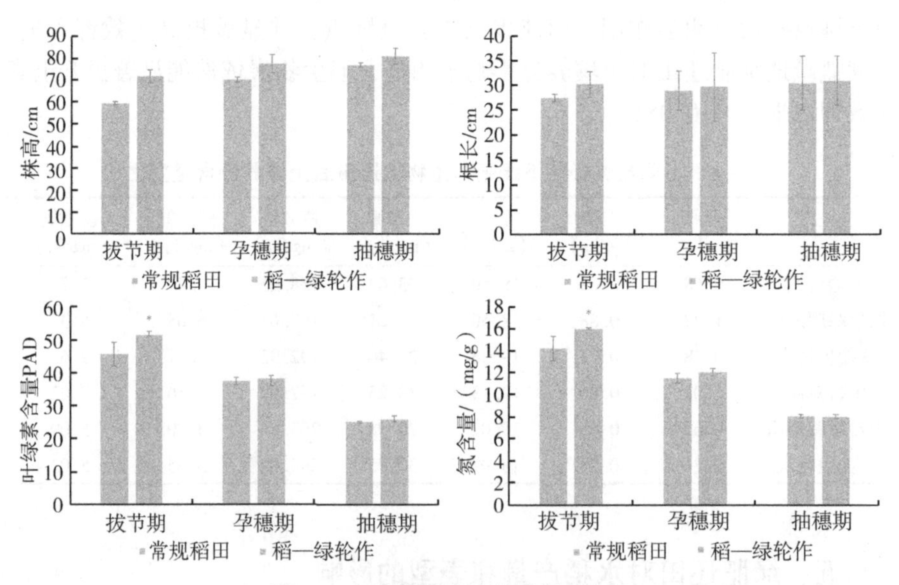

图 5-15　绿肥还田后水稻表型特征

拔节期绿肥轮作还田处理下水稻叶片叶绿素和全氮含量显著高于水稻常

规种植，至孕穗期和抽穗期，常规种植和稻—绿轮作下水稻植物营养没有明显差异。

六、小结

（1）综合室内发芽、培养试验和东营垦利中重度盐碱地和广饶轻度盐碱地大田筛选结果，筛选适宜黄河三角洲轻度盐碱的绿肥品种有油菜、苔菜、紫花苕子、箭舌野豌豆、冬葵和苜蓿等，其中苔菜和冬葵是优良的冬季蔬菜。适宜黄河三角洲中重度盐碱的绿肥品种有野大豆、红豆草、田菁、黑麦草、燕麦和砂引草等。二月兰和蜀葵还具有观赏价值，可用于绿化。紫云英在小区试验中，发芽情况较差，推测是耐寒性较差，可在南方广泛种植，但难以抵御黄河三角洲冬季严寒。野大豆、红豆草和田菁是优良的夏季绿肥，难以用于水稻冬闲地轮种绿肥，可考虑间作提升土壤氮素和作物多样性。

（2）不同盐度下紫花苕子和冬葵养分释放规律不同，主要差异表现在磷元素。在中度盐碱地紫花苕子累计腐解率远高于轻度盐碱地，而在中度盐碱地冬葵的累计腐解率低于轻度盐碱地。绿肥还田会增加轻度盐碱地土壤细菌含量，但对中度盐碱地土壤微生物含量影响较小。绿肥还田腐解过程是土壤微生物对养分的降解循环过程。土壤微生物对植物碳的降解多发生在绿肥还田前期，碳降解基因表达规律与绿肥累计腐解规律相吻合。土壤微生物对碳的固定多集中于3～21 d，氮、磷循环相关基因表达规律和土壤细菌含量变化总体规律相似，不同绿肥腐解过程中磷循环相关基因表达量均呈现轻度盐碱地大于中度盐碱地。

（3）不同盐碱度绿肥轮作还田和施加生物炭均会显著促进土壤碳固存，生物炭还田对土壤惰性碳没有贡献。轻度盐碱地绿肥还田能显著提高全氮量、硝态氮和铵态氮含量，而施加生物炭对土壤氮磷没有明显作用，但能提高土壤全钾量，并显著提高速效钾含量。中度盐碱地绿肥还田对土壤养分影响不明显，但生物炭依然显著提升土壤速效钾水平。豆科绿肥紫花苕子还田对水稻产量和土壤养分水平均有不同程度的提升，同时还可促进水稻的株高和根长，提高叶片组织中叶绿素和氮含量等植物营养。

第四节　耐盐植物联合微生物修复盐碱生态技术

从植菌根真菌是一种与植物根系共生的微生物，可增加土壤孔隙度和通透性，从而改善土壤结构，提高土壤水分和养分的保持能力，通过植物根系与土壤相互作用，促进植物的生长和土壤的恢复。研究显示联合修复系统通过促进植物凋落物分解、活化土壤氮磷等养分，影响土壤物质循环，并提高土壤团聚体稳定性，提高土壤质量（郝江勃 等，2019）。同时根系和菌丝改善土壤生态，尤其是菌根菌丝际土壤微环境。菌根真菌还为植物提供养分运输，增加根系面积和吸收效率，促进植物对养分的吸收和利用，同时还通过调节植物叶片膜透性、提高光合作用、改善营养代谢和次生代谢、减少离子毒害等生理生化反应诱导植物适应盐碱环境。

近年来黄河三角洲土地利用类型发生了深刻转型，生产和生活用地面积持续增加，生态用地面积不断减少，景观格局呈破碎化趋势。利用耐盐观赏植物或药用植物联合功能微生物，生态改良黄河三角洲盐碱地，不仅可提高盐碱地利用率，提升盐碱地土壤质量，还可提高植物抗逆性，促进植物生长和养分吸收利用，并构建多种景观生态农业斑块的镶嵌体，具有经济价值、生态价值和观赏价值，增加盐碱地作物多样化和景观异质性，促进农业可持续发展。

一、材料与方法

（一）供试材料

供试植物共有 15 种，均为耐盐碱植物，涉及菊科、禾本科和唇形科，包括白鼠尾草（*Salvia alpine*）、细叶艾（*Artemisia suksdorfir*）、沙茅草（*Ammophilia arenaria*）、艾蒿（*Artemisia argyi*）、茵陈蒿（*Artemisia capillaris*）、球花藜（*Chenopodium foliosum*）、羊胡子草（*Eriophorum vaginatum*）。

功能微生物为纯菌和混合菌剂，购买自北京市农林科学院植物营养与资源环境研究所丛枝菌根真菌种质资源库（Bank of Glomeromycota in China, BGC），分别为摩西球囊菌（菌种编号 HUB01A）、幼套近明球囊菌（菌种编号 HEN02A）、根内根孢囊菌（菌种编号 HEB07D），混合菌剂为以上 3 种混合菌剂。

（二）试验设计

1. 菌种扩繁和耐盐性评估

将土壤、沙子和蛭石进行两次高压蒸汽灭菌，超净工作台内无菌晾14 d备用。于初春3月在温室中将土壤：沙子：蛭石（2：1：1.5）加入无菌花盆中（混合沙土深25～30 cm），表层撒入菌剂（每1 kg培养基质加入20 g菌剂），后覆盖混合沙土2～5 cm，种植玉米，土壤水分控制在30%～40%，培养30～60 d后，收集土壤和根系，自然干燥后用于田间开展原位试验。

2. 耐盐植物—功能微生物共生体系构建

室内盆栽耐盐植物接种丛枝菌根真菌，并进行抗抗盐性评估，将盆栽土壤中加入NaCl使其盐度为0.12%，加入40 g扩繁的菌剂，对15种不同耐盐植物进行侵染，14 d后检测菌根侵染率，根据植株叶片卷曲程度和叶片细胞膜透性，筛选耐盐植物—微生物最优组合，继续开展田间试验。

于山东省农业科学院东营基地北区，农田（小麦—高粱轮作）周边和沟渠进出口设置不修复、植物修复和植物-微生物联合修复3种处理。样方面积为9 m^2（3 m×3 m），每个处理设置3个重复，共9个小区。种植前均对种子和土壤不做任何处理，5月初于盐碱农田中穴播入扩繁菌剂40 g，菌剂表层播种耐盐植物，耐盐植物种子均采取撒播，无需覆土。作物生长过程中，除苗期外，减少灌溉和施肥量。秋季保留植物根系，春季再翻耕，或秋季收集根系及根区土壤，干燥保存作为下一季试验菌剂。

（三）测试指标

侵染率：采集植物根系和土壤样品，称取约0.3 g新鲜根段，浸入50%乙醇中，将新鲜根系样品用0.05%的台盼蓝乳酸甘油溶液染色（乳酸与甘油的比例为1：1），4 ℃ 保存并制片，显微镜下统计菌根侵染率。

植物叶片细胞膜透性：称取2.5 g新鲜植物叶片剪碎放入15 mL去离子水中，在室温下静置30 min，测定电导率，然后在100 ℃ 水浴锅中加热30 min冷却至室温摇匀测定电导率值。

表型指标：植物地上生物量，根生物量，茎高、根长、叶片卷曲度等形态学指标。

土壤指标：N、P、Na含量、土壤盐分和根际土壤生态特征（菌群组成和多样性）。

二、耐盐植物—功能微生物共生最优体系

经过菌种（摩西斗管囊菌、幼套近明球囊菌、根内根孢囊菌以及混合

菌种）扩繁和共生体系构建，利用菌根侵染率分析、控制土壤湿度和盐度进行抗旱和抗盐生理评估。接种后30 d，分别采集各植物根系，对菌根侵染率进行测定分析（表5-6），并结合植物长势，选择共生最优系统。重度盐碱下（0.12%），蓝鼠尾草和粉红鼠尾草长势较差，幼苗移栽成活率远低于白鼠尾草，地上生物量仅为林荫鼠尾草的1/2。海白菜虽抗盐性较强，可海水种植，但更适于沙培，不适于黄河三角洲盐碱土栽培。茵陈蒿、沙茅草、球化藜和冬葵在培养30 d后，根系木质化，且主根发达，须根较少，不利于菌根侵染。羊胡子草虽株型优美，但重度盐碱下呈现植株矮小等现象。

表5-6　不同耐盐植物接种菌根真菌的侵染率

耐盐植物	摩西斗管囊菌	幼套近明球囊菌	根内根孢囊菌	混合菌种
茵陈蒿	—	—	—	—
细叶艾	14%	8%	—	18%
银叶菊	12%	6%	8%	16%
金盏菊	12%	8%	14%	26%
林荫鼠尾草	10%	14%	—	12%
白鼠尾草	30%	6%	—	18%
蓝鼠尾草	—	—	—	—
粉红鼠尾草	—	—	—	—
海白菜	—	—	—	—
秋英	5%	—	—	5%
冬葵	—	—	—	—
沙茅草	—	—	—	—
羊胡子草	8%	—	5%	10%
球化藜	—	—	—	—

白色鼠尾草是原产于北美西南部滨海和沙漠边缘的常绿亚灌木，具有非常浓郁的芳香，常用于芳香疗法和镇静、利尿和感冒等草药治疗。因其具有较强的耐盐碱性，近年来被引种至荒漠盐碱区栽培，山东省尚未见白色鼠尾草引种栽培。白鼠尾草-摩西斗管囊菌侵染率较高（30%），因此白鼠尾草-摩西斗管囊菌可构建成为多功能耐盐植物—功能微生物共生优势体系。细叶艾具有解表解毒等功效，并常被用于做青团等食品，是常见的药食两用植

物。银叶菊原产地中海地区，适应较耐寒、耐旱，喜阳光充足的环境，全株银白色，是重要的观叶植物。林荫鼠尾草虽然侵染率稍低（幼套近明球囊菌侵染率14%），但因其花期长（3—10月），地上和地下生物量大，对盐碱土壤覆盖度高，也开展盐碱地大面积种植，提升盐碱地景观的典型观赏植物，构建耐盐食用艾草联合生物营养型互生根部内生真菌协同提升盐碱地土壤质量和修复农田生态模式（表5-7）。

表5-7 耐盐植物-菌根真菌共生体系

共生优势体系	耐盐性	应用价值
细叶艾—混合菌种	中重度盐碱	食用、药用
金盏菊—混合菌种	轻度盐碱	观赏
林荫鼠尾草—幼套近明球囊菌	轻度盐碱	观赏
白鼠尾草—摩西斗管囊菌	中重度盐碱	药用、观赏、食用

三、白鼠尾草接种不同菌剂的代谢组差异响应

白鼠尾草接种不同菌剂均影响了植物叶片次生代谢物的合成。采用非靶向代谢组学技术，12个样本共鉴定到正离子模式代谢物826个，负离子模式代谢物453个。按照VIP＞1.0，FC＞1.2或FC＜0.833且*P*-value＜0.05的标准进行差异代谢物的筛选，见图5-16。由图5-16可知，在HUB01A. vs. CK比较组中有37个正离子模式代谢物差异显著，其中31个代谢物上调，6个代谢物下调；有17个负离子模式代谢物差异显著，其中14个代谢物上调，3个代谢物下调。在HUB02A. vs. CK比较组中有35个正离子模式代谢物差异显著，其中28个代谢物上调，7个代谢物下调；有18个负离子模式代谢物差异显著，其中14个代谢物上调，4个代谢物下调。在HUB07D. vs. CK比较组中有32个正离子模式代谢物差异显著，其中23个代谢物上调，9个代谢物下调；有15个负离子模式代谢物差异显著，其中10个代谢物上调，5个代谢物下调。三种丛枝菌根菌对白鼠尾草代谢物合成产生了不同的影响，盐碱环境下亦对植物次生代谢途径产生作用，使其芳香气味更浓郁。

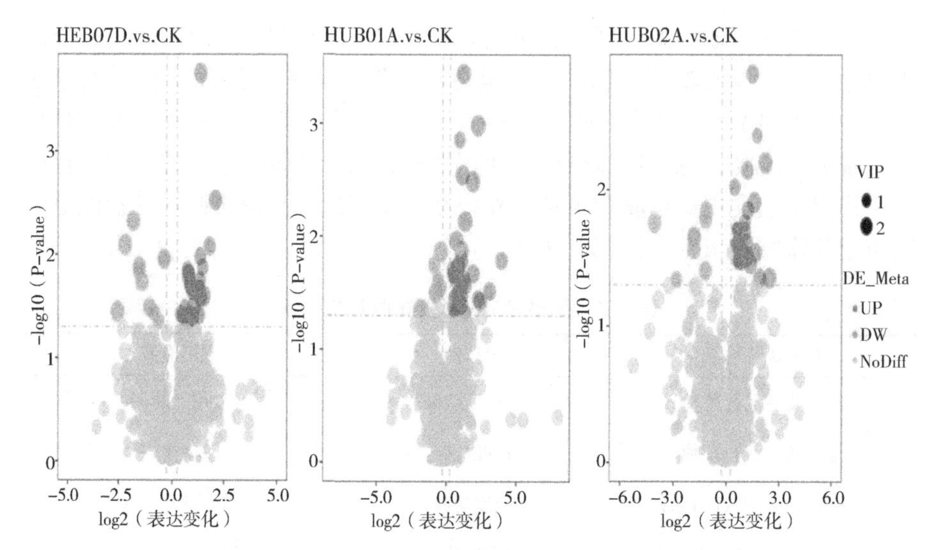

图 5-16　白鼠尾草接种不同菌剂的代谢组差异响应

四、不同菌剂对小麦—高粱轮作系统作物生长和土壤氮磷的影响

不同菌剂对小麦和高粱生长影响不同（图 5-17）。分析可知，3 种纯菌剂和混合菌剂均未促进小麦的生长，株高明显小于未施加菌剂处理

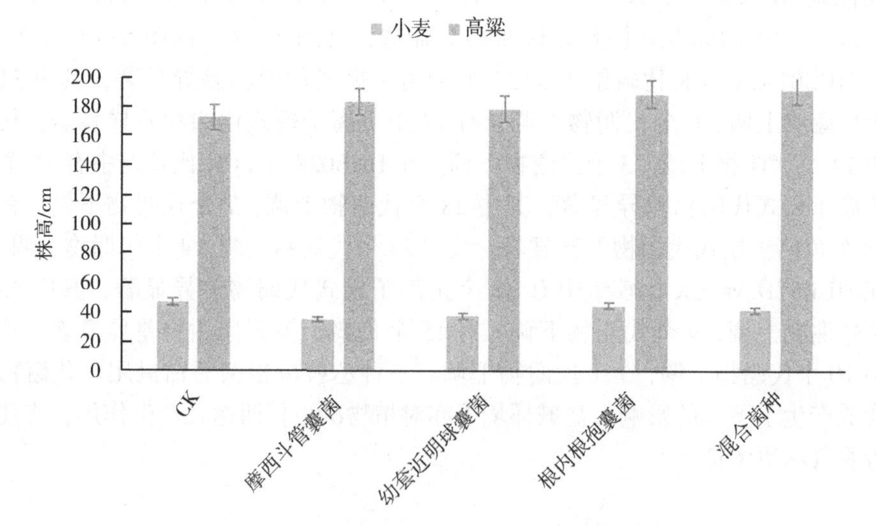

图 5-17　不同菌剂对小麦、高粱生长的影响

(47cm)，其中根内根孢囊菌和对照组差异较小。而接种不同菌种的高粱株高也仅略高于对照组，混合菌种和根内根孢囊菌对高粱株高的促进作用较其他两菌种明显，但均未达到显著水平。

虽然接种菌种对植物生长影响较小，但对土壤氮磷的活性作用较显著(表5-8)。其中混合菌种对土壤磷的活化作用最明显，土壤有效磷含量达到52.49 mg/kg，其次是根内根孢囊菌，且根内根孢囊菌对土壤氮的活化作用亦优于其他菌种。

表5-8 不同菌剂对土壤氮磷含量的影响

接种菌	全氮(g/kg)	全磷(g/kg)	铵态氮(mg/kg)	硝态氮(mg/kg)	有效磷(mg/kg)
摩西斗管囊菌	1.254	0.893	5.51	5.456	46.27
根内根孢囊菌	1.235	0.855	5.298	6.981	48.43
幼套近明球囊菌	1.170	0.88	5.174	6.166	48.13
混合菌种	1.174	0.872	5.298	6.879	52.49
CK（未接种）	1.188	0.864	4.662	3.358	38.56

五、小结

经过菌种扩繁，利用菌根侵染率分析、控制土壤湿度和盐度进行抗旱和抗盐生理评估，筛选构建了白鼠尾草—摩西斗管囊菌、金盏菊—混合菌种、林荫鼠尾草—幼套近明球囊菌、细叶艾—混合菌种等多功能耐盐植物—功能微生物共生优势体系。白鼠尾草接种不同菌剂均影响了植物叶片次生代谢物的合成，盐碱环境下亦对植物次生代谢途径产生作用，使其芳香气味更浓郁。接种菌种对植物生长影响较小，但对土壤氮磷的活性作用较显著，其中混合菌种对土壤磷的活化作用最明显，其次是根内根孢囊菌，且根内根孢囊菌对土壤氮的活化作用亦优于其他菌种。

第六章　化学改良技术与效果

化学改良技术是向土壤中添加化学改良剂，通过土壤生物化学反应，达到降盐降碱的目的。化学改良方法具有投资小、见效快，且配方与性能可调可控的优势，因此在研发和实践应用中备受关注（陈影影 等，2014）。施加土壤改良剂是盐碱地改良的有效措施之一，土壤改良剂在一定程度上能够改善土壤的理化性质，降低土壤含盐量，增强土壤保肥保水能力，促进植物对水分和养分的吸收，同时还能提高土壤中微生物和酶活性，从而提高盐碱土壤的生产力（孔明杰和曾繁森，2000；曲长凤 等，2012；王晓洋 等，2012）。目前国内外土壤盐碱改良剂种类繁多，不同改良剂的性质、组成、作用机理及在不同土壤类型上的施用效果相差较大，因此，探索不同土壤盐碱改良剂的改良效果十分必要，关系到能否提高盐碱土地区的经济效益和生态效益等。

本章通过施加外源物质和不同土壤改良剂等，研究其施用后对植物生长及土壤改良的效果，在此基础上，探索盐碱地专用高效改良制备及施用技术，旨在为黄河三角洲盐碱地土壤改良剂的合理选择与专用改良剂应用提供科学依据。

第一节　施加外源葡萄糖对盐碱胁迫下植物抗逆性的影响

施加外源物质是缓解盐碱对耐盐植物胁迫的重要途径，其中外源物质包括无机离子和有机物，如施加可溶性糖、Ca^{2+}、水杨酸和甜菜碱等（赵可夫，1998；赵世杰 等，1998；朱庆松和赵海英，2004）。糖是植物体内最重要的有机物之一，是植物生长发育的重要能量供应来源。植物体内糖含量占植物干重的60%左右（Ralph，1986）。植物体内的糖存在形式是多种多样的，可溶性糖包括葡萄糖、果糖、海藻糖、蔗糖等，不可溶性糖有淀粉、纤维素等。糖对植物生长发育的作用，不仅体现在为其生长提供能源，糖也是植物新陈代谢的中间产物，代谢循环是不可或缺的一个组成部分，是细胞框架和结构的组成部分，也是蛋白质、氨基酸的碳架（Munns，1993）。研究还发现，糖在植物中的信号和感知甚至可在毫摩尔的水平下进行和表达（汤章城，1984；章文华，1998），糖信号的调节几乎贯穿了植物的整个生长过程，比如，在植物萌发和幼苗时期，糖可以产生一种类似植物激素的信号，抑制营养的转移，促进子叶变绿和伸长等，在植物生长过程中，糖信号也起着重要作用，调控叶片的衰老快慢，花期的长短等（曹仪植和吕忠恕，1985）。可溶性糖对于处于逆境条件下的植物来说，既是渗透调节剂，也是合成其他有机溶质的框架和能量来源，还可在细胞内无机离子浓度高时起到保护酶类的作用（McCue and Hanson，1990）。由于盐胁迫抑制光合作用，造成植物体内糖分积累下降、渗透调节阻滞、碳源匮乏等影响，所以有效向植物补充碳源是最直接的盐拮抗方式（赵可夫 等，1998）。可溶性糖在盐胁迫下既是一种渗透调节剂，同时又是合成有机物的框架和能量，还有保护植物细胞酶类的功能（张利平，2009）。当植物受到盐胁迫时，初期是植物中的可溶性糖含量是增加的，但随着时间的推移，光合作用的减弱和呼吸作用的增强使可溶性糖含量增加（张文渊，1999）。当前，国内外对施加外源生长调节物质，特别是不同浓度的可溶性糖缓解盐毒害的相关研究很少（张余良和陆文龙，2006），基于此，本节重点研究了添加不同浓度的外源可溶性葡萄糖对籽粒苋盐碱胁迫的减缓作用。

一、材料与方法

（一）试验设计

1. 施加外源葡萄糖对盐碱胁迫下植物幼苗的影响试验

采取室内培养实验。供试材料为籽粒苋，籽粒苋是苋科苋属一年生草本耐盐牧草，耐盐碱、耐干旱，适宜在黄河三角洲种植，种子购买于华青园林有限公司。选取颗粒饱满的种子用10%的 NaClO 消毒 20 min，播种在草炭土中进行萌发，待小苗长出真叶时，将其移入细砂培养介质上，细砂预先放入下方有孔的小花盆内，每盆移入 5 株籽粒苋幼苗，放入托盘内，托盘中盛有 1/2 Hoagland's（霍格兰氏）培养液，事先将培养介质浇透，表面潮湿即可。以后施加培养液就向托盘内注入即可。将全部籽粒苋幼苗放置人工气候箱进行培养，气候箱设置环境温度为 24 ℃，环境湿度为 60%，光照强度为 0~6 级随时间呈梯度变化。每 2~3 d 向托盘内浇入 1 次培养液，待幼苗长

10 cm 时，即进行分批处理（表 6-1）。

表 6-1　外源葡萄糖处理方案

样品处理	1#	2#	3#	4#	5#
盐 NaCl 浓度	0	100mM	100 mM	100 mM	100 mM
施加葡萄糖浓度	0	0	50 mM	100 mM	150 mM
样品组成	CK	ST	ST+50mMglu	ST+100mMglu	ST+150mMglu

2. 施加外源葡萄糖对盐碱胁迫下植物不同生育期的影响效应试验

采取盆栽试验。供试土壤取自东营市垦利县兴隆街道办事处东兴村（37°31′ 35. 05″ N，118°39′ 56. 14″E）。土壤深度为 0～20 cm，采集土壤样品后带回风干，分成两份，一份用于测试土壤理化性质，一份用于盆栽试验。取风干供试土壤放入直径 60 cm，高度为 50 cm 的塑料盆中，塑料盆下垫托盘。每盆培养供试植物 20 株，直至幼苗长出新叶，选留高度、大小、生长势相当的籽粒苋 10 株，高粱 3 株作为试验材料。盐处理浓度分别为 CK；50 mM；100 mM；150 mM；200 mM。每隔 5 d 浇水一次，不同生育阶段（苗期，蕾期，花期，成熟期）取样品测量。为避免雨水干扰，盆栽盆遮雨棚内统一培养。供试土壤基本理化性质为：有机质含量 8. 6 g/kg，全氮含量 0. 67 g/kg，速效氮含量 36 mg/kg，有效磷含量 12 mg/kg，速效钾含量 139 mg/kg，含盐量为 0. 15%。

（二）测试指标与方法

可溶性蛋白的测定采用考马斯亮蓝 G-250 法；叶绿体色素含量的测定采用丙酮乙醇浸泡法；丙二醛（MDA）含量的测定采用硫代巴比妥酸比色法；脯氨酸含量的测定采用酸性茚三酮法测定；可溶性糖含量的测定采用蒽酮比色法；抗氧化酶活性测定测定采用紫外吸收比色法，测定指标为过超氧化物歧化酶（SOD）活性、过氧化物酶（POD）和过氧化氢酶（CAT）活性。

（三）数据统计与分析

采用 Excel 分析作图、用 SPSS 17. 0 软件进行方差分析和 Duncan′s 新复极差法。

二、盐胁迫下施加外源葡萄糖对植物幼苗的影响效应

1. 盐胁迫下施加外源葡萄糖对植物幼苗生长的影响

盐胁迫下，施加外源葡萄糖对籽粒苋幼苗生物量的影响见图 6-1，由图

6-1 可知，盐胁迫下，施加外源葡萄糖对籽粒苋幼苗的生物量产生了较明显的抑制作用。在施加外源葡萄糖的处理中，其中 ST+100 Mm glu 处理下，籽粒苋生物量最大，ST+150 Mm glu 处理下，籽粒苋生物量最小，跟 ST 处理相近。与 CK 相比，施加外源葡萄糖对盐胁迫中的籽粒苋幼苗生物量有增加的作用，且在 100 mM 浓度之内，籽粒苋幼苗生物量随着施加外源葡萄糖浓度的增大而增大。但方差分析表明，施加外源葡萄糖后，籽粒苋幼苗的生物量与盐胁迫处理下籽粒苋幼苗的生物量差异不显著。

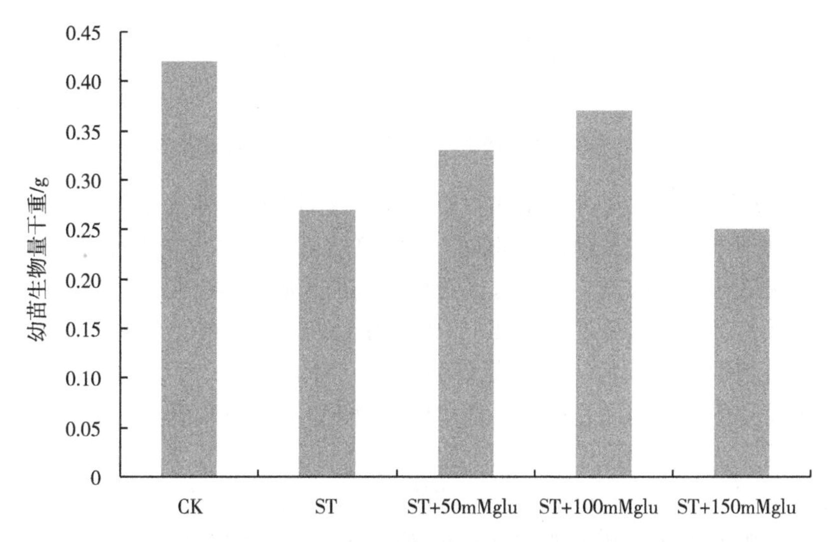

图 6-1 盐胁迫下外源葡萄糖对籽粒苋幼苗生物量的影响

2. 盐胁迫下施加外源葡萄糖对植物幼苗光合效应的影响

盐胁迫条件下所带来的渗透伤害往往能造成气孔和非气孔效应，从而影响光合作用。盐胁迫下，施加外源葡萄糖后，籽粒苋幼苗叶绿素含量变化见图 6-2。从图 6-2 中可以看出，在盐胁迫下，施加外源葡萄糖处理的籽粒苋幼苗叶绿素相对含量均有所增加，而未施用葡萄糖处理的籽粒苋幼苗叶绿素相对含量则继续降低。这表明，在盐胁迫下，施加外源葡萄糖可以对叶绿素有一定的保护作用。进一步分析可知，在施加 100 mM 的外源葡萄糖处理下，籽粒苋幼苗的叶绿素含量最高。

3. 盐胁迫下施加外源葡萄糖对植物幼苗有机物代谢的影响

可溶性糖不仅是高等植物的主要光合产物，在植物代谢中也占有重要位置，可溶性糖在植物体内主要起到渗透调节的作用，当幼苗遭受盐胁迫时，

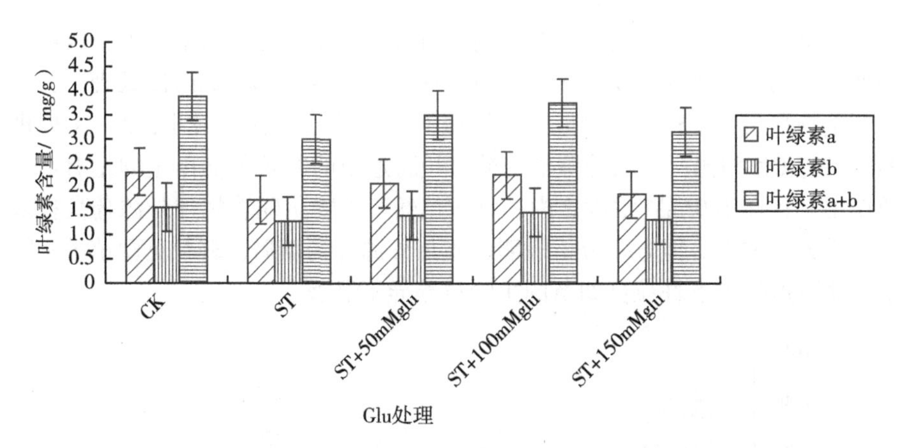

图 6-2　盐胁迫下外源葡萄糖对籽粒苋幼苗的光合效应的影响

光合作用受到抑制，光合作用的主要产物单糖即果糖、葡萄糖的含量显著降低。盐胁迫下，施加外源葡萄糖后，籽粒苋幼苗体内的可溶性糖含量和脯氨酸含量见表 6-2。从表 6-2 中可以看出，施加外源葡萄糖后，籽粒苋幼苗体内的可溶性糖含量显著增加，其中 100 mM 处理下，籽粒苋幼苗体内的可溶性糖含量增加做多，和不施加葡萄糖相比，增加了 24. 2%。幼苗体内的可溶性糖是体内产生的还是通过渗透作用吸收进体内的还有待于研究。脯氨酸在盐胁迫下，含量迅速增加，使细胞内的水势低于外界水势，保证植物从外界吸水的能力，维持一系列生理活动的需要。施加外源葡萄糖后，籽粒苋幼苗体内的脯氨酸含量和施加的葡萄糖浓度有关，在 50 mM 处理下，脯氨酸含量的增加较明显，而 100 mM 和 150 mM 处理对脯氨酸含量的影响不大，但都有减少的趋势。

表 6-2　盐胁迫下外源葡萄糖对籽粒苋幼苗可溶性糖和脯氨酸含量的影响

处理	0（CK）	100mMNaCl（ST）	ST+50mMglu	ST+100mMglu	ST+150mMglu
可溶性糖含量	3.5^{A}	4.7^{B}	5.1^{B}	6.2^{BC}	4.3^{C}
脯氨酸含量	415^{D}	684^{B}	736^{A}	621^{C}	645^{C}

注：采用 Duncan's 新复极差法进行多重比较。

4. 盐胁迫下施加外源葡萄糖对植物幼苗质膜透性的影响效应

由图 6-3 可知，ST 处理使 MDA 含量迅速上升，上升到 CK 处理的 2 倍，但施加外源可溶性葡萄糖后，MDA 含量呈减少的趋势，当葡萄糖的溶度达到 150 mM 时对 MDA 含量的减少作用消失。

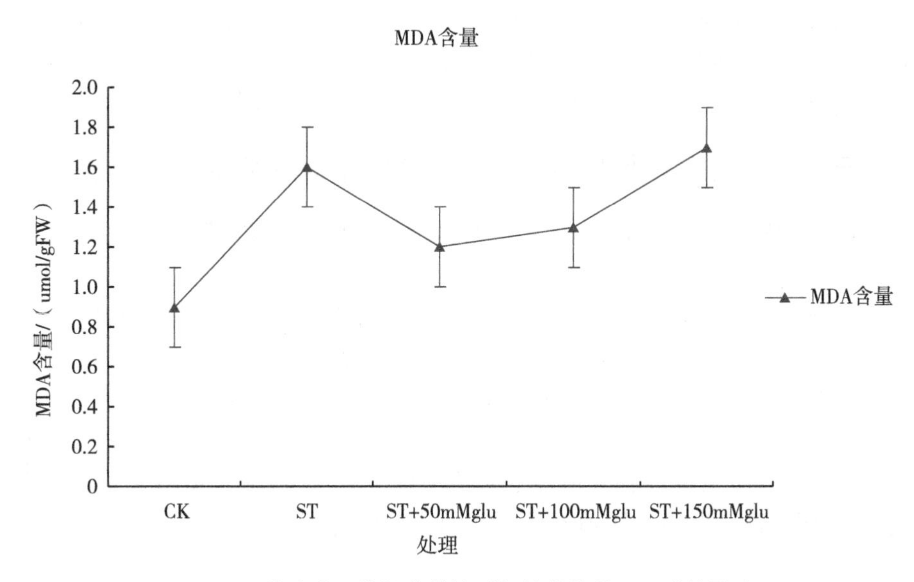

图 6-3　盐胁迫下外源葡萄糖对籽粒苋幼苗丙二醛的影响

由图 6-4 可知，在 100 mM NaCl 处理下 SOD 增加了 40%，而在外加外源可溶性糖的处理下 50 mM 浓度 SOD 有少量增加，随着浓度增加 SOD 含量有持续下降的趋势。但下降的最小值比 CK 对照要大。SOD 含量的提高可以

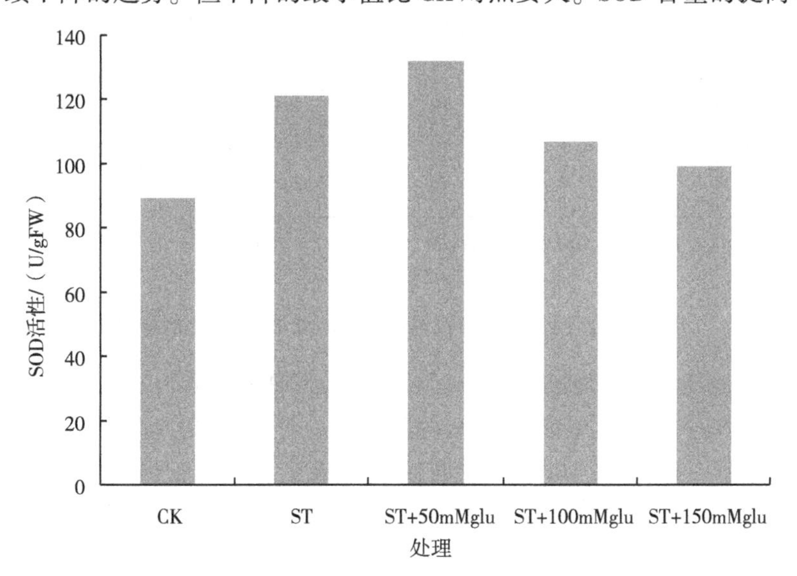

图 6-4　盐胁迫下外源葡萄糖对籽粒苋幼苗超氧化物歧化酶的影响

增加细胞保护酶的活性，减少活性氧物质的含量从而降低植物细胞内活性氧自由基对质膜和膜脂过氧化作用水平的伤害，维持细胞膜的稳定性和完整性。但处理溶度太大时却出现了相反的作用。

三、盐胁迫下施加外源葡萄糖对植物不同生育期的影响效应

（一）盐胁迫下施加外源葡萄糖对植物抗氧化酶活性的影响

1. 盐胁迫下外源葡萄糖对籽粒苋 POD 活性的影响。

由图 6-5 可知，NaCl 胁迫下，POD 活性的变化趋势也是随着 NaCl 浓度的增加，表现先上升后下降的趋势。进一步分析可知，施加外源葡萄糖后 POD 含量有小幅下降，其中 150 mM 时下降最大，200 mM 时没有下降，反而升高。在 NaCl 胁迫下，POD 活性变化的峰值在 150 mM，而在施加外源葡萄糖的处理下，POD 活性变化的峰值出现在 100 mM 时，说明施加外源葡萄糖能降低和减缓 NaCl 胁迫对籽粒苋的盐害作用。

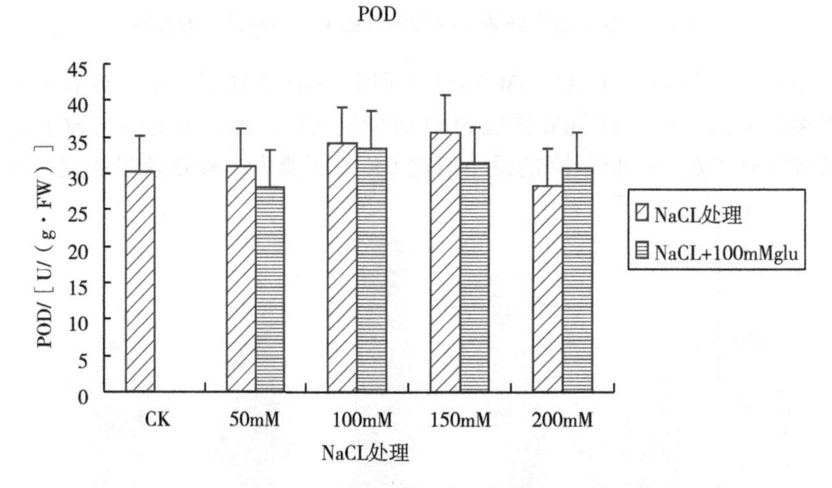

图 6-5　盐胁迫下外源葡萄糖对籽粒苋 POD 活性的影响

2. 盐胁迫下施加外源葡萄糖对植物 SOD 活性的影响

由图 6-6 可知，在 NaCl 单盐的胁迫下，籽粒苋 SOD 含量呈先升后降的趋势。在 NaCl 浓度 100 mM 的时候出现峰值。在施加外源葡萄糖 50 mM 到 170 mM 区间里明显低于单独 NaCl 胁迫，其中 100 mM 处减缓作用最明显。

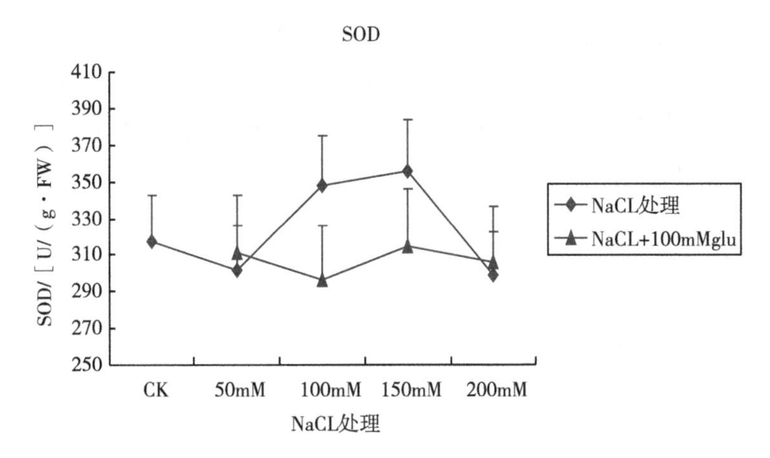

图 6-6 盐胁迫下外源葡萄糖对籽粒苋 SOD 活性的影响

（二）盐胁迫下施加外源葡萄糖对植物 MDA 的影响效应

NaCl 胁迫下，籽粒苋的 MDA 含量随着 NaCl 浓度的增加而增加。在外源葡萄糖处理下，籽粒苋 MDA 含量略小于 NaCl 浓度下积累量，但趋势同样是不断增加，对减缓植物对盐胁迫的响应没有太大的影响（图 6-7）。

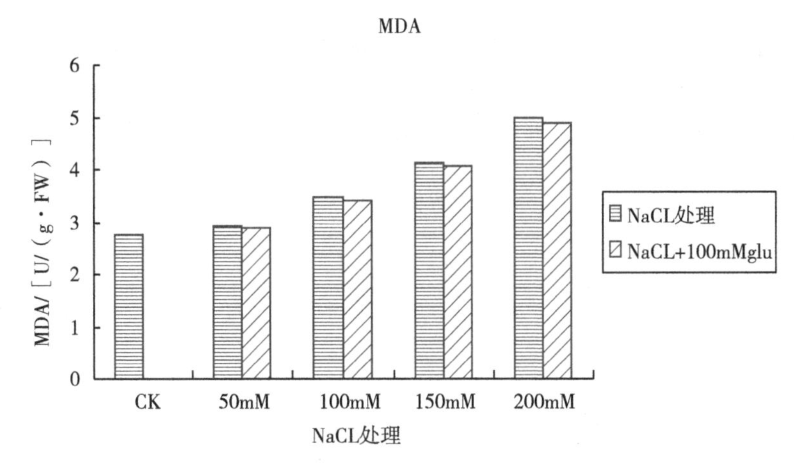

图 6-7 盐胁迫下外源葡萄糖对籽粒苋 MDA 活性的影响

（三）盐胁迫下施加外源葡萄糖对植物脯氨酸含量的影响

由图 6-8 可知，脯氨酸在盐胁迫的情况下，含量迅速增加，使植物细胞内的水势低于外界水势，保证籽粒苋从外界吸水的能力，维持一系列生理活动的需要。增加的最高值是 CK 的 1.5 倍。单纯 NaCl 处理和施加外源葡萄糖处理相比较的话，脯氨酸达到的最高值相差不大，但出现最高值的NaCl浓度不同，NaCl处理的最高值出现在100 mM处，而施加外源葡萄糖处理的最高值出现在150 mM处。这说明施加外源葡萄糖对籽粒苋的耐盐性有大大的提高作用。

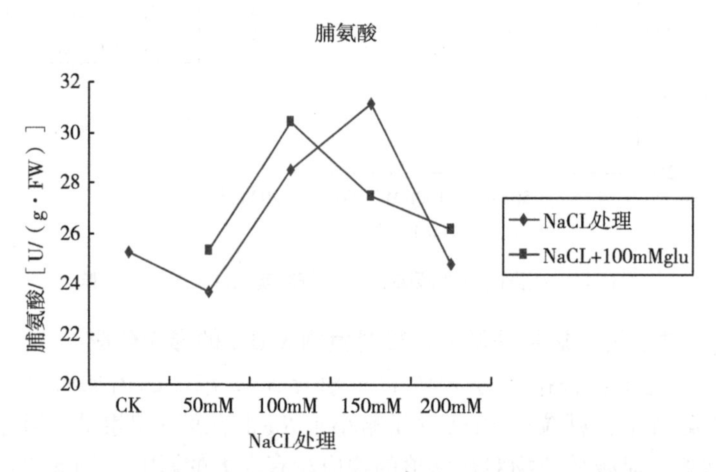

图6-8　盐胁迫下外源葡萄糖对籽粒苋脯氨酸活性的影响

(四) 盐胁迫下施加外源葡萄糖对植物可溶性糖含量的影响

盐胁迫抑制光合作用，造成非结构性碳含量下降，但研究结果显示（图6-9），在盐胁迫下，籽粒苋体内的可溶性糖含量没有明显下降，单纯

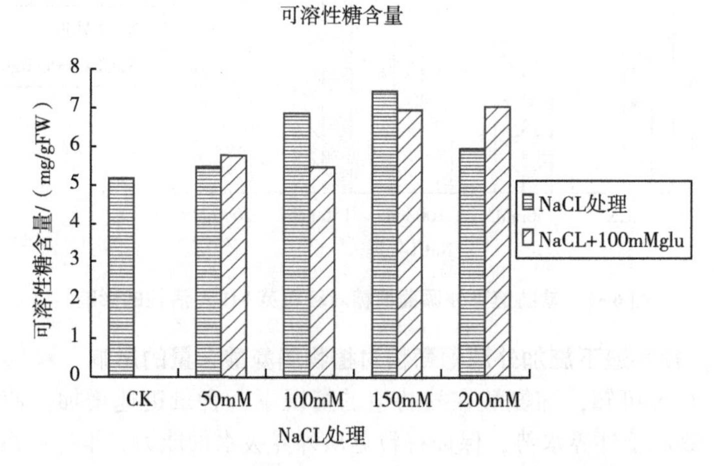

图6-9　盐胁迫下外源葡萄糖对籽粒苋可溶性糖含量的影响

盐胁迫和施加外源葡萄糖的盐胁迫都对籽粒苋体内的可溶性糖含量均没有明显的影响作用，相关性分析也表明，盐胁迫和施加外源葡萄糖的盐胁迫与籽粒苋体内可溶性糖含量没有显著相关性（$P>0.5$）。

四、小结

施加不同浓度的可溶性葡萄糖对盐胁迫有缓解作用。施加外源葡萄糖可以减缓盐胁迫下籽粒苋幼苗生物量的下降趋势，在 100 mM 时减缓盐胁迫的程度最大；施加外源葡萄糖对籽粒苋幼苗的光合作用有增强的作用，其中 100 mM 时对叶绿素的保护作用最明显；可溶性糖同样在 100 mM 时增加最明显。而脯氨酸，SOD、MDA 的最佳抗逆胁迫点在 50 mM 时。

对于植物耐盐性的生理研究多停留在单纯的盐胁迫下，外源物质对植物盐胁迫的减缓作用才刚刚起步，外源物质也多集中为 $CaCl_2$、水杨酸等，对于可溶性糖作为外源物质减缓盐胁迫鲜有研究和报道。通过选用可溶性葡萄糖作为外源添加物，在植物不同生育期施加相同剂量的盐分和外源可溶性葡萄糖发现，随着植物的生长，植物的耐盐性是逐渐增大的，苗期对盐胁迫的反应最大，所以苗期的耐盐性决定了植物的最终耐盐性。外源葡萄糖对盐胁迫的减缓作用在苗期表现最为有效，随着植物的生长，外源葡萄糖对盐胁迫的缓解作用逐渐下降。

在受到盐碱胁迫时，籽粒苋各生育期均表现为生长速度减缓，生物量降低、光合作用能力降低。比较各生育期发现，当盐胁迫＞100 mmoL/L（＜6g/L）时，盐胁迫对根长有较大的胁迫影响，而到生长中期和后期，盐胁迫对根部生长有促进作用，这表明籽粒苋在生长初期对盐碱胁迫较为敏感。

第二节 利用 Encapsalt 改良剂改良黄河三角洲滨海盐渍土

添加外源改良物质是提升盐碱地土壤肥力和作物生产力的重要管理措施（王遵亲，1993；郑普山 等，2012；郑敏娜 等，2021）。Encapsalt 改良剂是美国优马生物技术有限公司设计生产的一款专业用于盐碱地改良的产品。其设计理念是保障土壤的健康和肥力。改良原理为 Encapsalt 有利于促进土壤好氧细菌生长、优化土壤环境、屏蔽盐碱地土壤中盐分、提高土壤缓冲性能以及水分在土壤中的渗透能力、改良土壤结构及通透性，以有利于根系的大量繁殖生长。Encapsalt 的使用方法为地面喷雾，简单易行。Encapsalt 用于盐碱地改良在国外已有优秀的使用案例，但在国内尚未进行此类试验，为此，我们在黄河三角洲滨海盐碱地选择典型样地，探讨 Encapsalt 改良剂的使用方法，研究其对滨海盐碱地的改良效果，以期为滨海盐渍土改良找到新的有效途径，为改良剂推广应用提供科学依据，为区域社会经济可持续发展提供支撑。

一、材料与方法

1. 研究区概况

研究区位于山东省东营市垦利县兴隆街道办事处东兴村（37°31′ 35. 05″N，118°39′ 56. 14″E），该区属于黄河三角洲滨海盐碱地，土壤含盐量在 0. 5%～0. 8%。

2. 试验设计

供试品种：供试品种为甜高粱（济甜 1 号），由山东省农业科学院作物研究所提供。

试验设计：Encapsalt 分别设以下 7 个不同用量水平：①对照 1（0 mL/亩·次），1 次；②400 mL/亩·次，1 次；③600 mL/亩·次，1 次；④800 mL/亩·次，1 次；⑤400 mL/亩·次，2 次；⑥600 mL/亩·次，2 次；⑦800 mL/亩·次，2 次。其中，处理①、②、③和④，均于播种前 7 d 前喷施；处理⑤、⑥和⑦，分别于播种前 7 d、以及第一次喷施后第 30 d 喷施。小区面积 3 亩，各处理不设重复，共计 21 亩。

施用方法：每亩用量的 Encapsalt 用 90 kg 水稀释混匀后，立即进行地面喷雾，喷雾要尽量均匀；其中，对照区每亩用 90 kg 清水进行地面喷雾。喷施后，迅速将土壤混匀或立即灌溉。田间日常管理如耕地、播种、浇水、施肥等措施各处理要求完全一致。

3. 测试指标

分别于喷施前、每次喷施后第 7 d 采集土壤样品，取样深度为 0～20 cm，每个处理采集 3 个重复，带回实验室风干、待测。测试指标有土壤盐度、pH 值、速效氮、速效钾和有效磷含量。播种后第 7～10 d 调查每个小区种子的出苗率，收获时测定每个小区的作物产量。

二、施加 Encapsalt 改良剂后土壤盐分变化

对于对照 CK，尽管没有施加改良剂，但由于进行了灌溉浇水，土壤含

盐量也有所下降，由原来的 7.15‰降到了 5.24‰，一段时间后，土壤的含盐量又有所增加，这与土壤水分蒸发导致的表层积盐现象有关。第一次施加 Encapsalt 改良剂后，不同处理下土壤含盐量均有了明显下降，尤其是施加 600 mL/亩、800 mL/亩的处理，土壤的含盐量都降到了 3 ‰之下，基本能保证作物出苗。第二次施加 Encapsalt 改良剂后，不同处理下，土壤的含盐量也有所降低，但变化不大。可见播种前施加 Encapsalt 改良剂，对降低土壤盐分有着明显的作用，基本上能使土壤含盐量降低到 3 ‰以下，为盐碱地种植作物提供适合的盐分范围，从而大大提高作物的出苗率。第二次施加 Encapsalt 改良剂，尽管对降低土壤盐分不太明显，但可以使土壤盐分保持在作物能生长的范围内，保证了作物的正常生长（图 6-10）。

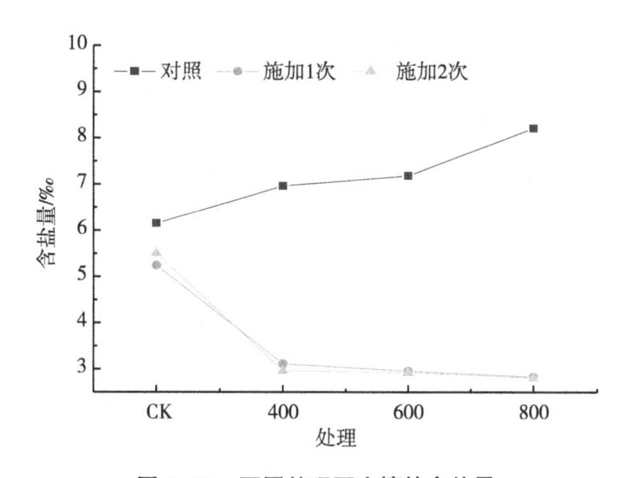

图 6-10　不同处理下土壤的含盐量

三、施加 Encapsalt 改良剂后土壤 pH 值变化

不施加 Encapsalt 改良剂，土壤的 pH 值变化不大。第一次施加 Encapsalt 改良剂后，土壤的 pH 值都有所降低，尤其是施加 800 mL/亩的处理，土壤的 pH 值下降最为明显。第二次施加 Encapsalt 改良剂后，土壤的 pH 值仍有所降低，但变化不大。可见施加 Encapsalt 改良剂后，能降低土壤的 pH 值，且这种降低具有累加效应，施加两次对土壤 pH 值的降低好于施加一次。土壤 pH 值的降低代表着土壤理化环境的改善，能促进作物更好地生长（图 6-11）。

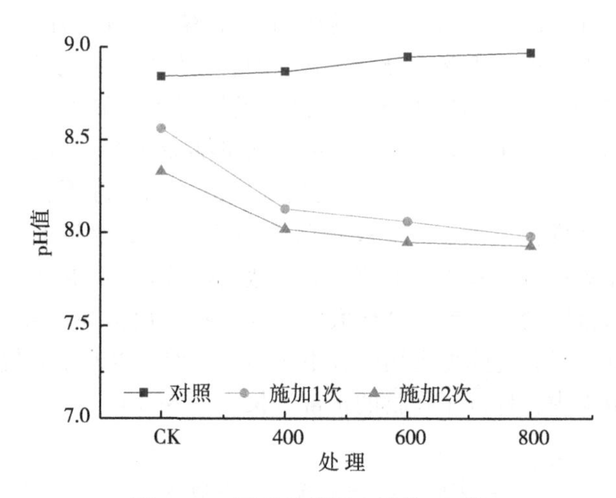

图 6-11　不同处理下土壤的 pH 值

四、施加 Encapsalt 改良剂对作物出苗率和产量的影响

和对照相比，施加 Encapsalt 改良剂后，甜高粱的出苗率均有提高，尤其是施加 600 mL/亩、800 mL/亩的处理，出苗率达到了 90% 以上（表 6-3）。施加 Encapsalt 改良剂后，甜高粱的产量也有了明显提高，施加 1 次，不同处理下，甜高粱的产量分别是对照的 4～10 倍，施加 2 次改良剂，不同处理下甜高粱的产量分别是对照的 5～10 倍，也就是说施加 2 次 Encapsalt 改良剂，甜高粱的增产效果更明显。

表 6-3　不同处理下作物的出苗率和产量

处　理	出苗率（%）	产量（kg）	
		施加 1 次	施加 2 次
CK	32	10	10
400	70	45	50
600	90	88	102
800	95	100	139

五、小结

在黄河三角洲滨海盐碱地上，Encapsalt 改良剂的最佳施用量为 600～800 mL/亩，使用前用 90 kg 水稀释，第一次与作物播种前 7 d 喷洒，第二次与作物生长期喷洒。作物播种前施加 Encapsalt 改良剂，能使土壤含盐量明显降低，土壤的含盐量基本降低到 3 ‰以下，为盐碱地种植作物提供了适合的盐分范围，可以大大提高作物的出苗率。在作物生长过程中，第二次施加 Encapsalt 改良剂，可以维持土壤的含盐量不升高，使土壤不发生返盐现象，从而减少死苗现象，保证作物的正常生长。同时施用 Encapsalt 改良剂后，可以降低土壤的 pH 值，改善作物赖以生长的土壤环境，促进作物生长，提高作物产量。总之施用 Encapsalt 改良剂后，能够明显降低土壤的含盐量和 pH 值，改善土壤的肥力状况，提高作物的出苗率和产量，值得进一步试验示范推广。

第三节 施加脱硫石膏改良黄河三角洲滨海盐渍土

脱硫石膏（desulfuration gypsum）又称排烟脱硫石膏、硫石膏或 FGD 石膏，主要成分和天然石膏一样，为二水硫酸钙 $CaSO_4 \cdot 2H_2O$，含量≥93%。脱硫石膏是 FGD 过程的副产品，FGD 过程是一项采用石灰—石灰石回收燃煤或油的烟气中的二氧化硫的技术。该技术是把石灰—石灰石磨碎制成浆液，使经过除尘后的含 SO_2 的烟气通过浆液洗涤器而除去 SO_2。石灰浆液与 SO_2 反应生成硫酸钙及亚硫酸钙，亚硫酸钙经氧化转化成硫酸钙，得到工业副产石膏，称为脱硫石膏，广泛用于建材等行业。其加工利用的意义非常重大。它不仅有力地促进了国家环保循环经济的进一步发展，而且还大大降低了矿石膏的开采量，保护了资源。

土壤盐渍化问题一直是困扰农业生产的一大难题，另外湿法烟气脱硫的副产物——脱硫石膏（desulfuration gypsum）的二次污染问题越来越受到人们的关注，若利用脱硫石膏可改良土壤理化性质及改善逆境下植物生理机能的特点，利用脱硫石膏将先锋植物引种入滨海退化湿地并定居和繁殖，先锋植物改善了被破坏地的环境，使得其他物种侵入并被部分或全部取代，进一步改善环境，使生态系统逐渐恢复，利用生物方法逐步治理滨海盐土，同时又避免了脱硫石膏贮存过程中的二次污染问题。研究发现添加脱硫石膏后，能改善土壤物理结构，有效加快脱盐过程（程镜润，2014；张辉 等，2017），并且能使土壤微生物群落结构发生变化，增加土壤微生物群落对碳源的利用能力、丰富度指数和 Shannon 多样性指数，同时能促进地上作物产量（肖国举 等，2010；李凤霞 等，2012），但也有研究显示添加石膏会使土壤电导率升高（李焕珍 等，1999；Saijo，2001；Tao，2014；石婧 等，2018）。

本节以黄河三角洲滨海盐渍土为供试土壤，紫花苜蓿为试验植物，研究了脱硫石膏对盐胁迫下紫花苜蓿的生理、土壤理化性质的影响以及施用的风险性评价，以期为滨海盐碱地改良提供科学依据。

一、材料与方法

（一）试验设计

1. 施加脱硫石膏对盐胁迫下紫花苜蓿生理的影响

试验材料：选用美国培育生产的多年生豆科苜蓿优质牧草“金皇后”，根系发达，主根粗长，深达 3～6 m，侧根多根瘤，茎直立，多分枝，株高 100～130 cm，三出复叶，托叶二片，不易脱落。总状花序，腋生。有注花 20～30 朵，花冠紫花，花期可持续一个月，荚果螺旋形，种子肾形，千重 2.00 g。

“金皇后”喜温暖半干旱气候，抗逆性强，适应性广，抗寒性强，非常耐旱，耐瘠薄在降水量 250 mm，无霜期 100 d 以上的地区可种植，有雪覆盖时能耐-43℃度的低温。“金皇后”再生性好，抗病性能强，适宜中性或酸碱性，pH 值 6～8 的土壤都能生长。“金皇后”叶量丰富，草质优良，粗蛋白质、维生素和矿物质的含量很丰富，是品质优良，产草量很高的紫花苜蓿新品种。在开花期含干物质 90.0%，粗蛋白 22.1%，粗脂肪 2.6%，无氮浸出物 41%，每年可刈割 2～5 次，亩产鲜草 6 000～7 000 kg，干草 1 400～1 800 kg。

“金皇后”适于我国华北、东北、西北、中原和苏北地区种植。播前要深耕整地，施足底肥，有灌水条件，土壤墒情好的地区可春播。春季干旱的地区可在雨季播或秋播。条播行距 30～40 cm，播深 1～2cm，每亩播量 1.2～1.5 kg，撒播每亩为 1.5～2.0 kg，也可与细茎披碱草、多年生黑麦草、无芒雀麦等禾本科牧草混播。

试验方法：采取盆栽试验。通过盆栽种植紫花苜蓿，分析脱硫石膏对紫花苜蓿生理的影响，明确脱硫盐碱对滨海盐渍土壤的改良效果。选定取样点后试验用土采自位于山东省东营市陈庄镇南 2 km 的无种植及产量极低的棉花种植区的典型滨海盐渍土，选取典型坡面，按照 0～20 cm、20～40 cm、40～60 cm、60～100 cm 分层采集土壤，分层装袋。运回后分层风干，一份用球磨机磨碎后过 100 目筛，用于测定土壤的理化性质，见表 6-4，一份用于盆栽实验。

表 6-4 供试土壤理化性状

pH 值	全盐	有机质	全氮	全磷	全钾	碱解氮	有效磷	速效钾
8.1	0.438%	0.43%	0.032%	0.063%	1.79%	23 mg/kg	3.1 mg/kg	92 mg/kg

挑选籽粒饱满、健康无病虫害的苜蓿种子，用 5%的次氯酸钠溶液消毒 5 min，然后分别用自来水和蒸馏水冲洗 3 次。采用塑料桶作为盆栽盆，盆体高 40 cm，直径 25 cm。每盆用土量 4 kg，按照当地常规施肥量氮肥（以 N 计）185 kg/hm^2、磷肥（以 P_5O_2 计）117 kg/hm^2、追加基肥计算，每盆肥料用量为尿素 0.665 g、磷酸一铵 0.473 g，同时加入 100 g 农家肥（猪粪）做为底肥；试验所用脱硫石膏来自华能济南黄台发电有限公司，成分组成见表 6-5。试验设 5 个处理，5 个处理加入脱硫石膏的量分别为 0 g、13.33 g、26.67 g、40.00 g 和 56.33 g，对应亩施用量为 0 kg、500 kg、1 000 kg、1 500 kg 和 2 000 kg，每个处理设 3 个重复，共 15 个处理，随机排列。加水到田间持水量（75%）后，按照苜蓿的播种技术，播种于盆中，出苗后间苗、定苗，统一进行田间管理。

表 6-5 供试脱硫石膏成分组成

名称	SiO_2	Al_2O_3	Fe_2O_3	CaO	MgO	SO_3	Na_2O	K_2O	烧失量
脱硫石膏	2.13	1.56	0.36	38.38	0.86	47.70	0.08	0.16	8.77

2. 脱硫石膏对滨海盐渍土水盐运移规律的影响

采用土柱模拟试验，探讨脱硫石膏对滨海盐渍土理化性质的影响、水盐运移规律及施用安全性评价。

试验装置：模拟试验土柱采用直径 30.5 cm、长 1 m 的 PVC 管材制作，底部用 PVC 板材封底。

试验处理：试验设 8 个处理，每个处理设 3 个重复，8 个处理加入脱硫石膏的量分别为 0 g、54.8 g、87.7 g、109.6 g、131.5 g、164.4 g、197.3 g 和 219.2 g，对应亩施用量为 0 kg、500 kg、800 kg、1 000 kg、1 200 kg、1 500 kg、1 800 kg 和 2 000 kg。脱硫石膏与表层 20 cm（耕作层）土壤混匀，一次性施入。施肥量按当地常规施肥量计算施加，常规施肥量具体见试验1施加脱硫石膏对盐胁迫下紫花苜蓿的生理的影响，每个处理加尿素2.73 g、磷酸一铵1.94 g，同时加入500 g农家肥（猪粪）做为底肥。将处理后的滨海盐碱土和其他层次的土壤按照原有土壤层次分层填装，加水到田间持水量（75%）后，按照苜蓿的播种技术，播种于模拟土柱中，出苗后间苗、定苗，统一进行田间管理。

（二）测试指标与方法

测定紫花苜蓿的发芽率、分蘖数、生物量、含水量、质膜透性和叶绿素含量，其中生物产量、含水量测定采用称量法；质膜透性采用FM-8P弄冰点渗透压计测量细胞浸出液的渗透压；叶绿素含量采用乙醇提取法。土壤测定土壤含水量、容重、pH值、有机质含量、全盐含量等指标。

（三）数据处理

运用SPSS19和WPS进行数据统计分析，运用Origin Pro2018进行作图。

二、施加脱硫石膏对盐胁迫下紫花苜蓿生理的影响

（一）施加脱硫石膏对盐胁迫下紫花苜蓿生长的影响

1. 施加脱硫石膏对盐胁迫下紫花苜蓿生物量的影响

施加脱硫石膏能促进紫花苜蓿生长，由图6-12可知，施加脱硫石膏后，紫花苜蓿的生物量随着脱硫石膏施加量的增加呈先增加后降低趋势，脱硫石膏施加量为1 500 kg/亩时，紫花苜蓿的生物量最大，其均值为554.39 g/m^2，和不施加脱硫石膏相比，紫花苜蓿的生物量增加60%，为极显著水平（$P<0.01$）。

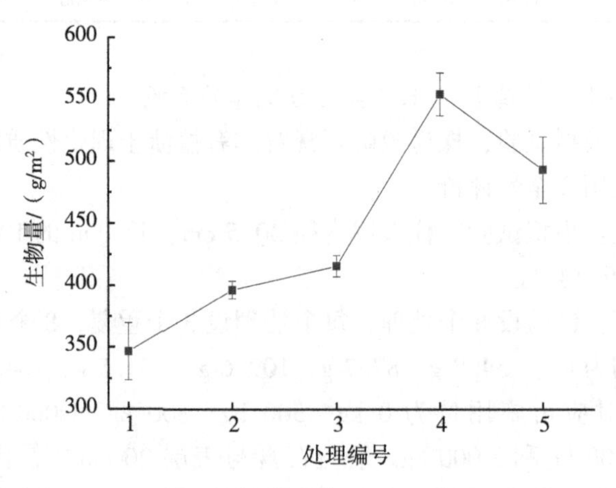

图6-12　施加脱硫石膏对盐胁迫下紫花苜蓿生物量的影响

2. 施加脱硫石膏对盐胁迫下紫花苜蓿株高的影响

和紫花苜蓿的生物量变化相一致，施加脱硫石膏后，紫花苜蓿的株高也随着脱硫石膏施加量的增加呈先增加后降低趋势，脱硫石膏施加量为1 500 kg/亩时，紫花苜蓿的株高达到最大，其均值为46.05 cm，和不施加脱硫石膏相比，紫花苜蓿的株高增加51.5%（图6-13）。

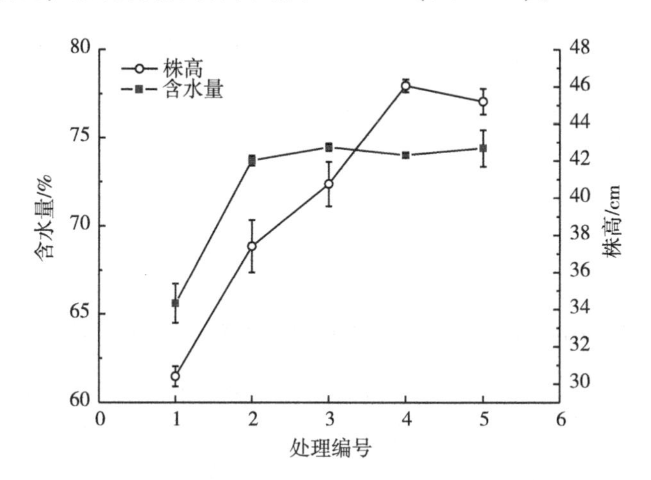

图6-13 施加脱硫石膏对盐胁迫下紫花苜蓿株高和含水量的影响

3. 施加脱硫石膏对盐胁迫下紫花苜蓿含水量的影响

施加脱硫石膏也提高了紫花苜蓿植株的含水量（图6-13），当脱硫石膏施加量为1 000 kg/亩时，紫花苜蓿植株的含水量最大，为74.45%，和不施加脱硫石膏相比，紫花苜蓿植株含水量增加13.5%。

（二）脱硫石膏对盐胁迫下紫花苜蓿生化性质的影响

1. 脱硫石膏对紫花苜蓿细胞膜透性的影响

随着脱硫石膏施用量的增加，紫花苜蓿细胞膜透性呈降低趋势，这表明施加脱硫石膏提高了盐胁迫下紫花苜蓿的生理机能，激发紫花苜蓿在盐胁迫下的反馈机制，从而提高紫花苜蓿的耐盐性。在处理4既脱硫石膏施加量为1 500 kg/亩时，紫花苜蓿的细胞膜透性降到最低，为194.4 mOsm/kg，再增加脱硫石膏的施入量，紫花苜蓿的细胞膜透性变化不大（图6-14）。

2. 脱硫石膏对紫花苜蓿叶绿素含量的影响

由图6-15可知，施加脱硫石膏后，紫花苜蓿叶片的叶绿素含量明显升高，在处理4既脱硫石膏施加量为1 500 kg/亩时，紫花苜蓿叶片的叶绿素含量达到峰值（1.47 mg/g），相对不施加脱硫石膏处理，紫花苜蓿叶片的

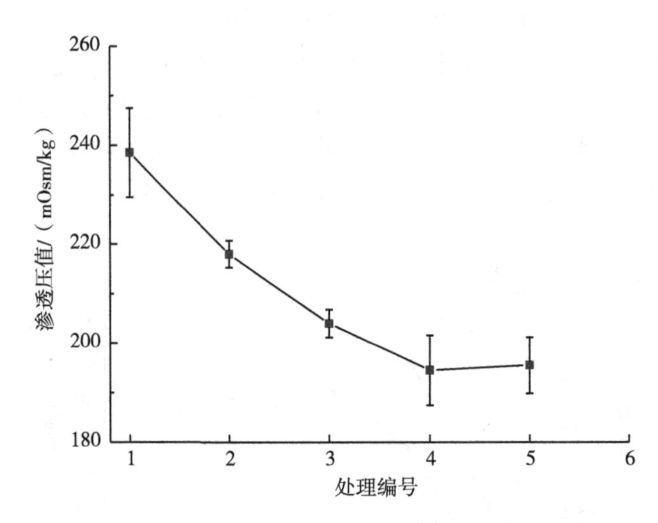

图 6-14　施加脱硫石膏对盐胁迫下苜蓿细胞膜透性的影响

叶绿素含量增加 26.3%，达到极显著水平（$P<0.01$）。进一步分析图 6-12、图 6-13 和图 6-15 的数据可知，紫花苜蓿叶片的叶绿素含量与紫花苜蓿的株高、生物量增长趋势相一致，均呈极显著正相关（$P<0.01$），这说明施加脱硫石膏主要通过影响叶片叶绿素含量进而影响植物的生物量。

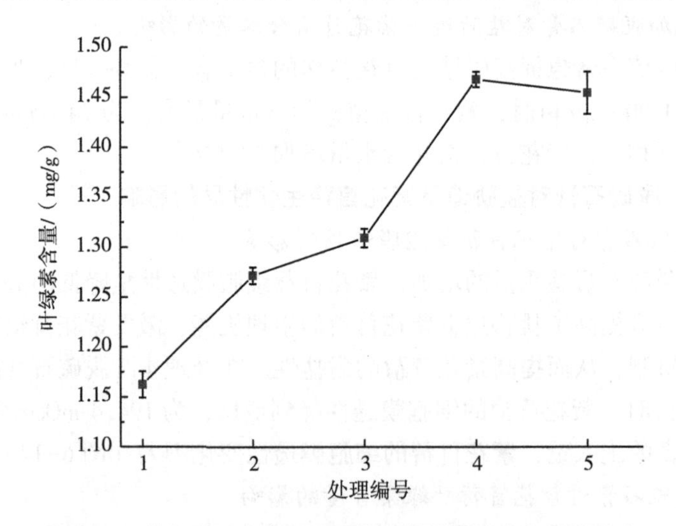

图 6-15　施加脱硫石膏对盐胁迫下苜蓿叶绿素含量的影响

三、施加脱硫石膏对滨海盐碱土水盐运移规律的影响

（一）施加脱硫石膏对植物生长的影响

1. 施加脱硫石膏对紫花苜蓿种子发芽率的影响

施加脱硫石膏提高了紫花苜蓿种子的发芽率，随着脱硫石膏施加量的不断增加，紫花苜蓿种子的发芽率呈波动性变化，在处理 6 处（脱硫石膏施加量为 1 500 kg/亩），紫花苜蓿的发芽率最高，为 67.4%，和不施加脱硫石膏相比，发芽率增加 5.6%（图 6-16）。之后随着脱硫石膏施加量的增加，紫花苜蓿种子发芽率又降低，至处理 8（脱硫石膏施加量为 2 000 kg/亩）紫花苜蓿种子发芽率降低为 65.9%。

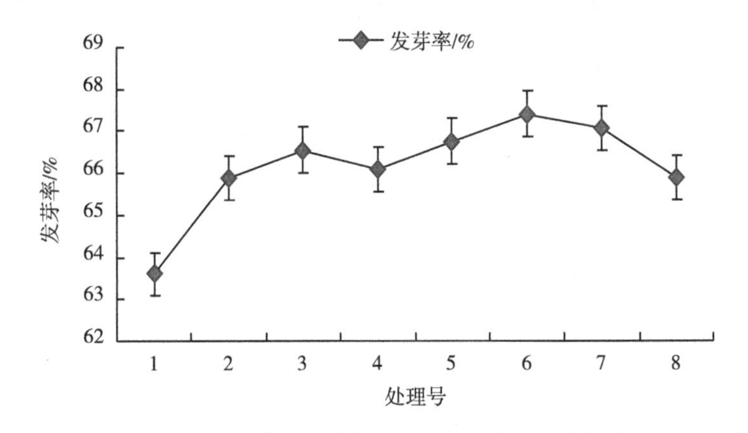

图 6-16 脱硫石膏对盐胁迫下苜蓿发芽率的影响

2. 施加脱硫石膏对紫花苜蓿分蘖数的影响

施加脱硫石膏也能影响紫花苜蓿的分蘖数（图 6-17），随着脱硫石膏施加量的增加，紫花苜蓿分蘖数总体呈增加趋势，在处理 6 处（脱硫石膏施加量为 1 500 kg/亩），紫花苜蓿分蘖数达到最高，为平均每株 3 个分蘖，和不施加脱硫石膏相比，紫花苜蓿分蘖数增加 27.7%。之后随着脱硫石膏施加量的增加，紫花苜蓿分蘖数又降低，至处理 8（脱硫石膏施加量为 2 000 kg/亩）紫花苜蓿分蘖数降为 2.6%。

（二）施加脱硫石膏对滨海盐渍土理化性质的影响

1. 施加脱硫石膏对滨海盐渍土 pH 值的影响

施加脱硫石膏后，不同施加脱硫石膏处理下，滨海盐渍土的 pH 值总体呈降低趋势，当脱硫石膏施加量为 1 800 kg/亩时候，滨海盐渍土的 pH 值降

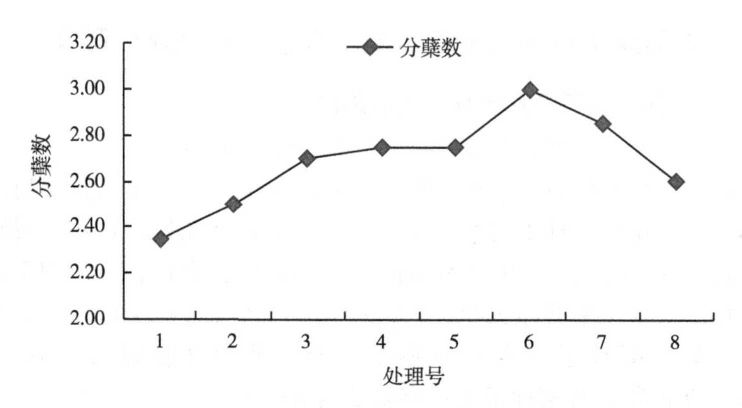

图 6-17　脱硫石膏对盐胁迫下苜蓿分蘖数的影响

至最低，为 7.8，和不施加脱硫石膏相比（pH 值为 8.0），pH 值降低了 2.5%（图 6-18）。

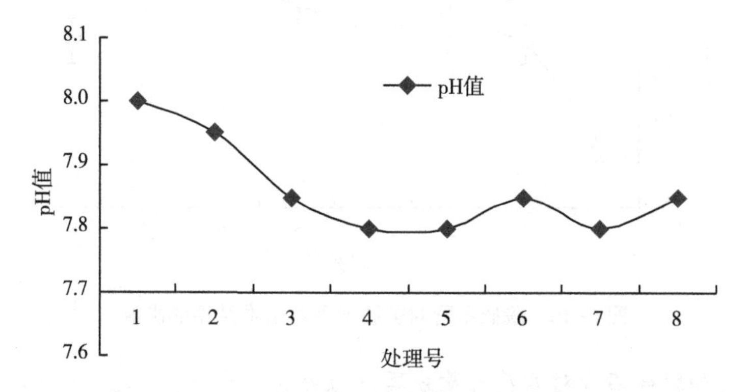

图 6-18　施加脱硫石膏对滨海盐渍土 pH 值的影响

2. 施加脱硫石膏对滨海盐渍土含盐量的影响

施加脱硫石膏后，不同处理下模拟土柱内不同土层（0～20 cm，20～40 cm，40～60 cm，60～80 cm）的含盐量均随着脱硫石膏施用量的增加而逐渐降低，且随着脱硫石膏施用量的增加，各土层含盐量的降低趋势减弱（图 6-19）。

3. 施加脱硫石膏对滨海盐渍土有机质含量的影响

施加脱硫石膏后，不同处理下模拟土柱耕作层土壤（0～20 cm）有机质含量均增加，表现为随着脱硫石膏施用量的增加呈先增加后又降低。当脱硫石膏施加量为 1 500 kg/亩时，土壤有机质含量最高，为 3.45%（图 6-

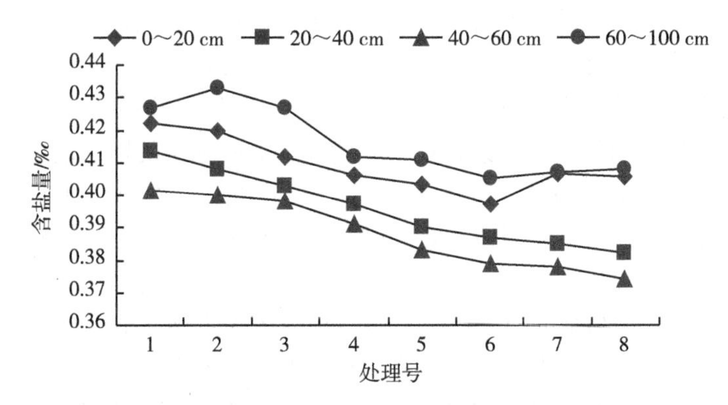

图 6-19 施加脱硫石膏对滨海盐渍土含盐量的影响

20)，和不施加脱硫石膏相比，耕层土壤有机质含量增加 9.5%。土壤有机质含量的增加可能与土壤含盐量降低后，释放出了土壤中被固定的各种养分有关（郭天云 等，2019）。

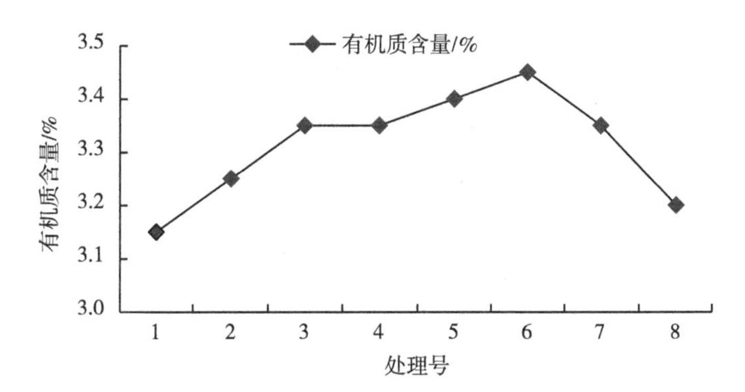

图 6-20 脱硫石膏对滨海盐渍土有机质的影响

四、结论与讨论

（一）讨论

1. 脱硫石膏对滨海盐碱种植紫花苜蓿的影响

本研究表明，施加脱硫石膏可明显提高盐胁迫下紫花苜蓿的生理机能，提高苜蓿的生物产量。当脱硫石膏亩施用量为 1 500 kg 时，和对照相比，紫花苜蓿的生物量增加量最大，高达 60%，呈极显著水平；株高较对照增加 51.2%，植株含水量较对照增加 15.0%。叶绿素含量较对照增加 26.3%。

盐胁迫下，植物叶片叶绿素含量不仅直接关系着植物的光合同化过程，而且也是衡量植物耐盐性的重要生理指标之一。在盐胁迫下，光合作用的原始反应所受的影响与叶绿素含量变化有很大关系。从试验结果可以看出，随着脱硫石膏施入量的增加，叶绿素含量不断增加，而叶绿素的增加最直接的影响就是生物量的增加。另外，从表 6-5 的成分分析可以看出，烟气脱硫石膏还含有丰富的 S、Ca、Si 等植物必需或有益的矿质营养，这也是使紫花苜蓿增产的一个重要原因。

Ca^{2+}作为植物细胞的第二信使，与植物的诸多生理功能方面，如酶的激活、原生质的流动、细胞生长、气孔关闭、与激素有关的生理过程、脱落与衰老等都有密切关系（龚明和李英，1990）。许多研究证实外源 Ca^{2+}能减轻非生物逆境（如热胁迫、氧化胁迫、干旱胁迫等）对植物细胞的伤害（赵可夫，1993），也有研究表明，Ca^{2+}处理能增强植物的抗盐性，缓解盐胁迫对植物的伤害效应（赵可夫 等，1993）。苜蓿的各项重量指标与脱硫石膏的加入量均有很好的相关性（表 6-6）。

表 6-6 苜蓿各生理指标相关性分析

项目	脱硫石膏	平均株高	含水量	干生物量	渗透压	叶绿素含量
脱硫石膏	1					
平均株高	0.901 737 5	1				
含水量	0.698 699 1	0.736 221 6	1			
干生物量	0.741 505 3	0.867 59 20	0.428 236 7	1		
渗透压	-0.788 865 8	-0.922 997 6	-0.660 650 4	-0.704 823 69	1	
叶绿素含量	0.958 196	0.948 078	0.724 101 7	0.802 043 17	-0.863 215 3	1

2. 脱硫石膏对土壤理化性质的影响

脱硫石膏可以增加土壤团粒结构，改善土壤结构，增加总孔隙度，降低硬度。由图 6-18 可知，施加脱硫石膏能降低土壤 pH 值。由图 6-20 可以看出，随着脱硫石膏施用量的增加，土壤有机质含量呈增加趋势，这表明脱硫石膏有增加土壤有机质的作用。土壤有机质是土壤肥沃度的一个重要指标，土壤有机质不仅能为作物提供所需的各种营养元素，同时对土壤团粒结构的形成，土壤水分、养分的供应和保持土壤肥力的演变产生重要影响（李天杰 等，1995），也对土壤盐分的组成和性质、盐渍土的改良产生重要影响。

由图 6-19 可知，施加脱硫石膏可以降低土壤的含盐量，这可能与收割后苜蓿带走部分土壤盐分有关，从趋势来看，耕作层土壤（0～20 cm）在处理 6 时盐分最低，为 0.39%，这与苜蓿生物量的趋势相吻合。20～40 cm 及 40～60 cm 土壤层全盐含量也有下降趋势，可能与脱硫石膏施入后，Ca^{2+} 置换土壤上的交换性 Na^{+} 后使土壤盐分更易淋失有关。60～100 cm 土壤层全盐含量有所增加，可能与上层土壤淋失下的盐分有关。

（二）结论

施加脱硫石膏可明显提高盐胁迫下紫花苜蓿的生理机能，提高苜蓿的生物产量。脱硫石膏中的钙不仅是植物必需的矿质营养元素之一，而且对于维持细胞壁、细胞膜及膜结合蛋白的稳定性，调节无机离子运输，作为细胞内生理生化反应的第二信使——偶联胞外信号具有重要作用。当植物受到逆境胁迫时，细胞质游离 Ca^{2+} 浓度明显上升，启动基因表达，引起一系列生理变化，从而提高植物对逆境的适应性，同时 Ca 在阻止膜脂过氧化反应及保护膜的完整性方面具有重要作用，它能增加膜的流动性，从而提高植物的抗逆能力，并且脱硫石膏富含 S、Ca、Si 等植物必需或有益的矿质营养，试验表明：当脱硫石膏亩施用量为 1 500 kg 时，紫花苜蓿的生物量较对照增加量达 60%，达极显著水平（$P<0.01$）；株高较对照增加量为 51.2%，含水量较对照增加量为 15.0%。叶绿素含量较对照增加 26.3%。

施加脱硫石膏可以增加土壤团粒结构，改善土壤结构，增加总孔隙度，降低硬度。施加脱硫后，滨海盐渍土的 pH 值和全盐含量降低，土壤有机质含量增加。土壤有机质是土壤肥沃度的一个重要指标，土壤有机质不仅能为作物提供所需的各种营养元素，同时对土壤团粒结构的形成，土壤水分、养分的供应和保持土壤肥力的演变产生重要影响；也对土壤盐分的组成和性质、盐渍土的改良产生重要影响。当脱硫石膏亩施用量为 1 500 kg 时，耕层土壤有机质含量最高，较对照增加 9.5%。

施加脱硫石膏可以提高紫花苜蓿在盐胁迫下的抗逆性，改良滨海盐土的理化性质，可以用作黄河三角洲滨海盐渍土及相似区域盐碱土的改良剂。脱硫石膏在亩施用量为 1 500 kg 时可以达到较好的改良效果。

第四节　滨海盐碱土专用改良剂制备与高效施用技术

一、盐碱土壤改良剂有益物质添加量研究

（一）试验设置

试验目标：针对黄河三角洲土壤 pH 值高、盐分高的特性，研制降低土壤 pH 值的土壤改良剂，并通过作物的抗盐生理特征，研制抗盐肥料，提高作物本身的抗盐能力。依据盐碱地微量元素容易被土壤固定、高盐高碱导致作物根系差的特点，采用螯合态微量元素（EDTA 螯合铜、锌、铁、锰）、聚合氨基酸和生根剂做成土壤改良剂的添加物，并在田间研究其最佳用量。

土壤改良剂原料配比：螯合态微量元素占 40%、聚合氨基酸占 59.5%、生根剂占 0.5%。

试验布设：实验区位于东营市广北农场，实验共设 6 个处理，处理 1 为不施肥处理作为对照，处理 2 为常规施肥（$N:P_2O_5:K_2O=26:12:10$），处理 3 为优化施肥（$N:P_2O_5:K_2O=24:10:14$），每亩施用 60 kg，处理 4 为当地优化施肥+改良剂 3%，处理 5 为当地优化施肥+改良剂 4%，处理 6 为当地优化施肥+改良剂 5%，依次记作 T1、T2、T3、T4、T5 和 T6。添加剂的用量按肥料总重量计算比例，和肥料混合使用。试验采用随机排列，重复 3 次。供试作物为玉米，品种为郑单 958。

（二）结果与分析

不同处理下，玉米的产量变化见图 6-21，由图 6-21 看出，不同施肥及添加量对玉米产量影响很大，优化施肥比空白和农民习惯施肥分别增产 15.9%和 8%，而施用添加剂后，玉米产量增加更为明显，随着添加剂用量的增大，玉米产量逐渐提高，3%、4%和 5%添加量处理下，玉米产量分别比不施用添加剂的玉米产量增产 5.9%、12.3%和 17.5%，比农民习惯增产 14.4%、21.3%和 26.9%。说明添加了螯合态微量元素、聚合氨基酸和生根剂对作物产量的提高有很大的作用。

二、施加土壤改良剂对盐碱地小麦产量的影响

（一）试验设置

试验位于东营黄河农场，试验设 4 个处理，处理 1 为不施改良剂 CK，

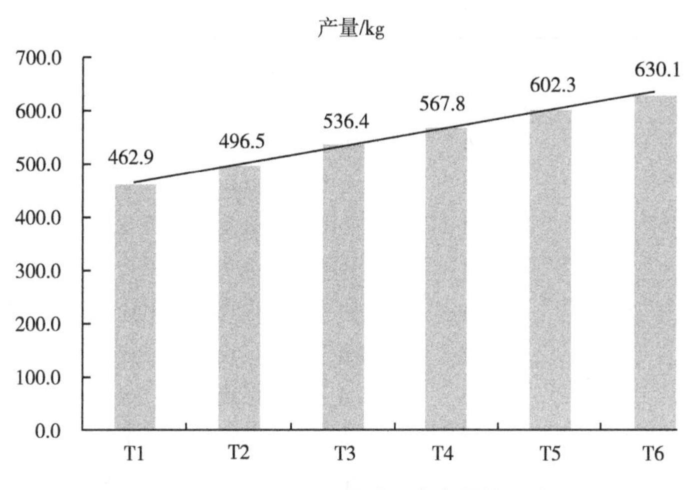

图 6-21　不同添加量对玉米产量的影响

处理 2 为施用 5 kg 改良剂，处理 3 为施用 10 kg 改良剂，处理 4 为施用 15 kg 改良剂。改良剂随底肥一起施入，试验采用随机排列，重复 3 次，小区面积 30 m^2。供试作物为小麦，品种为青麦 6 号。

（二）结果与分析

不同处理下，各小区的小麦产量见表 6-7。由表 6-7 看出，随着土壤改良剂用量的增加，小麦产量逐渐增加，亩用量为 5 kg、10 kg 和 15 kg 时，小麦产量分别比对照增产 15.67%、18.02%和 20.67%，由产量组成看，小麦的最大总茎数、穗粒数和千粒重与对照差别不大，但不同用量对亩穗数影响较大，亩穗数是影响产量的最主要因素之一。说明施加土壤改良剂增加了小麦的有效分蘖，从而使产量明显增加。

表 6-7　不同土壤改良剂处理下小麦的产量

项目	处理	重复			平均	比对照高（%）
		1	2	3		
最大总茎数（万/亩）	处理 1	71.90	72.30	73.50	72.56	—
	处理 2	72.60	71.80	73.40	72.60	0.05
	处理 3	72.80	72.00	72.90	72.56	0.00
	处理 4	72.78	71.96	72.97	72.57	0

（续表）

项目	处理	重复			平均	比对照高（%）
		1	2	3		
亩穗数（万/亩）	处理1	32.80	33.20	33.40	33.1	—
	处理2	35.40	36.30	37.00	36.20	9.36
	处理3	36.60	37.00	36.50	36.70	10.87
	处理4	36.87	37.23	36.95	37.02	11.84
穗粒数（粒/穗）	处理1	33.00	34.00	35.00	34.00	—
	处理2	36.00	37.00	36.00	36.30	6.76
	处理3	36.00	35.00	36.00	35.70	5.00
	处理4	36.00	36..00	36.00	36.00	5.88
千粒重（g/1 000粒）	处理1	43.60	43.80	44.00	43.80	—
	处理2	44.80	44.60	45.00	44.80	2.28
	处理3	45.10	44.90	45.20	45.10	2.97
	处理4	44.98	44.75	45.32	45.02	2.79
小区产量（kg/小区）	处理1	20.06	19.52	20.36	19.98	—
	处理2	22.58	23.32	23.43	23.11	15.67
	处理3	22.76	23.96	23.97	23.58	18.02
	处理4	23.76	23.71	24.87	24.11	20.67

三、施加土壤改良剂对土壤理化性状的影响

（一）试验设置

在研究添加物用量的基础上，腐殖酸、腐殖质、有机酸、硫黄等与螯合态微量元素、聚合氨基酸和生根营剂相结合研究出盐碱土壤改良剂。盐碱土壤改良剂的主要成分是石膏、硫黄和活化腐殖酸、菌渣等，制备出土壤改良剂后，研究盐碱土壤改良剂对土壤理化性状的影响。

试验地位于东营市利津县渤海农场试验地，土壤为潮土。设4个处理，第一个处理为对照，不施加改良剂（T1）；第二个处理土壤改良剂的施加量为50 kg/亩（T2）；第三个处理土壤改良剂的施加量为100 kg/亩（T3）；第四个处理土壤改良剂的施加量为150 kg/亩（T4）。每个处理设3个重复，小区面积为33.3 m^2，共12个小区，每小区种植作物为小麦，各小区随机区

组排列。各处理除了土壤改良剂用量不同外，其他处理完全相同。土壤改良剂在翻地前撒施。分别于试验布置后第 1、第 2、第 5、第 10、第 15、第 20、第 30、第 40、第 50 d 采集土样，测试土壤有机质、pH 值、容重、全盐量，验证土壤改良剂效果。试验时间为 2014 年 10 月到 2015 年 6 月，试验区土壤基本理化性质见表 6-8。

表 6-8 供试土壤的基本理化性状

有机质（%）	碱解氮（mg/kg）	有效磷（mg/kg）	速效钾（mg/kg）	pH 值	容重（g/cm^3）	全盐量（g/kg）
0.97	44.2	10.9	248.3	7.60	2.03	2.51

（二）结果与分析

1. 土壤改良剂对土壤有机质含量的影响

土壤有机质是土壤固相部分的重要组成成分，在土壤形成、土壤肥力及农业可持续发展等方面都有着极其重要作用的意义，采用高温外热重铬酸钾氧化——容量法测定土壤有机质含量。

由表 6-9 可以看出，与对照处理相比，施用土壤改良剂后的土壤有机质含量有不同程度的增加趋势，在不同作用时间内，增幅在 1.03%～5.15%。说明施用土壤改良剂能有效增加土壤有机质含量。随着施用时间的延长，土壤有机质有增加趋势。综合生产及使用成本考虑，采用土壤改良剂 100～150 kg/亩用量即可。

表 6-9 土壤改良剂对土壤有机质含量的影响 单位：g/kg

处理	T1	T2	T3	T4
第 1 d	9.7	9.7	9.7	9.7
第 10 d	9.7	9.9	10.0	10.2
第 15 d	9.7	10.0	10.1	10.3
第 20 d	9.7	10.0	10.0	10.2
第 30 d	9.6	10.1	10.2	10.3
第 40 d	9.7	10.1	10.1	10.3
第 50 d	9.7	10.0	10.1	10.3

2. 土壤改良剂对土壤 pH 值的影响

土壤酸碱度对土壤肥力、作物生长及养分有效性影响很大，因此在农业生产中应该注意土壤的酸碱度。

由表 6-10 可以看出，与对照处理相比，施用制备的土壤改良剂后的土壤 pH 值降低，在不同作用时间内，降幅在 0.66%～13.82%。说明该土壤改良剂由于含有硫黄、腐殖酸等物质，具有降低土壤 pH 值的效果。对不同处理在不同取样时间进行统计分析表明，施用 50 kg/亩、100 kg/亩、150 kg/亩土壤改良剂与对照处理相比，差异都达到了极显著水平，T3、T4 处理之间差异不显著。综合生产及使用成本考虑，采用土壤改良剂 100～150 kg/亩用量即可。

对于施用土壤改良剂的三个处理，随着施用时间的延长，土壤 pH 值不断下降，土壤改良剂中的尤其能增加土壤酸度的成分逐渐作用于土壤，作用时间越长，pH 值越小。但在前 20 d 土壤 pH 值降低幅度最大，对于 T1、T2、T3 处理来说，前 20 d 的 pH 值降幅分别占该处理总降幅的 82.35%、78.64%、80.95%。

表 6-10　土壤改良剂对土壤 pH 值的影响

处理	T1	T2	T3	T4
第 1 d	7.60a	7.55a	7.49a	7.49a
第 2 d	7.61a	7.51a	7.45b	7.43b
第 5 d	7.61a	7.42b	7.43b	7.41b
第 10 d	7.61a	7.15b	7.08b	7.06b
第 15 d	7.60a	6.97b	6.87b	6.89b
第 20 d	7.61a	6.90b	6.79c	6.75c
第 30 d	7.60a	6.84b	6.73b	6.72b
第 40 d	7.62a	6.79b	6.65b	6.64b
第 50 d	7.60a	6.75b	6.57c	6.55c

3. 土壤改良剂对土壤容重的影响

土壤紧实度是反映及调控土壤水、肥、气、热等因素的最重要的物理学性状；采用环刀法测定土壤容重。

由表 6-11 可以看出，与对照处理相比，施用土壤改良剂后的土壤容重降低，在不同作用时间内，降幅在 0.99%～29.56%。说明该土壤改良剂具有降低土壤紧实度、增加土壤通气透水性能的效果。对不同处理在不同取样时间进行统计分析表明，施用 50 kg/亩、100 kg/亩、150 kg/亩土壤改良剂与对照处理相比，作用 10 d 后，差异都达到了极显著水平，T3、T4 处理之间差异不显著。综合生产及使用成本考虑，采用土壤改良剂 100～150 kg/亩用量即可。

对于施用土壤改良剂的 3 个处理，随着施用时间的延长，土壤容重不断下降，作用时间越长，土壤容重越小。与 pH 值同样的变化规律，在前 20 d 土壤容重降幅最大，对于 T1、T2、T3 处理来说，前 20 d 的土壤容重降幅分别占该处理总降幅的 80. 85%、70. 69%、68. 33%。

表 6-11 土壤改良剂对土壤容重的影响 单位：g/cm³

处理	T1	T2	T3	T4
第 1 d	2. 03a	2. 01a	2. 00a	1. 99a
第 2 d	2. 03a	1. 98a	1. 95a	1. 95a
第 5 d	2. 03a	1. 90a	1. 89a	1. 87a
第 10 d	2. 03a	1. 81b	1. 80b	1. 80b
第 15 d	2. 03a	1. 73b	1. 73b	1. 71b
第 20 d	2. 03a	1. 65 b	1. 62b	1. 62b
第 30 d	2. 03a	1. 60b	1. 54c	1. 53c
第 40 d	2. 03a	1. 58b	1. 49b	1. 47b
第 50 d	2. 03a	1. 56b	1. 45c	1. 43c

4. 土壤改良剂对土壤全盐量的影响

土壤全盐量是反映土壤盐碱化状况的指标。由表 6-12 可以看出，与对照处理相比，施用土壤改良剂后的土壤全盐量降低，在不同作用时间内，降幅在 4. 78%～30. 68%。说明该土壤改良剂能够置换土壤中的钠离子，使盐分离子向下淋溶，降低作物根区土壤盐害离子的含量，降低盐碱危害。

表 6-12 土壤改良剂对土壤全盐量的影响 单位：g/kg

处理	T1	T2	T3	T4
第 1 d	2. 51a	2. 39b	2. 35b	2. 31b
第 2 d	2. 49a	2. 30b	2. 27b	2. 21b
第 5 d	2. 50a	2. 24b	2. 18c	2. 14c
第 10 d	2. 50a	2. 20b	2. 07c	2. 02c
第 15 d	2. 51a	2. 12b	1. 99c	1. 94c
第 20 d	2. 49a	2. 01b	1. 98b	1. 89b
第 30 d	2. 51a	1. 95b	1. 92b	1. 88b
第 40 d	2. 51a	1. 91b	1. 85b	1. 79b
第 50 d	2. 51a	1. 88b	1. 78c	1. 74c

对不同处理在不同取样时间结果进行统计分析表明，施用 50 kg/亩、100 kg/亩、150 kg/亩土壤改良剂与对照处理相比，差异都达到了极显著水平，100 kg/亩与 150 kg/亩处理之间差异不显著。综合生产及使用成本考虑，采用土壤改良剂 100～150 kg/亩用量即可。

对于施用土壤改良剂的三个处理，由表 6-12 可以看出，随着施用时间的延长，土壤全盐量不断下降，土壤改良剂中的弱酸性成分逐渐作用于土壤，作用时间越长，土壤全盐量越低。其中在前 20 d 土壤全盐量降低幅度最大，对于 T1、T2、T3 处理来说，前 20 d 的全盐量降幅分别占该处理总降幅的 79. 37%、72. 60%、80. 52%。

四、小结

确定了专用土壤改良的配制方法。研制的土壤改良剂的主要成分为腐殖酸、氢基膨润土、有机酸、硫黄等与螯合态微量元素、聚合氨基酸和生根营剂相结合，配比为螯合态微量元素占 40%、聚合氨基酸占 59. 5%、生根剂占 0. 5%。原料的主要成分是石膏、硫黄和活化腐殖酸、菌渣等。

明确了土壤改良效的改良果及施用量。研制的盐碱土壤改良剂的施用对降低土壤 pH 值、增加土壤有机质含量、降低土壤容重、降低盐碱土壤中的盐分有很大的帮助作用，并随着时间的延长，作用越来越明显；随着亩用量的增加，作用越来越明显，考虑到经济效益和施用效果，以亩用量 100～150 kg 为宜。

第七章　盐碱农田—湿地交错带农业立体污染防控集成技术

湿地—农田交错带是湿地生态系统与农田生态系统的连接地带，是湿地生态系统的重要组成部分，作为生态系统过渡地带不仅维系着湿地内部的生态安全，而且在经济发展中也起着重要作用。但生态系统交错带又属于生态脆弱带，抗干扰能力差，是对气候变化和人类活动最敏感的区域。随着人类社会对盐碱地及湿地资源的不合理开发利用以及油田开发、港口、城镇化建设、农业围垦、污水排放等人类活动的干扰，导致黄河三角洲区域农田和湿地的氮、磷及重金属等污染问题日益加剧（李任伟 等，2001；唐娜 等，2006；孙志高 等，2011；宋颖 等，2018；张燕 等，2020），为此，我们以典型盐碱农田—湿地交错带为对象，研究土壤、水体氮磷及重金属的空间分布特征，研发农田氮磷及重金属污染的立体防控关键技术，并进行集成，以期为黄河三角洲生态环境污染防治及改善提供科学依据。

第一节　盐碱农田—湿地交错带土壤重金属分布特征

一、试验设置

（一）研究区概况

试验区位于黄河三角洲东营市利津县汀罗镇，属暖温带季风气候，四季温差明显，年平均气温 11.7～12.6 ℃；年平均降水量 530～630 mm，降水多集中在 7—9 月，占全年降水量的 65% 左右；年平均水面蒸发量 1 848.5 mm，为年平均降水量的 3.3 倍。年平均日照时数 2 702 h，日照百分率为 63%；年平均无霜期 213 d；年平均大风日数 96 d，多在 3—6 月发生，风向主要以东北风为主，西南、西北风次之。主要土壤类型为潮土。主要土地利用类型为农田、荒地、芦苇湿地等，农田以种植棉花为主。

（二）样品采集与测试

土壤样品采集与测试：2018 年 6 月，选取典型农田—湿地交错带区域，沿农田至湿地方向设置采样带，每 80 m 设置 1 条，共设置 4 条采样带，每条样带按照每 20 m 采集 1 个土壤样品，采集深度为 0～20 cm，采集 16 个样品，4 条采样带共采集 64 个样品。同时在农田、荒地、湿地区域内，按照 0～10 cm、10～20 cm、20～30 cm、30～40 cm、40～60 cm、60～80 cm 和 80～100 cm 用土壤采样器分层采集土壤，每个区域内采 3～5 个重复样品形成混合样品，共采集 84 个样品。土样采好后，立即带回实验室，将重复土样充分混合，风干，过筛，装袋待测。测试指标有重金属（Cd、Cr、Pb、Zn、As、Mn）、TN、TP、有机质、含盐量。其中重金属中 Cd 用等离子体质谱法（ICP - MS）测定，Cr、P_b、Zn 采用压片法 - X 射线荧光光谱（XRF）测定，As 采用氢化物—原子荧光光谱法（HG-FS）测定。TN 的测定采用凯氏法；TP 采用 $HClO_4$-H_2SO_4 浸提法；有机质采用重铬酸钾—外加热法；全盐采用。采集的样品立即放到自封袋中，带回实验室风干，磨碎过 100 目筛，装袋待测。

（三）数据处理

采用 SPSS 10. 0 和 Origin 7. 5 等软件对数据统计分析，运用统计学软件 GS+ for windows 5. 1 进行半方差计算和半方差图的绘制，运用 Surfer 7. 0 软件进行克立格内插局部估计。

二、盐碱农田—湿地交错带土壤理化性质的分布特征

在黄河三角洲选择典型盐碱农田—湿地交错带区域，农田种植全部为棉花，荒地为开垦农田后由于缺少水浇条件造成二次盐碱化的撂荒地，主要植被类型为杂草，湿地区域的主要植被为芦苇。盐碱农田—湿地交错区土壤基本理化性质见表 7-1。由表 7-1 可知，在盐碱农田—湿地交错带区域，不同土地利用类型改变了土壤的理化性质。对于土壤有机质含量，在农田土壤中，土壤有机质含量为 17. 80～20. 90 g/kg，平均值为 19. 37 g/kg，变异系数为 4. 46%；荒地土壤中，土壤有机质含量的范围为 17. 60～19. 60 g/kg，平均值为 18. 66 g/kg，变异系数为 3. 90%；湿地土壤中，土壤有机质含量的范围为 16. 40～19. 60 g/kg，平均值为 18. 36 g/kg，变异系数为 4. 64%。

对比分析可知，盐碱农田—湿地交错带区域，土壤有机质含量表现为农田＞荒地＞湿地，也就说，湿地开垦为农田后，由于人为输入有机肥、秸秆

还田等活动，提高了土壤的有机质含量。对于土壤全盐含量，在农田土壤中，全盐含量的范围为 1. 10～23. 30 g/kg，平均值为 6. 33 g/kg，变异系数为 78. 07%；在荒地土壤中，全盐含量的范围为 2. 10～10. 55 g/kg，平均值为 6. 58 g/kg，变异系数为 57. 94%；湿地土壤中，土壤全盐含量的范围为 1. 50～19. 60 g/kg，平均值为 3. 17 g/kg，变异系数为 56. 55%。

对比分析可知，盐碱农田—湿地交错带区域，土壤全盐含量表现为荒地>农田>湿地，且变异性较大，均超过了 53%。在当地，降低土壤含盐量的主要方式是使用淡水灌溉压盐，由于缺少水浇条件，湿地开垦为农田后，引起返盐现象，造成土壤含盐量进一步升高，导致大量撂荒地出现，可见对于盐碱地不合理的开发和利用，可能会导致二次盐碱化的出现。对于土壤 TN 含量，在农田土壤中，土壤 TN 含量的范围为 80. 10～960. 36 mg/kg，平均值为 384. 87 mg/kg，变异系数为 53. 76%；在荒地土壤中，土壤 TN 含量的范围为 100. 86～680. 95 mg/kg，平均值为 235. 71 g/kg，变异系数为 85. 65%；湿地土壤中，土壤 TN 含量的范围为 80. 73～880. 26 mg/kg，平均值为 277. 78 mg/kg，变异系数为 66. 65%。

对比分析可知，农田—湿地交错带区域，土壤 TN 含量表现为农田>湿地>荒地，农田土壤中，由于人为输入化肥、有机肥等物质，导致土壤中 TN 含量较高，对周边荒地、湿地存在潜在的氮污染。对于土壤 TP 含量，在农田土壤中，土壤 TP 含量的范围为 200. 19～700. 21 mg/kg，平均值为 491. 54 mg/kg，变异系数为 15. 32%；在荒地土壤中，土壤 TP 含量的范围为 520. 56～640. 69 mg/kg，平均值为 577. 14 mg/kg，变异系数为 7. 92%；湿地土壤中，土壤 TP 含量的范围为 480. 35～580. 47 g/kg，平均值为 530. 29 g/kg，变异系数为 5. 53%。

对比分析可知，农田—湿地交错带区域，土壤 TP 含量表现为荒地>湿地>农田，盐碱湿地开垦为农田后，土壤 TP 含量降低，可能与当地农业种植习惯有关，调查表明当地农田施肥以氮肥为主，基本不施用磷肥。

表 7-1 盐碱农田—湿地交错带不同利用类型土壤理化性质的分布（0～20 cm）

类型	指标	最小值（mg/kg）	最大值（mg/kg）	平均值（mg/kg）	标准差	变异系数（%）
农田	有机质	17. 80	20. 90	19. 37	0. 86	4. 46
	全盐	1. 10	23. 30	6. 33	4. 94	78. 07
	全氮	80. 10	960. 36	384. 87	206. 90	53. 76
	全磷	200. 19	700. 21	491. 54	75. 31	15. 32

（续表）

类型	指标	最小值（mg/kg）	最大值（mg/kg）	平均值（mg/kg）	标准差	变异系数（%）
荒地	有机质	17.60	19.60	18.66	0.73	3.90
	全盐	2.10	10.50	6.58	3.81	57.94
	全氮	100.86	680.95	235.71	201.90	85.65
	全磷	520.56	640.69	577.14	45.72	7.92
湿地	有机质	16.4	19.60	18.36	0.85	4.64
	全盐	1.50	6.30	3.17	1.79	56.55
	全氮	80.73	880.26	277.78	185.14	66.65
	全磷	480.35	580.47	530.29	29.31	5.53

三、盐碱农田—湿地交错带土壤重金属含量的总体特征

黄河三角洲盐碱农田—湿地交错带土壤重金属元素含量的分布见表7-2。由表7-2可知，在盐碱农田—湿地交错带区域，土壤中不同重金属元素的含量均不同。研究区土壤重金属元素Zn、Mn、Cr、As、Pb、Cd含量的平均值依次为46.12 mg/kg、447.83 mg/kg、34.42 mg/kg、9.89 mg/kg、18.71 mg/kg和0.18 mg/kg，表现为Mn＞Zn＞Cr＞Pb＞As＞Cd。和山东省土壤环境背景值相比，盐碱农田—湿地交错带土壤重金属Zn、Mn、Cr、和Pb元素含量的平均值均低于区域土壤环境背景值，但As和Cd元素含量的平均值高于区域土壤环境背景值，分别为区域土壤环境背景值的1.1倍和2.1倍，说明在研究区域，土壤重金属元素As、Cd含量出现了不同程度的富集情况。研究区土壤重金属元素Zn、Mn、Cr、As、Pb、Cd含量的变化范围依次为34.46～76.12 mg/kg、344.29～785.70 mg/kg、22.41～62.95 mg/kg、7.17～17.95 mg/kg、14.55～34.16 mg/kg和0.13～0.31 mg/kg，除重金属元素Cr外，其他重金属元素的最大值均超过了山东省土壤环境背景值，说明黄河三角洲盐碱农田—湿地交错带土壤受到了人类活动的影响，导致出现重金属富集情况。

变异系数（CV）是数据集合中标准差与算数平均值的比值，是反映数据分布状况的重要指标之一，在数学统计中十分重要，主要反映的是数据的离散程度。按照变异系数的大小可将数据空间变异程度进行粗略分级（郭旭东 等，2000；薛亚锋 等，2005）。当变异系数CV＜10%，表示数据为弱

变异性，10%＜CV＜100%，表示数据为中等变异性，CV＞100%，表示数据为强变异性。由表 7-2 可知，在盐碱农田—湿地交错带土壤中，6 种土壤重金属的含量变异系数大小为 Cr（20.02%）＞Pb（18.89%）＞Zn（17.91）＞As（17.80%）＞Mn（16.73%）＞Cd（16.60%），变异系数均在 10%～100%，为中等变异性，说明农田土壤重金属收到了不同程度的人为活动的影响。同时运用 SPSS13.0 软件，利用 K-S 检验对六种重金属元素进行正态分布检验。检验时，取显著性水平 $a=0.05$，若 $P_{k-s}>0.05$，则认为数据服从正态分布，反之则为非正态分布。结果见表 7-2，由表 7-2 可知，仅 Zn 元素含量数据符合正态分布（$P_{k-s}=0.463$），Pb 元素呈现近似正态分布（$P_{k-s}=0.051$），其他重金属元素 Mn、Cr、As 和 Cd 含量均不符合正态分布（$P_{k-s}<0.05$），这也从侧面证明研究区土壤重金属含量明显收到了人为活动影响，使得部分样点土壤重金属含量偏高，导致重金属含量分布与天然状态下近似正态分布出现了明显的偏差。

表 7-2 盐碱农田—湿地交错带土壤重金属含量统计（0～20 cm）

单位：mg/kg

项 目	Zn	Mn	Cr	As	Pb	Cd
最小值	34.46	344.29	22.41	7.17	14.55	0.13
最大值	76.12	785.70	62.95	17.95	34.16	0.31
平均值	46.12	447.83	34.42	9.89	18.71	0.18
标准差	8.26	74.89	6.89	1.76	3.53	0.03
变异系数（%）	17.91	16.73	20.02	17.80	18.89	16.60
山东省土壤环境背景值	50.0	550.0	66.0	9.30	25.80	0.084
国家土壤环境二级标准值	300	—	250	25	350	0.60
P_{k-s}	0.464	0.002	0.043	0.020	0.051	0.006

四、土壤重金属和理化性质间的相关性分析

盐碱农田—湿地交错带土壤重金属含量与理化性质之间的相关性分析见表 7-3。由表 7-3 可知，土壤有机质、TP 含量与重金属间存在一定的相关性，但均未达到显著水平；土壤全盐含量与重金属间呈正相关性，且与 Mn、Cr、As、Pb 达到了显著正相关水平（$P<0.05$），其中与 Cr、Pb 达到了极显著水平（$P<0.01$），说明土壤全盐含量对重金属元素 Cr、Pb 含量影响显著；土壤 TN 含量与重金属 Mn、Cr 达到了显著正相关水平（$P<0.05$），与 Pb 达到了极显著水平（$P<0.01$），说明土壤 TN 含量对重金属元素 Mn、Cr

和 Pb 含量影响显著。盐碱农田—湿地交错带土壤重金属含量间均呈极显著正相关（$P<0.01$），土壤重金属之间极显著的正相关性说明它们可能具有相同的来源和相似的地球化学行为。

表 7-3　土壤重金属和理化性质间的相关性

变量	有机质	全盐	TN	TP	Zn	Mn	CR	As	PB	Cd
有机质	1									
全盐	0.197	1								
TN	0.176	0.075	1							
TP	-0.008	-0.235	-0.029	1						
Zn	-0.066	0.202	0.194	0.067	1					
Mn	0.143	0.278*	0.304*	-0.176	0.791**	1				
CR	0.108	0.323**	0.300*	0.034	0.877**	0.907**	1			
As	0.174	0.258*	-0.043	-0.062	0.468**	0.574**	0.590**	1		
PB	0.215	0.473**	0.332**	-0.126	0.453**	0.625**	0.594**	0.520**	1	
Cd	0.114	0.175	0.205	-0.089	0.707**	0.868**	0.770**	0.509**	0.570**	1

注：* 代表在 P=0.01 水平上显著；** 代表在 P=0.05 水平上显著。

五、土壤重金属元素的空间分布特征

1. 地统计学基本理论

经典统计分析法是把将土壤特性参数在空间上的变化看作是随机的、互相独立的变化。但实际上在一定范围内，各点的参数值存在一定的空间相关关系（空间结构性），不能视为完全独立，亦即样点的间距超过一定距离时，各点的空间变化才可以认为是互相独立的（雷志栋和杨诗秀，1985）。地统计学是探讨自然环境要素空间分布特征及其变异规律的最为有效的方法之一，它以区域化变量理论和变异函数为基础，适合研究那些在空间分布上既有随机性又有结构性或空间相关性和依赖性的自然现象（徐建华，2002）。土壤是时空连续的变异体，土壤的特性参数、土壤水分运动的某些参数以及土壤中的有关状态变量的数值等均具有高度的空间异质性。近年来，地统计学方法已被广泛地应用于土壤空间变异性研究中（Webster，1985；Goovaerts，1999；孙波 等，2002；朱益玲 等，2004；王辛芝 等，2006；王小艳，2015）。在地统计学中，变量的空间变异性可以通过半方差函数来刻画，其空间分布图可以通过 Kriging 插值法得到。

假设区域化变量满足二阶平稳和本征假设（华孟 等，1993；徐建华，2002）且样本空间足够大时，其理论变异函数 r（h）的计算式为：

$$\gamma(h)=\frac{1}{2N(h)}\sum_{i=1}^{N(h)}[Z(x_i)-Z(x_i+h)]^2$$

式中，h 为两样点的空间距离；$r(h)$ 为所有空间相距 h 的点对的平方均差；$N(h)$ 为在空间上具有相同间隔距离 h 的点对数目；$Z(x_i)$ 与 $Z(x_i+h)$ 分别为区域化变量 $Z(x)$ 在空间位置 x_i 和 x_i+h 处的实测值 [$i=1, 2, \cdots, N(h)$]。$r(h)$ 反映了不同距离间的方差变化，可用于揭示区域化变量在整个尺度上的空间变异格局。$r(h)$ 通常块金值（C_0）、基台值（C_0+C）、变程（a）等参数（徐建华，2002）。当间隔距离 $h=0$ 时，$r(h)=C_0$，它表示区域化变量在小于抽样尺度时的非连续变异，可由区域化变量的属性或测量误差来决定。基台值是当变异函数 $r(h)$ 随着间隔距离 h 的增大，从非零值达到的相对稳定的常数。基台值是系统属性中的最大变异，而变异函数 $r(h)$ 达到基台值时的间隔距离 a 即为变程，它表示当 $h \geqslant a$ 时，区域化变量的空间相关性消失。

实际研究中，理论变异函数模型 $r(h)$ 是未知的，往往要从有限的空间取样数据中去估计。对不同的 h 值可计算出一系列的 $r*(h)$ 值，而对这一系列的 $r*(h)$ 值又可用理论变异函数模型去拟合。常见的理论模型有：

（1）线性模型（Linear） $$r(h)=\begin{cases}C_0 & h=0\\ Ah & h>0\end{cases}$$

（2）球状模型（Spherical） $$r(h)=\begin{cases}0 & h=0\\ C_0+C(\frac{3h}{2a}-\frac{h^3}{2a^3}) & 0<h\leqslant a\\ C_0+C & h>a\end{cases}$$

（3）指数模型（Exponential） $$r(h)=\begin{cases}0 & h=0\\ C_0+C(1-e^{-\frac{h}{a'}}) & h>0\end{cases}(a'=3a)$$

（4）高斯模型（Gaussian） $$r(h)=\begin{cases}0 & h=0\\ C_0+C(1-e^{-\frac{h^2}{a'^2}}) & h>0\end{cases}(a'\approx\sqrt{3}a)$$

由于实际研究中只能测定一定量离散点位的土壤养分值，而对没有采样点位的土壤元素含量值就必须进行空间优化估算。克立格法（Kriging）是利用区域化变量的原始数据和变异函数的结构特点，对未采样点的区域化变量的取值进行线性无偏、最优估计的一种有效方法，与一般的估计方法相比，其优点在于充分利用了空间取样所提供的各种信息。

2. 盐碱农田—湿地交错带土壤重金属含量的空间变异结构分析

半方差函数可同时描述区域化变量的随机性和结构性，是分析区域化变量空间结构的主要工具之一（Webster，1985；王政权，1999）。由于半方差函数是两点之间距离和方向的函数，因此它可以反映区域化变量的空间自相关性（王政权，1999）。进行统计分析前需要检验样本数据是否服从正态分布，以消除比例效应产生的影响。本研究利用 SPSS 13.0 统计软件中的 K-S 法对数据进行正态分布检验，结果显示 Zn 和 Pb 2 种元素均近似服从正态分布，Mn、Cr、As 和 Cd 4 种元素不符合正态分布，需要对数据进行转换，通过对数转换后全部服从正态分布。

利用 GS+软件对土壤重金属元素含量进行半方差分析，对数据模拟不同类型的半方差模型，并根据半方差模型的相关参数（决定系数和残差值的大小）选择最优的半方差模型，进而绘制半方差图。表 7-4 为各个土壤重金属元素含量拟合后的最优模型以及对应模型的主要相关参数。图 7-1 至图 7-6 为 6 种重金属元素的半方差图。

块金值（*Co*）是变异函数在原点处的数值，反映了区域化变量 Z（x）内部随机性的可能程度。主要是由两方面引起的，一是来自区域化变量 Z（x）在小于抽样尺度 h 时所具有的内部变异；二是来自抽样分析的误差。块金值大表明较小尺度上的某种过程不可忽视。基台值（*Co+C*）表征区域化变量在研究尺度范围内空间变异的总强度。为了直观比较两者的作用权重，我们通常以块金系数（*Co/Co+C*）作为研究指标表示系统变量空间相关性的程度。块金系数小于 25%，表明土壤重金属含量具有较强的空间自相关性，空间异构随机因素作用效果不显著，结构性因素作用占比大，主要和土样类型、植被类型、种植制度、土壤养护等因素相关；块金系数在 25%～75%，表明土样重金属元素含量具有中等强度的空间自相关性，数据的空间异构由随机因素和结构因素共同起作用；块金系数大于 75%时表明土壤重金属元素含量的空间自相关性较弱，空间异构性主要受随机因素的影响，结构性因素作用效果较小。

变程（A_0）指区域化变量在空间上最大相关距离。在此表示盐碱农田—湿地交错带土壤重金属元素空间自相关性的最大范围，以距离表示。在变程以外，土壤重金属含量在空间分布上相互独立，在变程以内土壤重金属含量具有空间自相关性，且样点之间距离越小，其相似性越高。R^2 代表决定系数，RSS 表示残差。R^2 越接近 1.0，RSS 越小表示拟合的模型效果越好。由表 7-4 可知，重金属元素 Zn、Pb、Cd 的拟合精度较高（R^2>0.6），Mn 和 Cr 的拟合精度次之（R^2>0.4），As 的拟合精度不高（R^2=0.13），这说明农田—湿地交错带土壤 As 含量的空间结构存在一定的特殊性。

表 7-4 盐碱农田—湿地交错带土壤重金属半方差函数模型参数

项目	模型	Co	Co+C	Ao	Co/Co+C	R^2	RSS
Zn	球状模型	0. 002 07	0. 028 64	40. 2	7. 2	0. 791	1. 653E-05
Mn	球状模型	0. 001 64	0. 021 68	36. 3	7. 6	0. 412	3. 412 E-05
Cr	球状模型	0. 002 64	0. 032 48	38. 4	8. 1	0. 424	9. 126 E-05
As	线性模型	0. 019 04	0. 021 38	259. 25	89. 1	0. 130	4. 805E-05
Pb	指数模型	0. 003 44	0. 025 88	27. 3	13. 3	0. 809	2. 559 E-05
Cd	球状模型	0. 000 46	0. 000 676	39. 8	68. 0	0. 678	1. 602 E-05

图 7-1 为土壤重金属 Zn 的拟合半方差函数，其半方差函数符合球状模型，变程为 40. 2 m。块金系数为 7. 2%，说明研究区内土重金属 Zn 含量的空间分布具有较强的空间相关性，其空间分布主要受到成土母质、土壤类型等自然因素的影响。

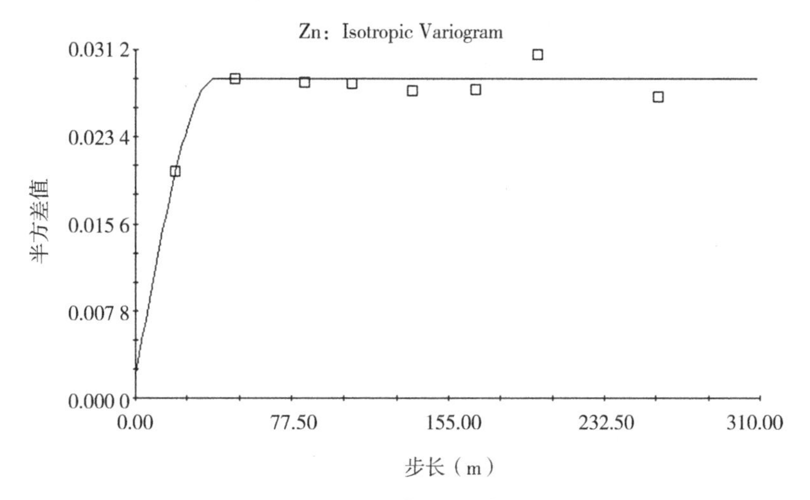

图 7-1 重金属元素 Zn 的半方差函数

图 7-2 为土壤重金属 Mn 的拟合半方差函数，其半方差函数也符合球状模型，变程为 36. 3 m。块金系数为 7. 6%，说明研究区内土重金属 Mn 含量

的空间分布也具有较强的空间相关性，其空间分布主要受到成土母质、土壤类型等自然因素的影响。

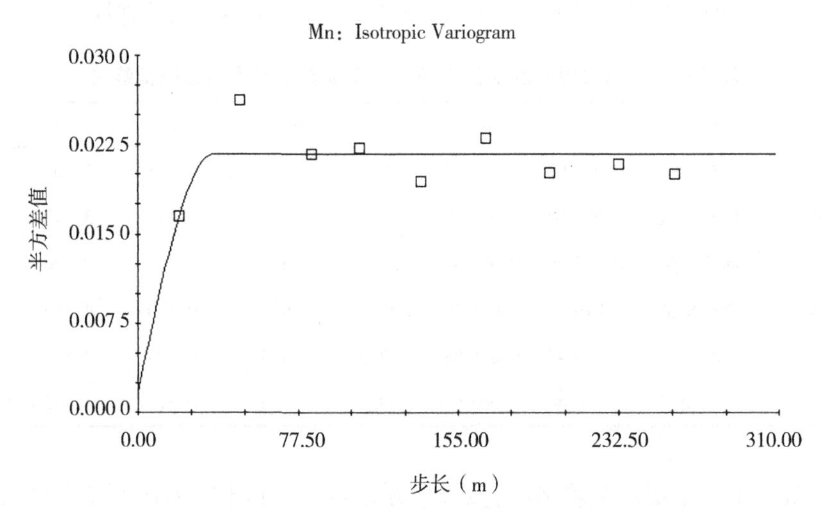

图 7-2　重金属元素 Mn 的半方差函数

图 7-3 为土壤重金属 Cr 的拟合半方差函数，和 Zn、Mn 相一致，其半方差函数也符合球状模型，变程为 38.4 m。块金系数为 8.1%，说明研究区内土重金属 Cr 含量的空间分布也具有较强的空间相关性，其空间分布主要受到成土母质、土壤类型等自然因素的影响。

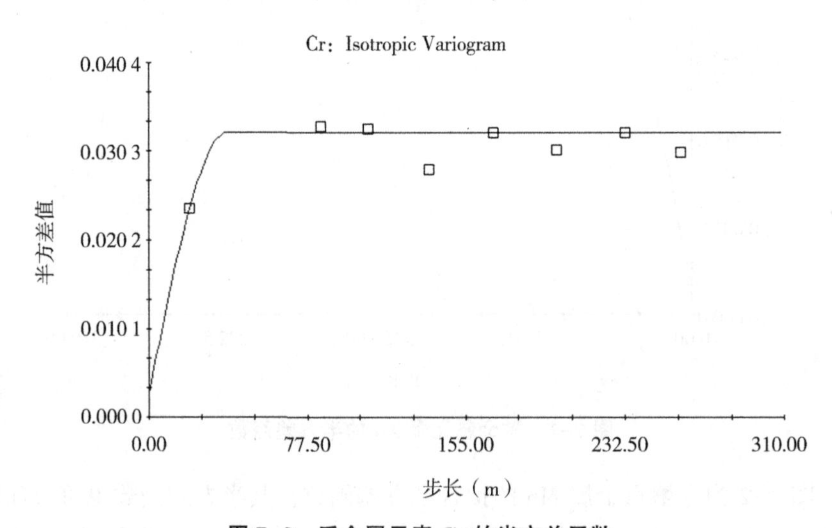

图 7-3　重金属元素 Cr 的半方差函数

图 7-4 为土壤重金属 As 的拟合半方差函数，其半方差函数符合线性模型，变程为 259. 25 m。块金系数为 89. 1%，大于 75%，说明研究区内土重金属 As 含量的空间自相关性较弱，自然结构因素如气候、母质、水分、地形和土壤类型等对其的影响则相对较小。随机因素如微地貌特征、各土层微域水分条件及其人类活动等对其的影响较大。

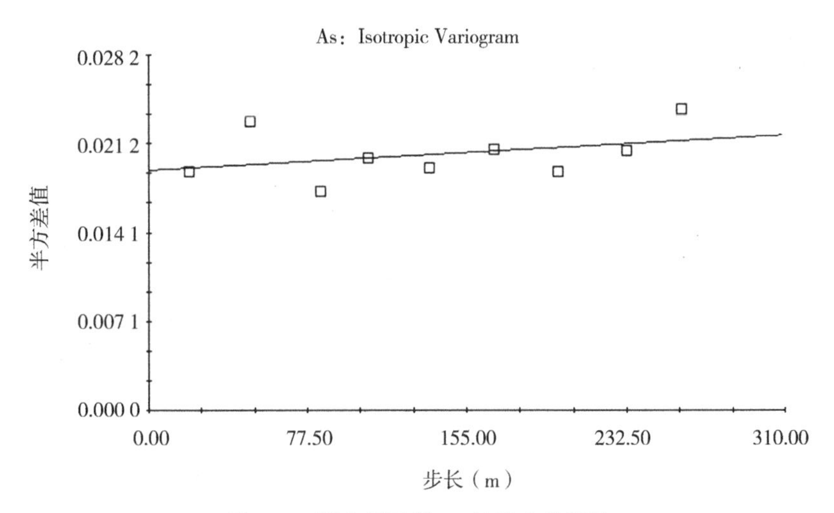

图 7-4 重金属元素 As 的半方差函数

图 7-5 为土壤重金属 Pb 的拟合半方差函数，其半方差函数符合指数模型，变程为 27. 3 m。块金系数为 13. 3%，说明研究区内土重金属 Pb 含量的空间分布也具有较强的空间相关性，其空间分布主要受到成土母质、土壤类型等自然因素的影响。

图 7-6 为土壤重金属 Cd 的拟合半方差函数，其半方差函数符合球状模型，变程为 39. 8 m。块金系数为 68%，介于 25%和 75%，说明研究区内土重金属 Cd 含量的空间分布具有中等强度的空间相关性，其空间分布由自然因素和人为因素的共同控制。

3. 盐碱农田—湿地交错带土壤重金属元素的空间分布

利用 GS+软件中的克里格方法插值得到研究区土壤重金属含量空间分布图，见图 7-7 至图 7-12。图 7-7 为研究区土壤重金属 Zn 含量空间分布图。由图 7-7 可知，和国家土壤环境二级标准值相比（300 mg/kg，pH 值＞7. 5），研究区内土壤重金属 Zn 含量整体处于较为安全的水平。高值区主要集中在研究区的西南，为撂荒地，其次高值区位于中南部，为农田区，已种

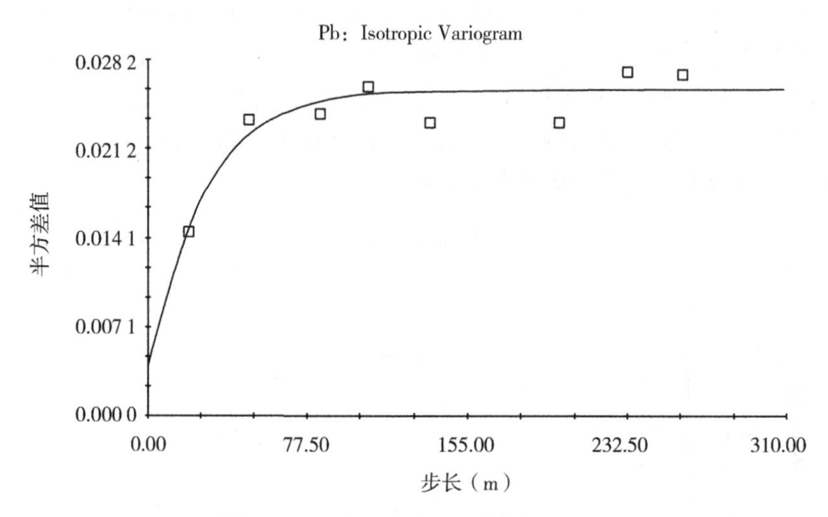

图 7-5　重金属元素 Pb 的半方差函数

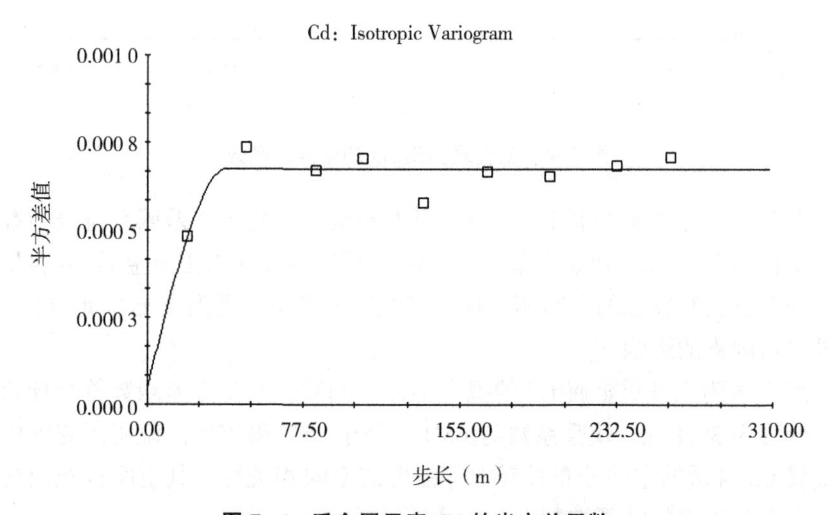

图 7-6　重金属元素 Cd 的半方差函数

植 11 年，自南向北，土壤重金属 Zn 含量呈降低趋势；低值区位于东部新开垦的农田内。图 7-8 为研究区土壤重金属 Mn 含量空间分布图。由图 7-8 可知，研究区内土壤重金属 Mn 含量的高值区主要集中研究区的西北位置，该区主要为撂荒地，低值区主要位于东南方向，该区主要为新开垦的农田，较低的 Mn 含量可能与灌溉、施肥有关。图 7-9 为研究区土壤重金属 Cr 含量的空间分布图。由图 7-9 可知，和国家土壤环境二级标准值相比

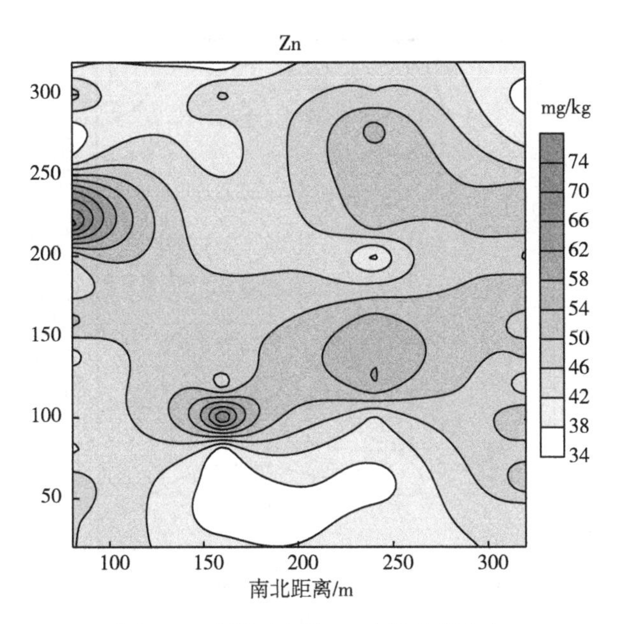

图 7-7　土壤重金属 Zn 含量空间分布

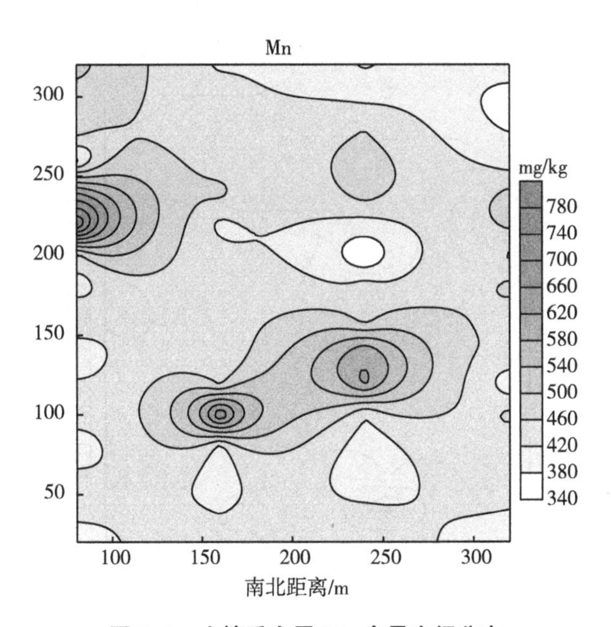

图 7-8　土壤重金属 Mn 含量空间分布

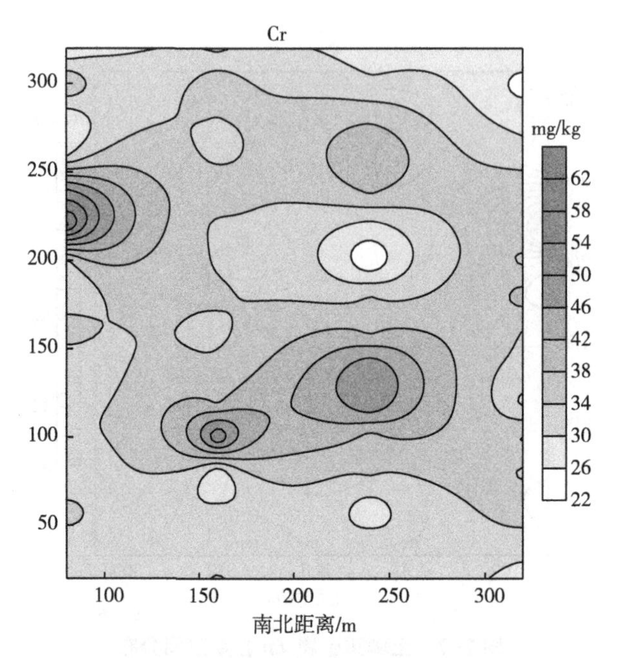

图 7-9　土壤重金属 Cr 含量空间分布

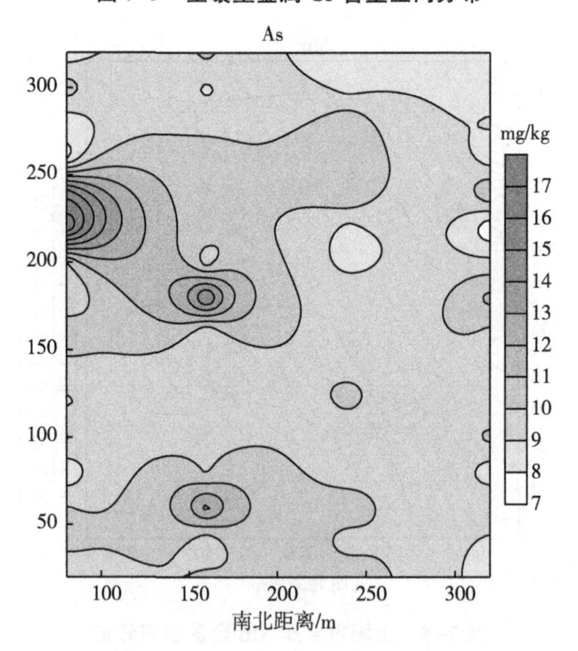

图 7-10　土壤重金属 As 含量空间分布

（250 mg/kg，pH 值＞7.5），研究区内土壤重金属 Cr 含量均低于标准值，既研究区整体处于较为安全的水平。高值区主要集中在研究区西北部的撂荒地内，其次位于开垦 11 年的农田区内，最低值位于东部的新开垦农田内。图 7-10 为研究区土壤重金属 As 含量的空间分布图。由图 7-10 可知，和国家土壤环境二级标准值相比（25 mg/kg，pH 值＞7.5），研究区内土壤重金属 As 含量均低于该标准值，既研究区整体处于较为安全的水平。高值区主要集中在研究区西北部的撂荒地内，其次位于新开垦的农田区内。图 7-11 为研究区土壤重金属 Pb 含量的空间分布图。由图 7-11 可知，和国家土壤环境二级标准值相比（350 mg/kg，pH 值＞7.5），研究区内土壤重金属 Pb 含量均低于标准值，既研究区整体处于较为安全的水平。高值区主要集中在研究区西北部的撂荒地内，其次位于开垦 11 年的农田区内，最低值位于东北部新开垦农田内。图 7-12 为研究区土壤重金属 Cd 含量的空间分布图。由图 7-12 可知，和国家土壤环境二级标准值相比（0.60 mg/kg，pH 值＞7.5），研究区内土壤重金属 Cd 含量均低于标准值，既研究区整体处于较为安全的水平。高值区主要集中在研究区西北部的撂荒地内，其次位于开

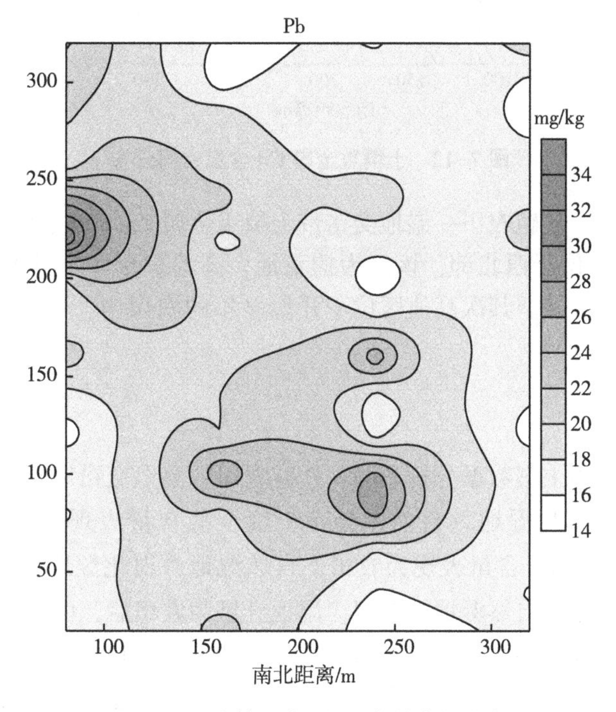

图 7-11 土壤重金属 Pb 含量空间分布

垦 11 年的农田区内，最低值位于北部。

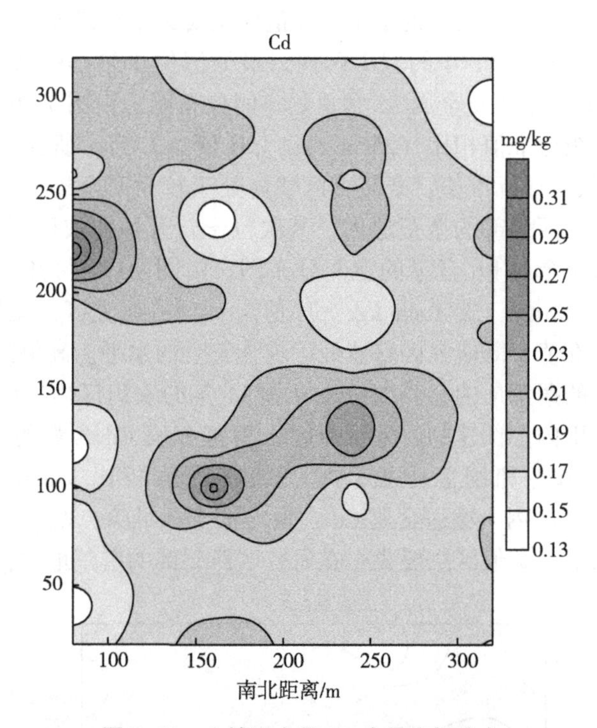

图 7-12　土壤重金属 Cd 含量空间分布

综合来看，盐碱农田—湿地交错带土壤重金属 Zn、Mn、Cr、As、Pb 和 Cd 的高值区均位于西北部，该区为撂荒地，高的重金属含量可能与农业活动、油田开采有关。其次高值区位于开垦多年的农田内，可能与灌溉水质、化肥农药施用有关。

六、小结

基于监测的土壤数据分析表明：盐碱农田—湿地交错带土壤有机质含量表现为农田＞退化湿地＞自然湿地，土壤全盐含量表现为退化湿地＞农田＞湿地，土壤 TN 含量表现为农田＞自然湿地＞退化湿地，土壤 TP 含量表现为退化湿地＞自然湿地＞农田。湿地开垦为农田后，由于人为输入有机肥、秸秆还田等活动，提高了土壤的有机质含量，但由于人为过量输入化肥、有机肥等物质，导致土壤中 TN 含量较高，对周边湿地存在潜在的氮污染。土壤重金属元素 Zn、Mn、Cr、As、Pb、Cd 含量表现为 Mn＞Zn＞

Cr＞Pb＞As＞Cd。和山东省土壤环境背景值相比，湿地土壤重金属 Zn、Mn、Cr、和 Pb 元素含量的平均值均低于区域土壤环境背景值，但 As 和 Cd 元素含量的平均值高于区域土壤环境背景值，重金属元素 As、Cd 含量出现了不同程度的富集情况，可能与人类活动干扰有关。

第二节 盐碱农田—湿地交错带土壤重金属安全性评价

一、评价方法

（一）土壤重金属污染评价方法

土壤重金属污染是一个定性化的概念，不能直接进行比较分析，为了在进行土壤重金属污染评价时能客观进行分析，在分析研究时有必要对其进行定量化的统计，定量化评价不仅可以使污染情况数值化、直观化，还可以为湿地开发与利用、生态修复与保育提供参考依据。借鉴前人的研究结果（赵杰 等，2018），本研究采用单因子指数法、内梅罗综合污染指数法和地质累积指数法对黄河三角洲盐碱农田—湿地交错带土壤重金属污染进行评价。

1. 单因子污染指数法

单因子污染指数法是土壤重金属污染评价中最简单的一种评价方法，适用范围广泛，不论是在土壤、水或是大气甚至河流沉积物中都得到了广泛的利用，是一种求比值的方法，单因子污染指数是对土壤中的某一重金属元素的累积污染程度进行评价，其数值等于土壤中的污染因子的实测浓度除以相应的评价标准，本研究采用山东省土壤环境背景值作为评价标准（庞绪贵 等，2014；2019），其计算公式为：

$$\mathrm{P_i}=C_i/S_i \quad (\mathrm{i}=1,\ 2,\ 3,\ \ldots,\ \mathrm{n})$$

式中，$\mathrm{P_i}$为 i 种重金属单因子污染指数；C_i为 i 种重金属污染物的实测值（mg/kg）；S_i为第 i 种重金属污染物的标准值（mg/kg）；n 为参与评价的重金属的种类总数。

2. 内梅罗综合污染指数法

为了能够对土壤的重金属污染有一个综合全面的评价，需要在单项污染评价的基础上把多种污染因子综合到一起，对土壤的污染情况进行综合性的总结，由此产生了多种综合污染评价的方法。目前，在国内使用最多的为内梅罗综合污染指数法，该方法突出了高浓度污染物对环境质量的影响，同时兼顾单因子污染指数的平均值，其计算公式为：

$$P_N = \{[P_{i平均}]^2 + [\max(P_i)]^2/2\}^{1/2}$$

式中，P_N为内梅罗综合污染指数；$P_{i平均}$为农田土壤中各重金属污染指数的平均值（mg/kg）；max（P_i）为农田土壤重金属污染指数最大值（mg/kg）。

3. 地质累积指数法

地质累积指数法由德国海德堡大学沉积物研究所的科学家 Muller 于 1969 年提出，用于定量评价沉积物中的重金属污染程度（Muller，1969），近年来被国内外学者（李娟娟 等，2006；Loska et al.，2004；胡艳霞 等，2013；赵杰 等，2018）广泛应用于土壤重金属污染评价中，该方法除考虑人为污染因素、环境地球化学背景值外，还考虑到由于自然成岩作用可能会引起背景值变动的因素（郭笑笑 等，2011），其计算公式为：

$$I_{geo} = \log_2 [C_i/K \cdot Bi]$$

式中，I_{geo}为地质累积指数；C_i为重金属元素 i 在土壤中的含量（mg/kg）；Bi 为土壤中该元素的地球化学背景值（mg/kg）；K 为成岩作用引起的背景值修正系数，一般 K 取 1.5。

（二）土壤重金属潜在生态风险评价

本研究采用潜在生态危害指数法对农田—湿地交错带土壤重金属潜在生态风险进行评价。潜在生态危害指数法是由瑞典学者 Hakanson（1980）建立的一套评价重金属污染及其生态危害的方法，该方法不仅考虑到土壤重金属含量，而且将重金属的生态效应、环境效应与毒理学联系在一起，能综合反映重金属对生态环境的影响潜力。根据重金属元素的含量值计算单个元素的单项污染指数，然后引入重金属毒性响应系数，得到潜在危害单项系数，然后通过加权处理得到研究区土壤重金属含量的潜在生态危害指数，适用于各类土壤重金属污染的评价。其计算公式为：

单种重金属的潜在生态危害指数：$E_i = T_r^i \times (C_i / C_{0i})$

式中，E_i为重金属元素 i 的潜在生态危害指数；T_r^i为重金属元素 i 的毒性系数，采用 Hakanson 制定的标准化重金属毒性响应系数，并参考前人研究结果（徐争启 等，2008），Zn、Mn、Cr、As、Pb 和 Cd 的重金属毒性响应系数分别为 1、1、2、10、5 和 30；C_i为重金属元素 i 在土壤中的含量

（mg/kg）；C_{0i}为重金属元素 i 的土壤背景参考值或土壤环境质量标准的评价参考值（mg/kg）。

多种重金属元素的综合潜在生态危害指数：$RI = \sum E_i$

式中 RI 为多种重金属元素的综合潜在生态危害指数；E_i为重金属元素 i 的潜在生态危害指数。

（三）评价结果分级标准

按照上述方法得到 6 种无量纲化的环境质量指数，其中单因子污染指数 Pi 依据《全国土壤污染状况评价技术规定》划分为 5 个级别；地质累积指数 Igeo 根据 Frstner 等（1993）的研究划分为 5 个级别；内梅罗综合污染指数 P_N按照土壤环境监测技术规范（HJ/T 166—2004）（国家环境保护总局，2004）划分为 5 个级别；单因子潜在生态危害指数 Ei 和综合潜在生态危害指数 RI 依据 1980 年 Hakanson 提出的潜在生态危害指数法的分类依据，分别划分为 5 个等级 4 个等级，具体等级划分标准详见表 7-5。

表 7-5 土壤重金属污染等级划分标准

单因子指数法		地质累积指数法			内梅罗综合指数法		潜在生态危害指数法		
Pi	污染程度	Igeo	级数	污染程度	P_N	污染程度	EI	RI	潜在生态风险程度
<1	无污染	<0	0	清洁	<0.7	清洁	<40	<150	轻微危害
1～2	轻微污染	0～1	1	轻度污染	0.7～1	警戒线	40～80	150～300	中等危害
2～3	轻度污染	1～2	2	中度污染	1～2	轻度污染	80～160	300～600	强危害
3～5	中度污染	2～3	3	重度污染	2～3	中度污染	160～320	>600	很强危害
>5	重度污染	>3	4	强度污染	>3	重度污染	>320		极强危害

二、盐碱农田—湿地交错带土壤重金属污染评价

以山东省土壤环境背景值作为评价标准，利用单因子指数法、内梅罗综合指数法（庞绪贵 等，2014，2019）分别对黄河三角洲盐碱农田—湿地交错带土壤重金属污染情况进行评价，得到各重金属元素的单因子污染指数、内梅罗综合污染指数和地质累积指数，具体见表 7-6 和表 7-7。由表 7-6 可知，农田—湿地交错带土壤重金属 Zn、Mn、Cr 和 Pb 的单因子污染指数平均值介于 0～1，属于无污染水平。重金属 As 的单因子污染指数平均值介于 1～2，属于轻微污染水平。重金属 Cd 的单因子污染指数平均值介于 2～3，

属于轻度污染水平。土壤中重金属Zn、Mn、Cr、As、Pb、Cd 6种元素的污染超标率为Cd >As>Zn>Pb=Mn>Cr其中Cd、As的超标率分别达到了100%和62.50%，说明土壤中Cd和As的污染程度较其他金属元素严重。内梅罗综合污染指数评价结果为1.48，介于1～2，达到了轻度污染水平，表明盐碱农田—湿地交错带区域土壤重金属污染具有累积效应。

表7-6　土壤重金属单因子污染指数评价结果

重金属元素	单因子污染评价指数								内梅罗综合污染指数	
	最大值	最小值	平均值	总体污染程度	无污染占比（%）	轻微污染占比（%）	轻度污染占比（%）	中度污染占比（%）	P_N	污染等级
Zn	1.52	0.69	0.92	无污染	73.44	26.56	0.00	0.00	1.48	轻度污染
Mn	1.43	0.63	0.81	无污染	92.19	7.81	0.00	0.00		
Cr	0.95	0.34	0.52	无污染	100.00	0.00	0.00	0.00		
As	1.93	0.77	1.06	轻微污染	37.50	62.50	0.00	0.00		
Pb	1.32	0.56	0.73	无污染	92.19	7.81	0.00	0.00		
Cd	3.71	1.53	2.20	轻度污染	0.00	21.88	75.00	3.12		

由表7-7可知，盐碱农田—湿地交错带土壤重金属Zn、Mn、Cr、As、Pb和Cd元素的地质累积指数范围分别为-1.12～0.02、-1.26～-0.07、-2.14～-0.65、-0.96～-0.36、-1.41～-0.18和-1.31～0.03，平均值依次为-0.72、-0.90、-1.55、-0.51、-1.07和0.53，其中Zn、Mn、Cr和Pb的地质累积系数的平均值均小于0，处于清洁水平，Cd的地质累积系数的平均值介于0～1，属于轻度污染水平，总体污染程度顺序为Cd>As>Zn>Mn>Pb>Cr，该结果也与单因子指数评价结果相一致。

表7-7　土壤重金属地质累积指数评价结果

项目	lgeo					
	Zn	Mn	Cr	As	Pb	Cd
最大值	0.02	−0.07	−0.65	0.36	−0.18	1.31
最小值	−1.12	−1.26	−2.14	−0.96	−1.41	0.03
平均值	−0.72	−0.90	−1.55	−0.51	−1.07	0.53
lgeo级数	0	0	0	0	0	1

（续表）

项目	lgeo					
	Zn	Mn	Cr	As	Pb	Cd
总体污染程度	清洁	清洁	清洁	清洁	清洁	轻度污染
清洁区域占比（%）	98.44	100	100	4.69	100	0
轻度污染占比（%）	1.56	0	0	95.31	0	96.87
中度污染占比（%）	0	0	0	0	0	3.13

三、盐碱农田—湿地交错带土壤重金属潜在生态风险评价

单种重金属潜在生态危害系数EI值如表7-8所示，由表7-8可知，盐碱农田—湿地交错带土壤重金属Zn、Mn、Cr、As、Pb和Cd元素单项潜在生态风险指数范围依次为0.69～1.52、0.63～1.43、0.68～1.91、7.71～19.30、2.82～6.62和45.85～111.36，平均值依次为0.92、0.81、1.04、10.64、3.63和65.91，其中Zn、Mn、Cr和Pb元素潜在生态风险指数的平均值均小于40，属于轻微危害，Cd的潜在生态风险指数介于40～80，属于中等危害，6种重金属的潜在生态风险水平顺序为Cd＞As＞Pb＞Cr＞Zn＞Mn，Cd的潜在生态风险最大。但从多种重金属的综合潜在生态风险来看，6种重金属综合潜在生态危害指数为82.95，介于80～160，存在强危害风险，这主要归因于Cd元素较高的潜在生态危害系数，这与姚新颖的研究结果相一致（姚新颖，2015）。Bai等（2012）和Wang等（2013）也认为黄河三角洲湿地土壤中中度到强度的Cd污染需要引起关注。可见，加强黄河三角洲盐碱农田—湿地交错带重金属尤其是Cd污染潜在风险防控、加强区域生态环境保护不容忽视。

表7-8 土壤重金属潜在生态风险指数评价结果

项目	EI						RI
	Zn	Mn	Cr	As	Pb	Cd	
最大值	1.52	1.43	1.91	19.30	6.62	111.36	142.14
最小值	0.69	0.63	0.68	7.71	2.82	45.85	58.37
平均值	0.92	0.81	1.04	10.64	3.63	65.91	82.95
风险等级	低	低	低	低	低	中	强危害

四、盐碱农田—湿地交错带土壤重金属污染来源解析

1. 盐碱农田—湿地交错带土壤重金属含量相关性分析

盐碱农田—湿地交错带土壤重金属含量与理化性质之间的相关性分析见表 7-9。由表 7-9 可知，盐碱农田—湿地交错带土壤重金属含量间均呈极显著正相关（$P<0.01$），土壤重金属之间极显著的正相关性说明它们可能具有相同的来源和相似的地球化学行为。农田—湿地交错带土壤有机质、TP 含量与重金属含量间存在一定的相关性，但均未达到显著水平，说明土壤有机质、TP 含量对重金属含量影响较小。土壤全盐含量与重金属间呈正相关性，且与 Mn、Cr、As、Pb 达到了显著正相关水平（$P<0.05$），其中与 Cr、Pb 达到了极显著水平（$P<0.01$），说明土壤全盐含量对重金属元素 Cr、Pb 含量影响显著，且可能与 Mn、Cr、As、Pb 具有相同的来源。土壤 TN 含量与重金属 Mn、Cr 达到了显著正相关水平（$P<0.05$），与 Pb 达到了极显著水平（$P<0.01$），说明土壤 TN 含量对重金属元素 Mn、Cr 和 Pb 含量影响显著，且可能具有相同的来源。

表 7-9　土壤重金属、理化性质相关性分析结果

指标	Zn	Mn	Cr	As	Pb	Cd
Zn	1					
Mn	0.791**	1				
Cr	0.877**	0.907**	1			
As	0.468**	0.574**	0.590**	1		
Pb	0.453**	0.625**	0.594**	0.520**	1	
Cd	0.707**	0.868**	0.770**	0.509**	0.570**	1
有机质	-0.066	0.143	0.108	0.174	0.215	0.114
全盐	0.202	0.278*	0.323**	0.258*	0.473**	0.175
TN	0.333**	0.389**	0.412**	-0.056	0.376**	0.256*
TP	0.067	-0.176	0.034	-0.062	-0.126	-0.089

注：* 代表在 $P=0.05$ 水平上显著；** 代表在 $P=0.01$ 水平上显著。

2. 盐碱农田—湿地土壤重金属含量的因子分析

因子分析是将多个变量简化为较少变量的降维方法，可用来判断土壤重金属的来源（Wangand Lu，2011；Bai et al.，2011；姚新颖，2015），因此本研究采用因子分析进一步判断黄河三角洲盐碱农田—湿地交错带土壤重金属的来源。由表 7-9 可知，本研究中重金属含量与全盐、全磷含量显著相

关，所以选择重金属、全氮、全盐含量进行因子分析。选择特征值大于 1 的 2 个因子，累计解释了总方差的 71.8%，具体分析结果见表 7-10。由表 7-10 可知，第 1 因子的贡献率为 57.7%，其中 Zn、Mn、Cr、As、Pb、Cd 和全氮含量具有较高的载荷值，由于 Cr 主要来自自然源，而氮主要来自化肥、农药和灌溉用水等农业活动，并且 Zn、Mn、Cr 和 Pb 含量低于山东省土壤环境背景值，As 和 Cd 高于环境背景值，说明 Zn、Mn、Cr 和 Pb 可能主要来自自然源，As 和 Cd 除来自自然源外，可能主要来自外部源，如湿地围垦、农业活动等。研究表明许多农药和化肥中含有 Cd、As、Zn、Pb 等重金属，在使用过程中极易导致土壤中重金属含量的增高（郑喜坤 等，2002）。许多河口地区由于受到农田围垦的影响，导致土壤中 As 和 Cd 的含量高于土壤正常背景值（王焕校，2000）。由以上可以看出第 1 因子主要反映了自然因素、人类活动的影响。第 2 因子的贡献率为 14.2%，其中 As、Pb 和全盐含量具有较高的载荷值，说明 As 和 Pb 可能来自另一个源，土壤盐分的变化主要与淡水水量有关，而黄河是黄河三角洲主要的淡水来源，研究表明小浪底调水调沙工程输入的淡水，对黄河三角洲滨海湿地土壤重金属含量，尤其是 Cd 含量的影响很大（Tang et al.，2010），由此可推断，As 和 Pb 的来源可能与此有关。

表 7-10 因子分析结果

项目	F1	F2
Zn	0.866	0.29
Mn	0.946	0.407
Cr	0.945	0.412
As	0.602	0.691
Pb	0.707	0.523
Cd	0.861	0.376
全盐	0.255	0.817
TN	0.541	-0.303
特征值	4.615	1.133
方差贡献率	57.683	14.161
累计方差贡献率	57.683	71.844

3. 盐碱农田—湿地土壤重金属来源分析

综合以上相关性分析、因子分析和聚类分析结果，将黄河三角洲盐碱农田—湿地交错带土壤中 6 种重金属来源可能有两个方面，其中 Zn、Mn、Cr 和 Pb 可能以自然来源为主，即土壤、岩石风化和成土过程等，As、Cd、Pb

可能以人为来源为主，既农业活动和工业生产等。

（1）农业活动的影响。已有研究表明许多化肥、农药中含有多种重金属如 As、Cu、Zn、Cd、Cr 等（郑喜珅 等，2002），土壤中重金属累积与有机肥料的施用、杀虫剂以及化肥的使用密切相关（殷秀莲，2022），除草剂、杀虫剂、劣质肥料也可导致 As 的富集（Simasuwannarong et al.，2012；殷秀莲，2022），长期施用农用化肥及以城市垃圾、污泥为原料的肥料，会增加土壤中 Cr 累积（范拴喜，2011；Li et al.，2020）。随着中低产田开发和粮棉基地建设，黄河三角洲已成为我国重要的粮食生产基地，农业生产潜力十分巨大，由此导致农业活动频繁。以东营市为例，每年化肥施用量（折纯）大约为 11.5 万 t，其中氮素化肥约占 1/3；在保护地蔬菜栽培中，化肥用量每年可达 130～170 kg/亩，同时，每年各种农药（主要是杀虫剂、杀菌剂、除草剂）的使用量约为 5 000 t，大量化肥、农业药的施用可能是重金属元素的来源之一。另外黄河三角洲地区尤其是东营市，其灌溉水源主要为黄河水，而黄河水每年携带大量的重金属元素，图 7-13 为黄河近 10 年间携带的重金属和总量和 As 总量，由图 7-13 可知，每年黄河水均携带大量重金属入海，10 年间黄河水共携带重金属总量为 6 796 万 t，其中 As 总量为 487 万 t，由此可见该区域利用黄河水灌溉也可能是土壤重金属元素的来源。

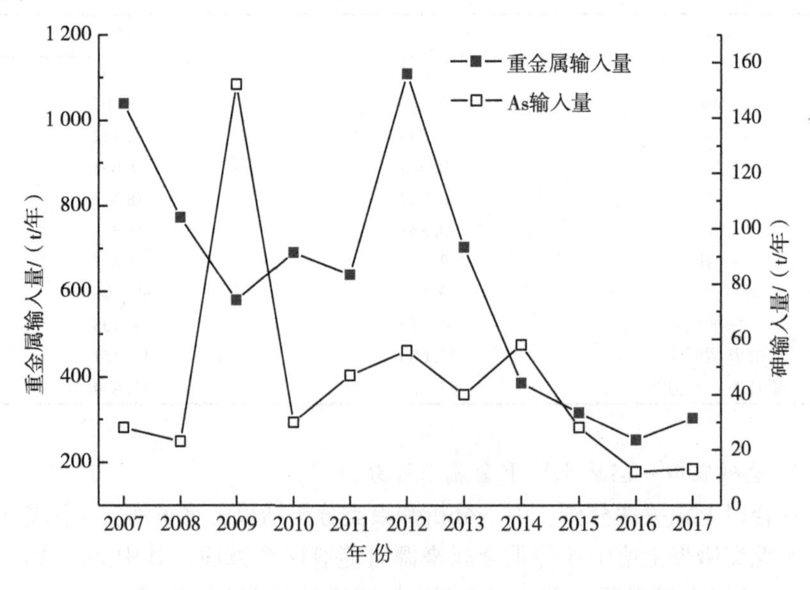

图 7-13　2007—2017 年黄河年携带重金属总量及 As 总量（万 t）

（2）工业生产影响。研究区所在地区为东营市，建设有多个工业园区，其中，制革、制药工业会产生含 Cr 废水，电镀工业排放含 Cd、Cr 的废水，这些重金属通过径流输入到农田，或者通过河流输送入海并在湿地区域和沉积物中富集。另外，重金属也可能来源于石油开采活动，黄河三角洲拥有丰富的油气矿产资源，胜利油田是中国第二大油田，研究区域靠近孤岛油区，孤岛油区是胜利油田在黄河三角洲的最重要的油区之一，位于山东省东营市河口区孤岛镇，是中石化产量最高的采油厂。该油区以油气勘探开发生产为主，下辖孤岛、垦利、垦西、孤南、河滩和新滩六个油田，含油面积 133.1 km^2，已累计产油 1.409 亿 t，从 1967 年开始勘探至 2011 年，孤岛油区已累计生产原油 1.7 亿 t，现拥有油水井 3 723 口（李丕龙，2002；王代流 等，2012）。石油中含有几十种金属元素，这些金属随着石油污染进入土壤环境中，同时油田的钻井液中也含有一定浓度的重金属。由于石油在勘探、开采、运输和储存过程中由于跑冒滴漏导致该区旳石油污染非常严重，石油污染不仅自身危害生态环境，同时还会带来一定程度的重金属污染。研究表明胜利油田石油中 Mn、Pb、Cr 的含量均值都低于我国均值和世界均值，Cd、Zn 的浓度显著高于我国均值（薄晓文，2015）。

五、小结

盐碱农田—湿地交错带土壤重金属污染评价表明，Zn、Mn、Cr 和 Pb 的单因子污染指数平均值介于 0～1，属于无污染水平。重金属 As 的单因子污染指数平均值介于 1～2，属于轻微污染水平。重金属 Cd 的单因子污染指数平均值介于 2～3，属于轻度污染水平。内梅罗综合污染指数评价结果为 1.48，介于 1～2，达到了轻度污染水平，表明湿地土壤重金属污染具有累积效应。Zn、Mn、Cr 和 Pb 元素潜在生态风险指数的平均值均小于 40，属于轻微危害，Cd 的潜在生态风险指数介于 40～80，属于中等危害，6 种重金属的潜在生态风险水平顺序为 Cd＞As＞Pb＞Cr＞Zn＞Mn，Cd 的潜在生态风险最大。但从多种重金属的综合潜在生态风险来看，6 中重金属综合潜在生态危害指数为 82.95，介于 80～160，存在强危害风险加强黄河三角洲湿地土壤重金属尤其是 Cd 污染潜在风险防治、加强区域生态环境保护不容忽视。黄河三角洲湿地土壤中 6 种重金属来源可能有 2 个方面，其中 Zn、Mn、Cr 和 Pb 可能以自然来源为主，即土壤、岩石风化和成土过程等，As、Cd、Pb 可能以人为来源为主，既农业活动、黄河水输入和工业生产等。

第三节　盐碱农田—湿地交错带水质现状分析与评价

水量与水质影响湿地生态环境的变化，是维持湿地生态系统稳定健康的关键因子（Mitsch and Gosselink，2000；严登华 等，2007）。充足的水量是维持湿地存在的基本条件，而水质的变化则影响农田、湿地生态过程及功能发挥。基于此在分析黄河三角洲农田—湿地交错带区域水质现状的基础上，采用改进内梅罗污染指数法对黄河三角洲区域的引黄沟渠、连河湿地和恢复湿地的水质状况进行综合评价，以期为黄河三角洲农田与湿地湿地生态状态改善提升与保护提供科学支撑和参考。

一、材料与方法

1. 研究区概况

研究区位于黄河入海口处（37°35′～38°12′ N，118°33′～119°20.7′E），选择引黄沟渠、连河湿地和恢复湿地 3 种类型湿地，其中引黄沟渠连接黄河主干道和连河湿地，用于黄河三角洲灌输黄河水；连河湿地主要功能是便于黄河水灌溉，连接引黄沟渠和恢复湿地，缓冲黄河水流速等作用；恢复湿地用于植物、土壤、生态等恢复，流速较慢或静止。采样点见图 7-14，其中 A1～A3 为引黄沟渠采样点；B1～B3 为连河湿地采样点；C1～C5 为恢复湿地采样点。

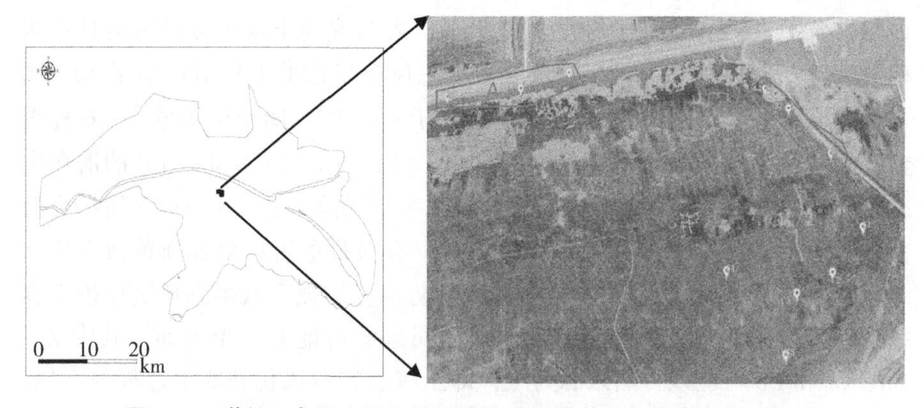

图 7-14　黄河三角洲自然保护区试验区采样点（左图比例 1：650）

2. 样品采集与分析

在黄河三角洲湿地—农田交错带区域选择引黄沟渠、连接湿地、恢复湿地，其中连接湿地主要功能是便于黄河水灌溉，连接引黄沟渠和恢复湿地。分别在2018年的5月、8月、11月现场采集水体样品，共采集水体样品88个，每次采样后立即放入4℃移动冰箱中，带回实验室测定。测定化学需氧量（COD）、氨氮（NH_3-N）、总磷（TP）、总氮（TN）、悬浮物（SS）、氧化还原电位（OPR）、铜、锌、铬、铅、铁、锰、亚铁和铅，其测试方法均根据《水和废水监测分析方法》第四版进行测试分析。

（1）水质评价方法。改进内梅罗污染指数法水质评价模型。

在众多水质评价方法中，内梅罗指数法是当前国内外进行综合污染指数计算的最常用的方法之一，它能对水质状况做出定量描述，其结果能够反映水体污染程度（宋先松 等，2005）。但是传统的内梅罗污染指数法存在过于突出分指数最大因子对水质的影响，而且也没有考虑各污染因子权重（Lucas et al.，2015），为了规避传统内梅罗污染指数法的缺点，本研究采用改进内梅罗污染指数法对农田—湿地交错带水质状况进行综合评价。

改进内梅罗污染指数法考虑了多个污染因子在水质评价中的所占的权重，并首先确定水质计算标准，然后根据公式（1）、公式（2）计算各污染因子的权重值（杨磊磊 等，2012；吴喜军 等，2018）。

$$\omega_i = r_i / \sum_{i=1}^{n} r_i \tag{1}$$

$$r_i = s_{max}/s_i \qquad r = s_{max}/s_i \tag{2}$$

式中，ω_i 为第 i 个污染因子的权重值；n 为污染因子的个数；s_i 为第 i 个污染因子的计算标准浓度；s_{max} 为 n 个污染因子计算标准浓度的最大值。

从水体环境质量标准中选择与被评价水体相同的污染因子，采用下列公式计算各水质污染等级的改进内梅罗污染指数，进而得出改进后水质评价污染等级标准：

$$F_i = c_i/s_i \tag{3}$$

$$F'_{max} = (F_{max} + F_{\omega})/2 \tag{4}$$

$$P' = \sqrt{(F'^2_{max} + \overline{F}_i^2)/2} \tag{5}$$

式中，c_i 为第 i 个污染因子的实测值；s_i 意义同前；F_{max} 为 F_i 的最大值；F_{ω} 为权重值最大的污染因子的 F 值；P' 为改进内梅罗污染指数。

（2）水质评价指标与标准。选择水中 COD、NH_3-N、TP、TN、铜、锌、铬、铅作为评价指标，选择《地表水环境质量标准》（GB-3838—2002）作为评价标准，将水质分为Ⅰ、Ⅱ、Ⅲ、Ⅳ、Ⅴ类5个等级，如表7-11所示。

表7-11　地表水环境质量分级标准　　单位：mg/L

评价指标	水质等级				
	Ⅰ	Ⅱ	Ⅲ	Ⅳ	Ⅴ
COD	15	15	20	30	40
NH_3-N	0.15	0.5	1.0	1.5	2.0
TP（以P计）	0.02	0.1	0.2	0.3	0.4
TN	0.2	0.5	1.0	1.5	2.0
铜	0.01	1.0	1.0	1.0	1.0
锌	0.05	1.0	1.0	2.0	2.0
铬	0.01	0.05	0.05	0.05	0.1
铅	0.01	0.01	0.05	0.05	0.1

采用改进内梅罗污染指数法对黄河三角洲恢复工程湿地的三种类型湿地水质进行水质评价，具体步骤如下：以《地表水环境质量标准》（GB-3838—2002）作为评价标准，本次水质评价以Ⅲ类水为计算标准；由公式（1）和公式（2）计算各污染因子的权重值，其计算结果见表7-12。

表7-12　地表水质量评价因子权重（ω_i）

评价因子	化学需氧量（COD）	氨氮（NH_3-N）	总磷（以P计）	总氮	铜	锌	铬	铅
Ⅲ类水质标准	20	1	0.2	1	1	1	0.05	0.05
权重值 ω_i	0.001 0	0.020 4	0.101 9	0.020 4	0.020 4	0.020 4	0.407 7	0.407 7

由表7-12看出，铬和铅在8个污染因子中的权重值最大，也就是说铬和铅在评价系统中的影响权重相当，均占整个评价体系权重的40.77%，为了方便计算仅选铅元素作为最大权重值。同时根据《地表水环境质量标准》（GB-3838—2002）中所选污染因子，采用公式（3）、公式（4）、公式（5）计算各水质等级改进内梅罗污染指数，由改进内梅罗污染指数划分的污染等级标准见表7-13。

表 7-13 改进内梅罗指数划分的水质级别

水质级别	改进内梅罗指数
Ⅰ	$P' < 0.367$
Ⅱ	$0.367 \leqslant P' < 0.642$
Ⅲ	$0.642 \leqslant P' < 1$
Ⅳ	$1 \leqslant P' < 1.44$
Ⅴ	$P' \geqslant 1.44$

二、营养物质状况分析与评价

由表 7-14 看出，各湿地类型中 COD 在不同时期其质量浓度存在明显差异，基本表现为：11 月>8 月>5 月，且 5 月和 8 月份引黄沟渠中 COD 浓度明显低于连河湿地和恢复湿地，但是 11 月由于引黄沟渠中芦苇等植物倒伏严重造成 COD 浓度明显升高，而且引黄沟渠水质受黄河水质及流经途中人为干扰的影响（Xu et al.，2019），使得引黄沟渠水质 COD 浓度均明显高于其他两种类型湿地。各个时期三种湿地水体中 NH_3-N 存在一定的波动，引黄沟渠中 NH_3-N 浓度波动较大，而且其浓度一般低于其他两个湿地类型，而连河湿地和恢复湿地均在 1.392～1.984 mg/L 波动，这说明连河湿地和恢复湿地 NH_3-N 主要来源于湿地系统自身物质降解或土壤释放（即内源性 NH_3-N），而 TN 的变化规律与 NH_3-N 不同，其中引黄沟渠水质在三个时期 TN 浓度均高于连河湿地和恢复湿地，这说明黄河水质 TN 浓度可能已经超过了《地表水环境质量标准》（GB-3838—2002）的Ⅴ类水质标准，而且由于 8 月处于雨季，由黄河中上游雨水冲刷以及携带大量污染物导致 8 月引黄沟渠水体中 TN 浓度最高，而 11 月经过水体自净能力，引黄沟渠中 TN 浓度下降，但是仍高于 5 月，而连河湿地由于受自身湿地系统和引黄沟渠水质影响较大，各个时期 TN 浓度存在一定波动；恢复湿地水体相对静止，其水质变化受自身湿地系统影响较大，使得 5 月到 11 月 TN 浓度略有减少，但变化幅度较小。TP 的变化规律同 NH_3-N，这也说明连河湿地和恢复湿地系统内源性磷释放占主导地位（Bai et al.，2019）。

从表 7-14 还可以看出，各湿地系统水体中金属元素浓度存在一定波动，首先各个时期铜含量均较低，锌元素浓度仅在 5 月超过 0.02 mg/L，但均未超标，这说明淡水恢复工程铜、锌元素均不存在污染风险；但是铬元素在 5 月各湿地系统均为超出Ⅱ类水标准浓度，而且 8 月和 11 月由于连河湿地和恢复湿地自身湿地系统铬元素释放导致其浓度均高于引黄沟渠铬浓度。铅元素浓度大小表现为：11 月＞5 月＞8 月，这说明雨季将水中铅浓度进行了稀释，同时可能存在由于水量较大而抑制土壤中的铅释放。而且 11 月，通过现场观察发现三种湿地水量明显减少，地表水水文连贯性减弱，尤其是连河湿地和恢复湿地，导致其浓度显著增加，而且很可能存在湿地系统铅释放，这需要进一步研究证明。各个时期引黄沟渠水质偏碱，其 pH 值均在 8.20 以上，而连河湿地和恢复湿地水质 pH 值相当，均低于引黄沟渠水质，5 月和 11 月各湿地 pH 值偏碱性；而且 8 月各湿地系统 pH 值最低，这说明雨季降水能有效调节了各湿地系统 pH 值，使其接近中性。

表 7-14　2018 年不同时期湿地水质监测数据

评价指标	各指标平均测量值（mg/L）								
	5 月			8 月			11 月		
	引黄沟渠	连河湿地	恢复湿地	引黄沟渠	连河湿地	恢复湿地	引黄沟渠	连河湿地	恢复湿地
COD	31.10	38.12	81.69	66.72	170.9	134.5	284.0	159.4	157.1
NH_3-N	0.536	1.392	1.655	1.762	1.901	1.523	0.563	1.984	1.860
TP（以 P 计）	0.059	0.888	0.095	0.125	0.446	0.153	0.171	0.059	0.070
TN	2.812	1.721	2.937	4.150	2.803	2.300	3.580	3.112	2.568
铜	0.003	0.002	0.000	0.004	0.005	0.005	0.001	0.001	0.001
锌	0.021	0.028	0.029	0.003	0.012	0.009	0.003	0.005	0.007
铬	0.001	0.013	0.005	0.000	0.061	0.092	0.172	0.343	0.286
铅	0.024	0.015	0.068	0.013	0.006	0.020	0.056	0.084	0.126
pH 值	8.55	7.91	7.90	8.26	7.45	7.49	8.52	8.07	7.98

三、重金属污染状况分析与评价

根据表 7-14 中监测黄河三角洲恢复工程湿地水质数据，利用改进内梅罗污染指数法相关公式分别计算不同时期引黄沟渠、连河湿地和恢复湿地的改进内梅罗指数，其计算结果见表 7-15。

表 7-15 数据显示，5 月引黄沟渠水质处于Ⅳ类水质，属于重度污染状态；而其他各湿地系统和各个时期各类型湿地均为Ⅴ类水质，这说明水质处于严重污染状态，这与刘峰等（2011）对黄河口滨海湿地水质污染调研结

果相同。结合表 7-14 和表 7-15 可以看出，由于引黄沟渠的水体水质直接来源于黄河水，说明黄河三角洲用于湿地修复的黄河水水质处于重度污染状态，也间接说明黄河三角洲上游水质给本研究区带来了较大污染风险。从表 7-15 的评价结果可以看出，不同时期内梅罗污染指数值为：11 月＞8 月＞5 月。5 月引黄沟渠的水质等级略优于同一时期连河湿地和恢复湿地水质，而连河湿地水质优于恢复湿地水质，而且引黄沟渠、连河湿地和恢复湿地污染程度增加，这是由于 5 月淡水恢复工程湿地各湿地系统水体处于静止状态，各湿地之间交互作用较少，尤其是黄河水对恢复湿地的影响较小；而连河湿地和恢复湿地中 COD、NH_3-N、TP、锌、铬和铅含量明显高于引黄沟渠水质，说明这一时期这两类型湿地释放相应的内源性物质。而 8 月由于大气降水等气候条件影响，各湿地系统连贯性加强，存在一定的交互作用。而且由于黄河水受上游来水的影响以及降雨冲刷输水过程中的不同的景观区，导致引黄沟渠水质污染等级升高，连河湿地和恢复湿地水质污染程度也相应增加，但是引黄沟渠水质仍然优于其他两个湿地类型。11 月各湿地系统水质内梅罗指数最高，而且引黄沟渠水质的内梅罗指数明显高于其他两个湿地类型，而且连河湿地和恢复湿地内梅罗指数相当，这是由于引黄沟渠水质受人为活动（渔业养殖、石油开采等）的影响较大。

表 7-15 2018 年不同时期各湿地改进内梅罗污染指标及水质评价结果

测定时期	湿地类型	F_i	$F'_{i,\max}$	P'	水质级别
5 月	引黄沟渠	1.649	0.717	1.271	Ⅳ
	连河湿地	2.373	1.256	1.898	Ⅴ
	恢复湿地	2.725	1.330	2.145	Ⅴ
8 月	引黄沟渠	2.208	1.268	1.801	Ⅴ
	连河湿地	4.333	2.106	3.407	Ⅴ
	恢复湿地	3.563	1.695	2.790	Ⅴ
11 月	引黄沟渠	7.660	2.970	5.809	Ⅴ
	连河湿地	4.824	2.738	3.922	Ⅴ
	恢复湿地	5.184	2.609	4.104	Ⅴ

四、讨论与结论

（1）改进内梅罗污染指数评价结果显示，仅 5 月引黄沟渠水质为Ⅳ类水质，其余各时期引黄沟渠、连河湿地和恢复湿地水质均为Ⅴ类水质，这说明监测期间黄河三角洲淡水恢复工程湿地目前仍处于严重污染状态。

（2）三种湿地系统COD和TN浓度均超出地表水Ⅴ类水质标准，这需要对三种湿地类型进行植物刈割，同时要对黄河三角洲上游水质加强污染管控，进而削弱修复用水水质污染风险。

（3）三种湿地系统中铜、锌不存在污染风险，而铬、铅元素出现超标问题，但是降水削弱了两者污染风险，而且11月两者浓度过高，这说明该时期需要进一步补充水量，不仅能以淡压盐，也能抑制湿地系统金属元素释放。

第四节　盐碱农田—湿地交错带安全高效生产技术集成

一、小麦、玉米秸秆高效循环利用技术

（一）材料与方法

研究区位于山东省农业科学院东营试验基地核心试验区内，属暖温带半湿润地区大陆性季风气候，四季分明，雨热同期。多年平均气温12.5 ℃，年极端最高气温38.5℃，极端最低气温-17.5 ℃，无霜期长达206 d，平均日照时数2 596.1 h，年降水量550～600 mm。试验区土壤理化性质见表7-16。

表7-16　试验区土壤基本理化性质

有机质（g/kg）	全氮（g/kg）	水解性氮（mg/g）	有效磷（mg/g）	速效钾（mg/kg）	pH值	电导率（mS/cm）
10.01	0.66	25.56	10.35	190.89	8.03	18.07

试验设计：小麦秸秆设不还田、全部还田两个处理，玉米秸秆设置4个处理：①秸秆不还田处理（CK）：玉米收获后，人工移除秸秆及根系；②秸秆直接还田处理（DS）：玉米收获后，用小型秸秆粉碎机将秸秆粉碎，然后全部还田，还田量为5 985 kg/hm^2；③玉米秸秆—菌渣还田（MS）：玉米秸秆收获后，机械移除秸秆及根系，秸秆转化为食用菌基质，基质生长蘑菇后

转化为菌渣，菌渣通过堆沤、发酵和腐熟转化后还田，还田量约为 3 291.75 kg/hm^2（玉米秸秆到菌渣的转化率约为 55%）；④秸秆过腹还田（GS），玉米秸秆收获后，作为牛的饲料，然后购买牛粪，用塑料薄膜密封、腐熟后还田，还田量为 11 970 kg/hm^2，约 13.3 m^3，（秸秆到牛粪产量约为秸秆量的 2 倍）。小麦—玉米秸秆设置还田方式及还田量见表 7-17。小麦、玉米播种后，按照农民种植习惯，各处理统一田间水肥药等管理。每个处理 3 个重复，共 12 个小区，小区面积 70 m^2。

表 7-17 小麦—玉米秸秆还田方式及还田量

处理	小麦秸秆（kg/hm^2）	玉米秸秆（kg/hm^2）
CK	0	0
DS	5 550	5 985
MS	5 550	3 291.75
GS	5 550	11 970

试验于 2016 年 10 月至 2018 年 10 月在山东省农业科学院东营试验基地进行，研究目的为探讨秸秆还田方式对土壤质量的影响。本区的种植制度为冬小麦—夏玉米一年两熟制，每年 10 月中上旬种植冬小麦，6 月中上旬种植玉米。供试小麦品种为济麦 22，玉米品种为鲁单 9066。小麦分别于 2016 年在 10 月 16 号、2017 年在 10 月 14 号播种，2017 年 6 月 6 号、2017 年 6 月 8 号收获。玉米分别于 2017 年 6 月 10 号、2018 年 6 月 11 号种植，2017 年 10 月 10 号、2018 年 10 月 12 号收获。

样品采集与测试：土壤样品采集于 2018 年 10 月，在每个小区内采用 “S” 形采样法采集 5 个样点，采集深度为 0～20 cm。将每个样区采样点的土样混合均匀，采用多点采集方法形成混合样品。一份拣去植物根系、碎屑等杂物，放于保温箱中，带回实验室测试土壤微生物数量，土壤微生物数量采用平板计数法，细菌采用牛肉膏蛋白胨培养基；真菌采用马丁氏培养基；放线菌采用高氏 1 号培养基；另一份风干后过 0.25 mm 筛，待测。测试指标为土壤有机碳、全盐含量、总氮、铵态氮、硝态氮、速效磷等指标。同步测试小麦千粒重和产量。土壤有机碳采用总有机碳分析仪测试。

（二）秸秆不同还田方式对土壤有机碳含量的影响

秸秆不同还田模式下，农田土壤有机碳含量的变化如图 7-15 所示。由图 7-15 可知，秸秆不同还田模式处理下，农田土壤有机碳含量均增加，但增加幅度不同。秸秆过腹还田处理下，土壤有机碳含量最高，为10.69 g/kg，其次是秸秆—菌渣还田模式处理，土壤有机碳含量为10.35 g/kg，再者是秸秆直接还田模式处理，其土壤有机碳含量为9.98 g/kg，在秸秆不还田模式处理下，土壤有机碳含量最低，为9.56 g/kg。和秸秆不还田处理相比，秸秆直接还田处理使土壤有机碳含量增加10.6%，秸秆—菌渣还田处理使土壤有机碳含量增加8.3%，秸秆过腹还田处理使土壤有机碳含量增加4.4%。进一步方差分析结果表明，秸秆不同还田模式下土壤有机碳含量差异不显著（$P>0.05$），这可能与土壤有机碳对短期内秸秆还田响应不敏感有关（Haynes，2005）。其中在秸秆过腹还田模式处理下，土壤有机碳含量增加最多，这可能是因为施用禽畜粪便可以增加农田土壤有机碳输入量，促进土壤中水稳性团粒结构的形成，加速土壤有机碳积累（陈泮勤，2008）。同时，禽畜粪便含有丰富的氮素等营养元素，即可以促进作物生长，增加作物对土壤有机碳库的输入。

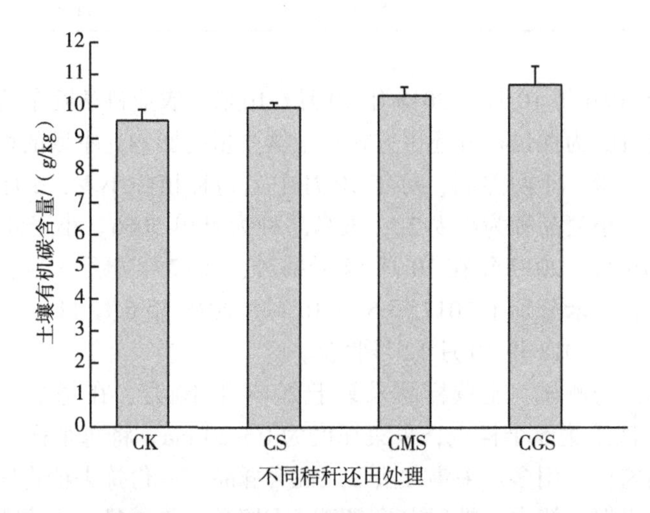

图7-15　秸秆不同还田模式下土壤有机碳含量变化（0～20cm）

（三）秸秆不同还田模式对土壤全盐含量的影响

秸秆不同还田模式处理下，农田土壤全盐含量的变化见图7-16。由图7-16可知，通过秸秆还田，在不同处理下，土壤全盐含量均有所降低，表现为CK＞DS＞GS＞MS。和CK相比，秸秆—菌渣还田处理，土壤含盐量降低最多，降低了7.0%，其次是秸秆过腹还田处理，土壤含盐量降低了6.4%，秸秆直接还田处理使土壤含盐量降低了4.4%。

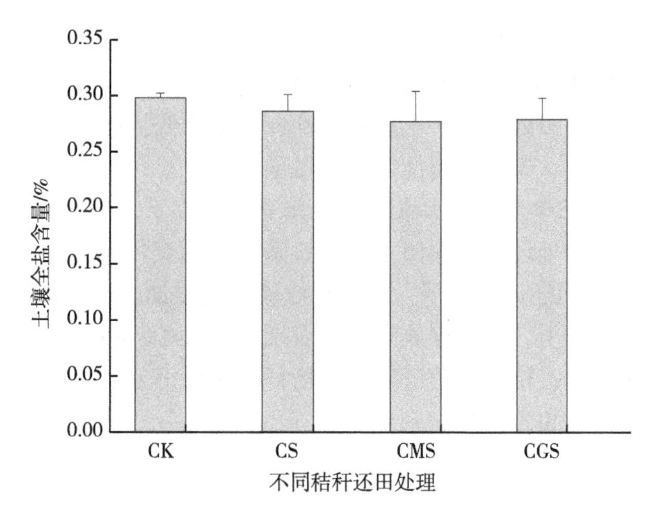

图 7-16 秸秆还田对土壤全盐含量的影响

(四) 秸秆不同还田模式对土壤养分含量的影响

1. 秸秆不同还田方式对土壤氮含量的影响

秸秆不同还田模式也影响土壤肥力养分含量。秸秆不同还田处理下，土壤全氮含量和水解性氮含量的变化见图 7-17。由图 7-17 可知，对于土壤全

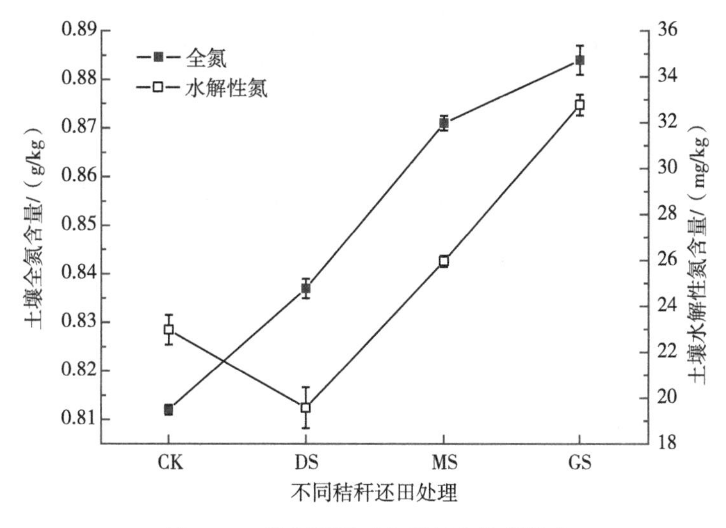

图 7-17 秸秆还田对土壤氮含量的影响

氮含量，秸秆还田处理增加了土壤全氮含量。和 CK 相比，秸秆直接还田、秸秆—菌渣还田和秸秆过腹还田分别使土壤全氮含量增加了 3.08%、7.27% 和 8.86%。秸秆不同还田处理对土壤水解性氮含量的影响略有不同，和 CK 相比，秸秆直接还田处理下，土壤水解性氮含量降低，秸秆—菌渣还田和秸秆过腹还田处理下，土壤水解性氮含量增加。

2. 秸秆不同还田方式对土壤有效磷含量的影响

秸秆不同还田处理下，农田土壤有效磷含量的变化见图 7-18。由图 7-18 可知，秸秆不同还田处理下，土壤有效磷含量增加，但增加的幅度不同。秸秆不同还田处理下，土壤有效磷含量表现为 GS＞DS＞MS＞CK。和 CK 相比，秸秆直接还田、秸秆—菌渣还田和秸秆过腹还田分别使土壤全氮含量增加 6.84%、2.37%和 8.76%。

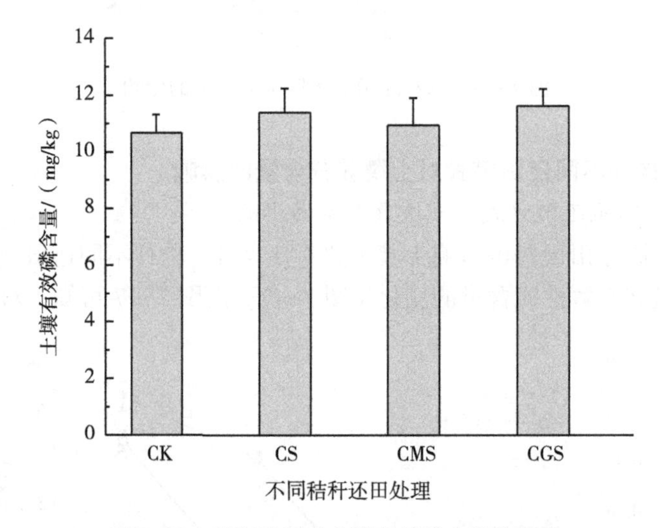

图 7-18　秸秆还田对土壤有效磷含量的影响

3. 秸秆不同还田方式对土壤速效钾含量的影响

秸秆不同还田处理下，土壤速效钾含量的变化见图 7-19。由图 7-19 可知，秸秆不同还田处理也使土壤速效钾含量增加，但增加的幅度不同。秸秆不同还田处理下，土壤速效钾含量表现为 GS＞DS＞MS＞CK。和 CK 相比，秸秆直接还田、秸秆—菌渣还田和秸秆过腹还田分别使土壤全氮含量增加 5.0%、0.36%和 9.64%。

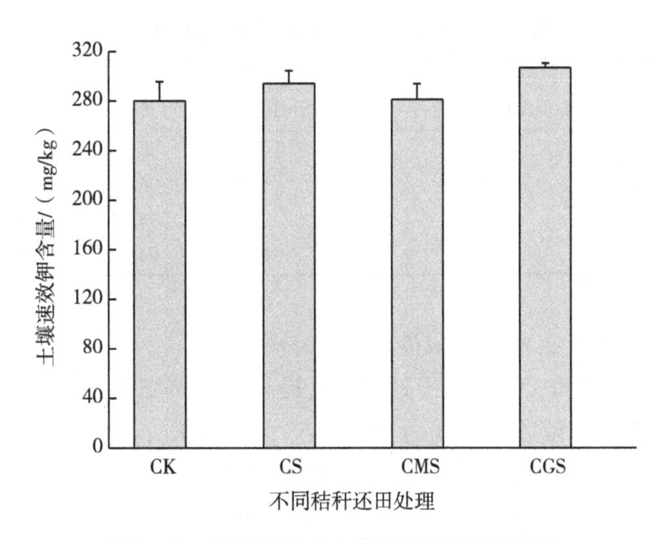

图 7-19　秸秆还田对土壤速效钾含量的影响

（五）秸秆还田方式对土壤微生物群落的影响

1. 秸秆还田方式对土壤微生物总量的影响

秸秆不同还田方式处理下，小麦田土壤微生物群落的数量特征见表 7-18。由表 7-18 可知，无论秸秆还田与否，土壤微生物数量均以细菌为主，细菌总量占微生物总量的 90%以上，其次是放线菌，占比在 5%以上，真菌数量最少，既细菌在土壤微生物组成中占绝对优势。和秸秆不还田相比，秸秆直接还田、秸秆—菌渣还田和秸秆过腹还田不同还田处理均增加了土壤微生物总量，但增加幅度不同，其中在秸秆过腹还田处理下，土壤微生物总量增加最多，其次是秸秆—菌渣还田处理，秸秆直接还田处理下，土壤微生物总量增加最少。这可能是因为无论是秸秆直接还田、还是秸秆转化为菌渣、牛粪还田，相当于增加了有机物料的投入，秸秆、菌渣和牛粪均含有丰富的碳和氮等元素，可为土壤微生物活动提供充足的碳源和氮源，同时创造一个营养充足的土壤微生态环境，从而促进土壤微生物的生长和繁殖（Lou et al.，2011）。和秸秆不还田处理相比，秸秆不同还田处理下，土壤微生物总量表现 GS>MS>DS>CK，秸秆直接还田、秸秆—菌渣还田和秸秆过腹还田处理分别使土壤微生物总量增加 1.14 倍、1.79 倍和 1.80 倍。

表 7-18　秸秆不同处理下土壤微生物数量

秸秆还田处理	细菌（$\times10^7$ cfu/g）	放线菌（$\times10^6$ cfu/g）	真菌（$\times10^5$ cfu/g）	微生物总量（$\times10^8$ cfu/g）	细菌（%）	放线菌（%）	真菌（%）
CK	1.20	0.80	0.53	0.13	93.36	6.22	0.41
DS	1.91	1.47	1.13	0.28	93.70	5.87	0.42
MS	2.31	1.59	1.66	0.36	94.21	5.29	0.51
GS	2.12	1.58	1.51	0.37	94.32	5.25	0.41

2. 秸秆还田方式对土壤细菌数量的影响

由表 7-18 可知，秸秆还田处理显著提高了土壤细菌数量，秸秆不同还田处理下，土壤细菌数量表现为 MS＞GS＞DS＞CK。与秸秆不还田处理相比，秸秆直接还田、秸秆—菌渣还田和秸秆过腹还田处理均使土壤细菌数量增加，增加幅度依次为 59.4%、92.6%和 76.9%。

3. 秸秆还田方式对土壤放线菌数量的影响

由表 7-18 可知，秸秆还田也显著提高了土壤放线菌的数量，不同秸秆还田处理下，土壤放线菌数量表现为 MS＞GS＞DS＞CK。与秸秆不还田处理相比，秸秆直接还田使土壤细菌数量增加了 84.2%，秸秆—菌渣还田处理使土壤细菌数量增加了 98.9%，秸秆过腹还田处理使土壤细菌数量增加了 96.9%。

4. 秸秆还田方式对土壤真菌数量的影响

由表 7-18 可知，与秸秆不还田相比，秸秆—菌渣还田处理和秸秆过腹还田处理均使土壤真菌数量增加，而秸秆直接还田处理则使土壤真菌数量降低。秸秆不同还田处理下，土壤真菌数量表现为 MS＞GS＞DS＞CK。与秸秆不还田相比，秸秆直接还田、秸秆—菌渣还田处理和秸秆过腹还田处理下，土壤细菌数量分别增加了 1.12 倍、2.13 倍和 1.84 倍。

（六）小结

通过 2 年的秸秆不同还田方式定位试验，发现秸秆不同还田模式均可使土壤有机碳含量增加，但增加幅度不同。在不同秸秆还田方式，土壤有机碳含量表现为 GS＞MS＞DS＞CK。和 CK 相比，秸秆直接还田、秸秆—菌渣还田、秸秆过腹还田分别使土壤有机碳含量增加了 10.6%、8.3%和 4.4%。秸秆不同还田方式也降低了土壤盐分含量，在不同秸秆还田方式下，土壤盐分含量表现为 MS＞GS＞DS＞CK。和 CK 相比，秸秆—菌渣还田处理下土壤含盐量降低最大，降低了 7.0%，其次是秸秆过腹还田模式，土壤含盐量降低了6.4%，秸秆直接还田处理使土壤含盐量降低了4.4%。秸秆作为农田土壤有机碳的重要来源之一，含有大量的矿质营养元素及微量元素，秸秆还田后可以有效增加土壤养分含量，增加土壤中作物可吸收利用养分总量，这可能和秸秆还田处理改善了土壤微生物数量和组成比例有关。

二、农业有机废弃物发酵除盐与田间轻简化堆肥技术

（一）试验设置

研究区位于东营汇邦渤海农业有限公司基地内，试验包括4个处理：玉米—小麦（T1）：玉米与小麦轮作，秸秆全部粉碎还田；田菁—小麦（T2）：田菁与小麦轮作，秸秆全部粉碎还田；牛粪—小麦（T3）：玉米季地表覆盖鲜牛粪堆肥（折合发酵牛粪4 900 kg/亩）并同时撒施5 ‰菌剂，小麦秸秆粉碎还田；玉米—调理剂—小麦（T4）：小麦与玉米轮作，7月20日雨前和8月21日雨后增施土壤调理剂。除采用鲜牛粪堆肥处理不施化肥外，其他处理均施用等量氮、磷、钾。每个处理3次重复。实验区土壤基本理化性质见表7-19。

表7-19 基础土壤0～100 cm样品理化性状

土层（cm）	电导率（ms/cm）	pH值	有机碳（g/kg）	速效磷（mg/kg）	碱解氮（mg/kg）	速效钾（mg/kg）
0～20	0.61±0.11a	8.22±0.08a	8.41±0.12a	10.51±0.91a	25.31±3.35a	201.83±4.42a
20～40	0.60±0.05a	8.38±0.03a	5.11±0.12a	4.23±0.30a	21.02±3.01a	102.58±8.86a
40～60	0.77±0.07a	8.39±0.03a	4.96±0.27a	4.13±0.36a	27.92±2.59a	105.17±9.58a
60～80	0.76±0.07a	8.42±0.04a	3.65±0.31a	3.72±0.34a	27.33±3.04a	72.58±8.71a
80～100	0.74±0.08a	8.43±0.05a	2.30±0.24a	3.26±0.16a	27.79±2.456a	48.33±2.80a

注：同一土层不同处理间不同小写字母表示不同处理间差异显著（$P<0.05$）。

（二）不同处理对土壤理化性质的影响

不同试验处理对土壤盐分和肥力的影响见表7-20和表7-21，由表7-20和表7-21可知，试验处理对土壤盐分和肥力影响随培肥和种植方式不同而有所差异。与其他处理相比，牛粪—小麦处理显著提高了0～20 cm土层的有机碳（SOC）和速效钾含量，这源于牛粪田间腐熟发酵，土壤有机碳的增加有利于土壤结构和微生物种群的增加，其效果仅体现在表层土壤，需配合机械化加深土壤耕作层，而牛粪田间腐熟发酵对土壤速效磷和碱解氮含量、土壤盐分无显著影响；田菁—小麦处理显著增加了20～60 cm土壤碱解

氮的含量，原因是田菁作为一种耐盐豆科作物，根系具有良好的固氮作用，而田菁后期固氮能力明显强于苗期，此时其根系主要分布于20～60 cm土壤，因此对0～20 cm氮含量土壤无显著影响，同时对土壤盐分和有机碳等其他养分无显著影响；与其他处理相比，玉米—调理剂—小麦处理对土壤盐分和养分均无显著影响，这可能与土壤调理剂的性质及土壤性质、气候干燥少雨等环境因子相关，其改良土壤的作用还需进一步研究。

表 7-20　玉米收获后 0～100 cm 土壤肥力变化

处理	土层（cm）	有机碳（g/kg）	速效磷（mg/kg）	碱解氮（mg/kg）	速效钾（mg/kg）
玉米—小麦	0～20	10. 27±0. 20a	9. 72±1. 82ab	45. 31±5. 35a	163. 33±4. 06b
	20～40	6. 24±0. 52a	3. 49±0. 47a	31. 02±6. 01a	120. 67±11. 67a
	40～60	5. 89±0. 55a	4. 85±1. 14a	37. 92±2. 59b	115. 67±15. 38a
	60～80	4. 65±0. 69a	2. 94±0. 18a	39. 33±6. 04a	68. 67±16. 18a
	80～100	3. 47±0. 50a	2. 45±0. 27a	27. 79±4. 46a	43. 00±6. 35a
田菁—小麦	0～20	9. 65±0. 17a	6. 24±1. 59b	49. 25±3. 55a	161. 00±6. 08b
	20～40	6. 76±0. 39a	2. 76±0. 28a	40. 73±6. 75a	108. 00±11. 36a
	40～60	5. 69±0. 43a	3. 13±0. 38a	47. 84±12. 03ab	98. 67±14. 15a
	60～80	4. 39±0. 86a	2. 88±0. 34a	41. 30±7. 09a	81. 00±21. 36a
	80～100	2. 99±0. 50a	2. 32±0. 22a	33. 56±5. 79a	43. 00±5. 77a
牛粪—小麦	0～20	9. 67±0. 43a	12. 80±1. 87a	50. 37±10. 29a	234. 00±13. 53a
	20～40	6. 29±0. 12a	3. 37±0. 73a	43. 97±8. 10a	118. 00±6. 24a
	40～60	5. 57±0. 11a	2. 88±0. 43a	57. 69±16. 74a	129. 67±9. 53a
	60～80	4. 96±0. 57a	8. 18±5. 43a	32. 71±11. 01a	65. 33±17. 37a
	80～100	3. 26±0. 37a	2. 51±0. 34a	29. 41±5. 79a	48. 00±4. 93a
玉米—调理剂—小麦	0～20	9. 83±0. 15a	8. 86±2. 17ab	54. 94±2. 35a	165. 33±3. 48b
	20～40	6. 07±0. 46a	4. 73±1. 61a	36. 51±1. 29a	109. 33±11. 86a
	40～60	5. 39±0. 46a	4. 11±1. 11a	49. 74±4. 66ab	100. 00±17. 62a
	60～80	4. 70±0. 66a	3. 43±0. 22a	31. 94±5. 05a	71. 67±12. 12a
	80～100	3. 81±0. 97a	2. 88±0. 16a	27. 30±2. 94a	47. 67±8. 67a

注：同一土层不同处理间不同小写字母表示不同处理间差异显著（$P<0.05$）。

表 7-21 小麦收获后 0～100 cm 土壤理化性质变化

处理	土层 (cm)	电导率 (ms/cm)	pH 值	有机碳 (g/kg)	有效磷 (mg/kg)	碱解氮 (mg/kg)	速效钾 (mg/kg)
玉米—小麦	0～20	1.10±0.39a	8.06±0.18a	10.21±0.49b	16.58±7.77b	67.91±16.53a	234.00±17.09b
	20～40	0.97±0.21a	8.10±0.06a	5.43±0.48a	3.23±0.28a	36.55±4.60b	107.67±4.26a
	40～60	1.34±0.27a	8.20±0.03a	4.04±0.25a	3.02±0.09a	23.67±2.81b	80.67±10.48b
	60～80	1.34±0.14a	8.24±0.06a	3.60±0.72a	2.44±0.29a	25.02±3.86a	66.67±19.10a
	80～100	1.01±0.13a	8.39±0.07a	2.39±0.76a	1.97±0.53a	20.12±4.59a	43.67±9.94a
田菁—小麦	0～20	1.25±0.46a	7.83±0.14a	9.89±0.32b	22.34±5.35ab	69.11±11.81a	242.33±10.48b
	20～40	1.09±0.36a	8.12±0.06a	5.99±0.23a	2.39±0.63a	54.26±3.72a	117.67±6.98a
	40～60	1.59±0.14a	8.17±0.02a	4.87±0.51a	2.91±0.84a	37.16±4.64a	101.67±21.61ab
	60～80	1.27±0.12a	8.27±0.05a	3.73±0.95a	2.39±0.09a	34.97±6.12a	62.67±10.20a
	80～100	1.00±0.17a	8.10±0.29a	2.23±0.69a	2.13±0.14a	18.77±0.69a	44.33±7.31a
牛粪—小麦	0～20	1.04±0.39a	7.96±0.28a	14.76±0.90a	33.76±10.35a	61.35±5.63a	289.00±10.50a
	20～40	0.77±0.17a	7.89±0.25a	5.86±0.68a	4.38±0.64a	22.91±0.53c	129.00±8.33a
	40～60	1.35±0.21a	8.04±0.08a	5.52±0.30a	6.42±2.06a	25.85±4.49ab	122.33±1.67a
	60～80	1.19±0.12a	8.22±0.11a	3.27±1.04a	3.28±0.37a	32.48±5.62a	77.00±20.88a
	80～100	0.96±0.21a	8.45±0.07a	2.03±1.21a	2.75±0.34a	18.01±1.48a	44.33±7.31a
玉米—调理剂—小麦	0～20	0.79±0.34a	8.00±0.20a	9.78±0.36b	14.96±7.65b	50.72±11.25a	252.00±23.44ab
	20～40	1.04±0.34a	8.11±0.10a	6.13±0.70a	3.17±0.42a	48.46±8.79a	117.00±5.20a
	40～60	1.45±0.22a	8.20±0.05a	4.32±0.31a	2.96±0.10a	23.67±3.46b	88.00±14.18ab
	60～80	1.26±0.21a	8.30±0.06a	3.17±0.68a	2.70±0.24a	22.91±6.85a	58.67±10.68a
	80～100	0.98±0.15a	8.39±0.06a	2.05±0.48a	2.28±0.10a	16.43±2.43a	45.00±2.08a

注：同一土层不同处理间不同小写字母表示不同处理间含量差异显著（$P<0.05$）。

（三）不同处理对作物产量的影响

不同实验处理下，作物的产量见图 7-20 至图 7-22，由图 7-21 可知，从第一年小麦产量来看，T3 和 T4 处理分别比常规小麦玉米轮作增产 8.09% 和 8.04%。小麦前茬作物为田菁和玉米时，以田菁做绿肥和传统玉米秸秆还田对小麦最终产量无显著影响，可能原因是土壤基础地力相同情况下，田菁和玉米所吸收养分均来自原小区土壤，粉碎还田后对土壤培肥无差异。

与传统种植方式相比，小麦播种前塑料薄膜覆盖牛粪腐熟发酵后，小麦产量增加 8.09%，可能原因是牛粪腐熟发酵能够有效增加土壤有机质和养

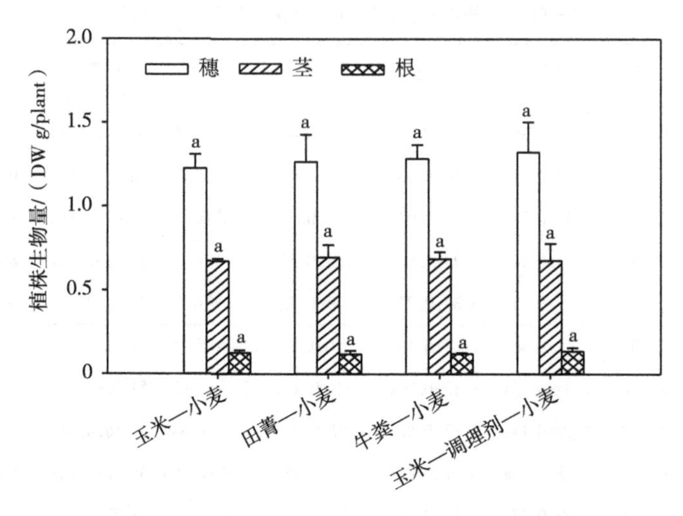

图 7-20　盐碱地有机肥培肥对小麦生长的影响

注：同一器官不同处理间不同小写字母表示不同处理间生物量差异显著（$P<0.05$）。

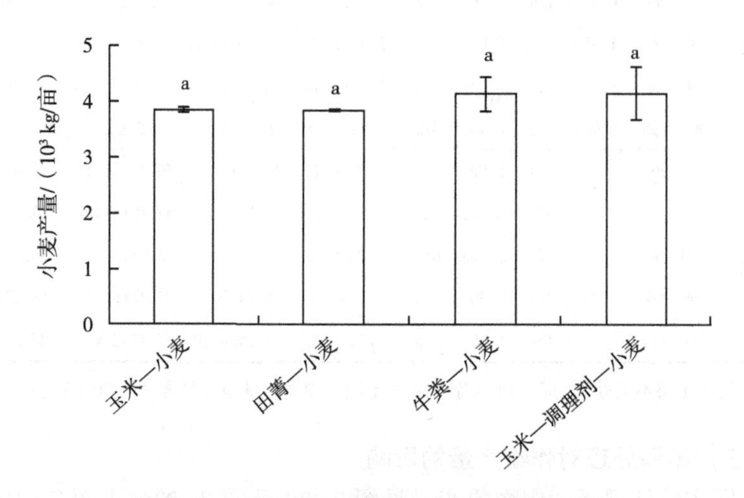

图 7-21　盐碱地有机肥培肥对小麦产量的影响

注：同一器官不同处理间不同小写字母表示不同处理间生物量差异显著（$P<0.05$）。

分，促进小麦对土壤养分的吸收，加之其对土壤物理性状具有一定改善作用，从而一定程度上能够促进小麦产量提升，但一季牛粪发酵试验的促进效果不显著。与传统种植方式相比，玉米季施加调理剂后小麦产量增加8.03%，说明调理剂对盐碱地改良具有一定效果，但受土壤本身地力水平的

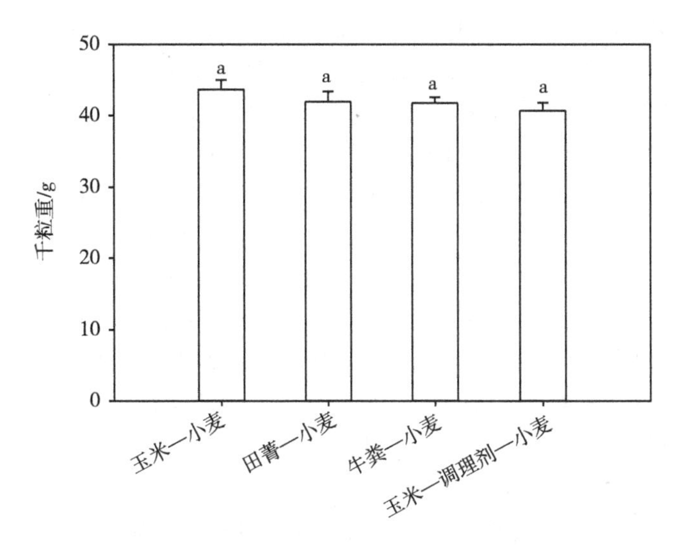

图 7-22 盐碱地有机肥培肥对小麦千粒重的影响

注：同一器官不同处理间不同小写字母表示不同处理间千粒重差异显著（$P<0.05$）。

限制，其效果没有达到显著水平。

（四）小结

土壤培肥和调理剂对小麦生长和盐碱地改良均有一定程度改善效果，但对小麦生长和产量无显著提高作用，主要原因可能是：①以上结果仅为试验第一年结果，盐碱地培肥需要较长时间，盐碱地地力持续提升尚需进一步研究；②改良措施在一定程度上提高了盐渍化土壤肥力，作物生长是众多环境因子共同作用的结果，当土壤盐分为非主要限制因子时，提高土壤肥力能够促进作物生长，提高作物耐盐性。但土壤重度盐渍化条件下，盐分是限制作物生长的主要环境因子，其降低了土壤养分有效性，限制了作物吸收和利用养分的能力；③水分是影响土壤盐分运移的主要因子，灌溉条件受限情况下，盐分难以消除，抑制作物根系活力和对养分吸收。因此，集成多种土壤盐分改良技术是消除土壤盐分和促进作物生长的可靠途径。

三、小麦—玉米轮作农田周年优化施肥技术

（一）试验设置

1. 小麦秸秆直接还田下玉米优化施肥技术研究

试验设 4 个处理，A 秸秆不还田、农民习惯施肥处理（CK）；小麦收获

后，人工移除秸秆及根系。B 秸秆直接还田，小麦收获后，用小型秸秆粉碎机将秸秆粉碎，然后全部还田，还田量为 5 550 kg/hm^2。设 3 个肥料处理，农民传统施肥（DNF）：肥料品种为复合肥和尿素，复合肥用作基肥，尿素用作追肥，N、P_2O_5、K_2O 用量分别为 201 kg/hm^2、51 kg/hm^2、51 kg/hm^2；高氮施肥处理（DGF），肥料品种为尿素、过磷酸钙和硫酸钾，磷、钾肥用作基肥，尿素做基肥和追肥（玉米追肥时间为大喇叭口期）的比例为 1∶1.2，N、P_2O_5、K_2O 用量分别为 220 kg/hm^2、60 kg/hm^2、51 kg/hm^2；低氮施肥处理（DDF），肥料品种为尿素、过磷酸钙和硫酸钾，磷、钾肥用作基肥，尿素做基肥和追肥（玉米追肥时间为大喇叭口期）的比例为 1∶1.2，N、P_2O_5、K_2O 用量分别为 180 kg/hm^2、60 kg/hm^2、51 kg/hm^2，每个处理 3 次重复，共 12 个小区，每小区面积为 70m^2（7 m×10 m）。

2. 玉米秸秆直接还田下小麦优化施肥技术研究

采用二因素裂区试验设计，玉米秸秆还田方式为主区，设 4 个处理（表 7-22）：①秸秆不还田处理（CK）：小麦收获后，人工移除秸秆及根系；②秸秆直接还田处理（DS）：玉米收获后，用小型秸秆粉碎机将秸秆粉碎，然后全部还田，还田量为 5 985 kg/hm^2；③秸菌渣还田（MS）：玉米秸秆收获后，机械移除秸秆及根系，秸秆转化为食用菌基质，基质生长蘑菇后转化为菌渣，菌渣通过堆沤、发酵和腐熟转化后还田，还田量约为 3 291.75 kg/hm^2（玉米秸秆到菌渣的转化率约为 55%）；④秸秆过腹还田（GS），玉米秸秆收获后，作为牛的饲料，然后购买牛粪，用塑料薄膜密封、腐熟后还田，还田量为 11 970 kg/hm^2，约 13.3 m^3，（秸秆到牛粪产量约为秸秆量的 2 倍）。菌渣和牛粪全部用做底肥，经测试菌渣的 N、P_2O_5、K_2O 含量分别为 11.40 g/kg、2.29 g/kg、7.24 g/kg，牛粪的 N、P_2O_5、K_2O 含量为 5.79 g/kg、2.03 g/kg、4.01 g/kg。肥料处理为副区，设 2 个处理：农民传统施肥（NF）：肥料品种为复合肥和尿素，复合肥用作基肥，尿素用作追肥，N、P_2O_5、K_2O 用量分别为 225 kg/hm^2、75 kg/hm^2、75 kg/hm^2；优化施肥处理（YF），按照等量施肥原则，既以农民传统施肥为基础，扣除秸秆、菌渣、牛粪施入带进的 N、P_2O_5、K_2O 量后，剩余肥料量用化肥补充，所用化肥品种为尿素、过磷酸钙和硫酸钾，磷、钾肥用作基肥，尿素做基肥和追肥（追肥时间为拔节期）的比例为 1∶1。二因素两两组合，共 8 个处理，3 次重复，共 24 个小区，每小区面积为 70 m^2（7 m×10 m）。

表 7-22 施肥处理 单位：kg/hm^2

处理	N	P_2O_5	K_2O
农民习惯施肥	217.5	112.5	112.5
秸秆还田+优化施肥	183.3	100.0	38.7
菌渣还田+优化施肥	180.0	105.0	88.7
牛粪还田+优化施肥	148.2	88.2	84.5

供试肥料：复合肥，$N-P_2O_5-K_2O$ 含量分别为 15%～15%～15%；尿素，N 含量为 46%；过磷酸钙，P_2O_5 含量为 12%；硫酸钾，K_2O 含量为 50%。

供试品种：小麦品种为济麦 22，玉米品种为鲁单 9066，由东营市试验基地提供。玉米于 2017 年 6 月 10 日播种，2017 年 10 月 10 日收获；小麦于 2017 年 10 月 12 号播种，2018 年 6 月 10 日收获。

样品采集及测试：在玉米拔节期、大喇叭口期、乳熟期和完熟期测定玉米株高，在玉米收获期测定产量。

相关参数：玉米价格 2.10 元/kg，N 3.61 元/kg，P_2O_5 5.25 元/kg，K_2O 4.35 元/kg，夏玉米田间杂费 1 880 元/hm^2。小麦价格 2.20 元/kg，N 3.61 元/kg，P_2O_5 5.25 元/kg，K_2O 4.35 元/kg，菌渣的价格约为 0.25 元/kg，牛粪约为 55 元/立方，冬小麦田间杂费约为 1 740 元/hm^2。

玉米产值=玉米产量×玉米单价；

纯收益=产值-肥料用费-田间杂费。

小麦产值=小麦产量×小麦单价；

纯收益=产值-肥料用费-田间杂费。

（二）小麦秸秆还田和施肥对玉米种植的影响

1. 秸秆还田和施肥对玉米株高的影响

小麦秸秆还田和施肥不同处理下，玉米的株高变化见图 7-23。由图 7-23 可知，在秸秆不同还田和施肥处理下，玉米株高均随着生长呈逐渐增加趋势，各处理间差异不显著（$P>0.05$）。进一步分析秸秆还田处理对玉米株高的影响表明，秸秆还田后，使玉米的株高略高于未还田区域的玉米株高，但统计分析表明差异不显著（$P>0.05$），这种较小的差异可能是因为秸秆还田后，在秸秆未腐烂前，覆盖在表层，可以减少蒸发，保持土壤含水量，秸秆腐烂后，可以释放出养分，供玉米生长需要，从而促进玉米的生长。

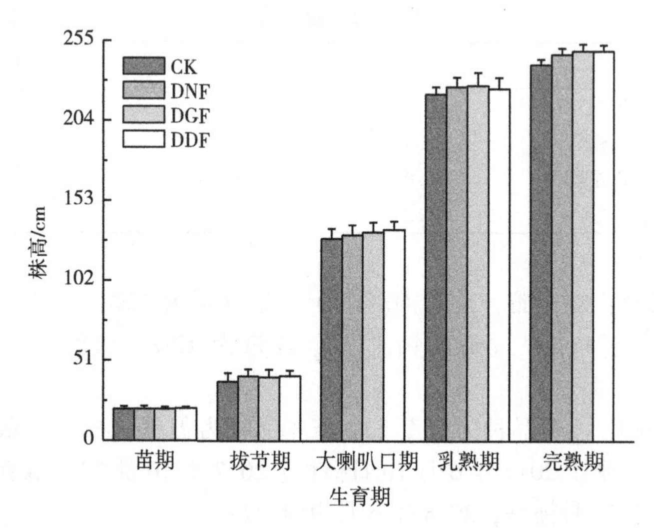

图 7-23　小麦秸秆全量还田对玉米株高的影响

2. 秸秆还田和施肥对玉米产量的影响

小麦秸秆还田和施肥不同处理下，玉米的产量见表 7-23。由表 7-23 可知，秸秆还田和优化施肥均增加了玉米产量，除秸秆还田下高氮处理和农民习惯施肥下产量差异不显著外，其余各处理间，玉米产量均存在显著差异（$P<0.01$），其中秸秆不还田、农民习惯施肥处理下，产量最低，为（5 637.00±26.57）kg/hm²。秸秆还田模式下，低氮施肥处理，玉米产量最高，为（6 033.85±13.11）kg/hm²。方差分析表明，秸秆还田和施肥方式对玉米产量具有显著影响（$P<0.01$），而秸秆还田和施肥二者的交互作用对玉米产量的影响不显著（$P>0.05$）。也就是说，秸秆还田或者是优化施肥均可以增加玉米的产量。

表 7-23　不同处理下玉米产量及经济效益

处理	产量（kg/hm²）	产值（元/hm²）	增产（kg/hm²）	肥料成本（元/hm²）	其他（元/hm²）	纯收入（元/hm²）	增收（元/hm²）
CK	5 637.00±26.57[a]	11 837.70	0.00	1 215.21	1 880.00	8 742.49	0.00
DNF	5 658.50±18.30[b]	11 822.85	21.50	1 215.21	1 880.00	8 787.05	34.56
DGN	5 765.15±10.63[b]	12 106.73	128.11	1 287.41	1 880.00	8 939.32	162.27
DDF	6 033.85±13.11[c]	12 671.09	396.85	1 225.80	1 880.00	9 565.29	822.80

注：不同小写字母表示其在不同秸秆还田方式和施肥水平下差异显著（$P<0.05$）。

3. 秸秆还田和施肥对玉米效益的影响

小麦秸秆还田和施肥不同处理下，玉米的经济效益见表 7-23。由表 7-23 可知，DDF 处理下，种植玉米的纯收入最高，为 9 565.29 元。和秸秆不还田、农民习惯施肥相比，秸秆还田后，低氮施肥处理可使玉米增产 7.0%，亩增收 54.85 元。和秸秆还田、农民习惯施肥处理相比，秸秆还田下，优化施肥可使玉米增产 4.66%，亩增收 51.84 元。

通过综合比较分析，可知，在秸秆还田条件下，当肥料 N、P_2O_5、K_2O 用量分别为 180 kg/hm^2、60 kg/hm^2、51 kg/hm^2，种植玉米的经济效益最高。和农民传统习惯相比，玉米增产 4.66%，亩增收 51.84 元。由此，我们确定了小麦秸秆还田条件下，种植玉米的优化施肥方案，为 N-P_2O_5-K_2O 用量分别为 180 kg/hm^2、60 kg/hm^2、51 kg/hm^2。即在稳定钾肥的基础上，降低氮肥施加量、增加磷肥用量，该施肥方案尽管肥料费用增加，但同时增加了玉米产量，收益最高。和当前农民种植模式（秸秆直接还田，习惯施肥）相比，在该施肥模式下玉米亩增产 15.0%，亩增收 52.5 元，

（三）小麦秸秆还田和施肥对小麦种植的影响

1. 秸秆还田和施肥处理对小麦产量的影响

秸秆不同还田和施肥处理下，小麦的产量见表 7-24。由表 7-24 可知，秸秆不同还田模式和优化施肥均提高了小麦产量，且在秸秆不同还田和施肥处理下，小麦的产量显著差异（$P<0.05$）。方差分析表明，秸秆还田方式、施肥处理及秸秆还田、施肥二者的交互作用均对小麦产量具有显著影响（$P<0.01$），也就是说，在秸秆还田条件下，优化施肥可显著增加小麦的产量。

表 7-24 不同处理下小麦产量及经济效益

处理		产量	产值	增产	肥料成本	其他	纯收入
还田方式	施肥方式	（kg/hm^2）	（元/hm^2）	（kg/hm^2）	（元/hm^2）	（元/hm^2）	（元/hm^2）
CK	农民习惯	4 963.65±9.8[a]	10 920.03	0.00	1 865.18	1 740.00	7 314.85
	优化施肥	5 047.87±20.6[b]	11 105.16	84.22	1 874.00	1 740.00	7 491.16
DS	农民习惯	5 432.43±27.3[c]	11 951.35	468.78	1 865.18	1 740.00	8 346.17
	优化施肥	5 762.61±39.9[c]	12 677.74	798.96	1 954.53	1 740.00	8 983.21
MS	农民习惯	5 520.00±28.5[c]	12 144.00	556.35	1 865.18	1 740.00	8 538.83
	优化施肥	5 814.16±12.2[d]	12 791.15	850.51	2 409.83	1 740.00	8 641.32
GS	农民习惯	5 488.93±12.5[b]	12 075.65	525.28	1 865.18	1 740.00	8 470.47
	优化施肥	5 843.75±16.1[c]	12 856.25	880.10	2 010.13	1 740.00	9 106.12

注：不同小写字母表示其在不同秸秆还田方式和施肥水平下差异显著（$P<0.05$）。

进一步分析可知，在秸秆不同还田处理和施肥模式下，以秸秆过腹还田优化施肥处理下，小麦产量最高，为（5 843.75±16.1）kg/hm^2，和秸秆不还田、农民习惯施肥相比，每公顷分别增产 880.10kg，增产率为 17.73%。其次是秸秆菌渣还田优化施肥处理，小麦的产量为（5 814.16±12.2）kg/hm^2，和秸秆不还田、农民习惯施肥相比，每公顷分别增产 850.51kg，增产率为 17.13%。再者是秸秆还田优化施肥处理，小麦的产量为（5 762.61±39.9）kg/hm^2。和秸秆不还田、农民习惯施肥相比，平均每公顷增产 798.96kg，增产率达 16.10%。

2. 秸秆还田和施肥处理对小麦效益的影响

不同秸秆还田和施肥处理下，种植小麦的效益见表 7-24。分析不同处理下小麦的经济效益（表 7-24），可知，在秸秆过腹还田优化施肥模式下，种植小麦的纯收入最高，为 9 106.12 元/hm^2，其次是秸秆直接还田优化施肥处理，种植小麦的纯收入为 8 184.25 元/hm^2，再者是秸秆菌渣还田优化施肥处理，种植小麦的纯收入是 7 945.19 元/hm^2。调查可知，当前黄河三角洲农民种植玉米的习惯为秸秆直接还田。和秸秆还田、农民习惯施肥处理相比，秸秆直接还田优化施肥、秸秆—菌渣还田优化施肥和秸秆过腹还田优化施肥处理下，亩增效益分别为 42.47 元、19.68 元和 50.66 元。

（四）周年秸秆还田和优化施肥对土壤质量的影响

1. 秸秆还田和施肥对土壤微生物总量的影响

不同秸秆还田和施肥处理下，农田土壤微生物群落的数量见表 7-25。由表 7-25 可知，无论秸秆还田、施肥与否，细菌数量均占微生物总数的 90%以上，放线菌次之，真菌最少，既细菌在土壤微生物组成中占绝对优势。和秸秆不还田相比，秸秆直接还田、秸秆—菌渣还田和秸秆过腹还田均增加了土壤微生物的数量，其中秸秆过腹还田处理下，土壤微生物数量最高，其次是秸秆—菌渣还田。这可能是因为无论是秸秆直接还田、还是秸秆转化为菌渣、牛粪还田，相当于增加了有机物料的投入，可为土壤微生物的活动提供充足的碳源和氮源，创造一个营养充足的土壤微生态环境，从而促进微生物的生长和繁殖。

2. 秸秆还田和施肥对土壤细菌数量的影响

由表 7-25 可知，秸秆还田和优化施肥显著提高了土壤细菌数量。与秸秆不还田相比，农民习惯施肥模式下，秸秆直接还田、秸秆—菌渣还田处理和秸秆过腹还田处理下，土壤细菌数量分别增加了 27.5%、40.8% 和 41.7%。和秸秆不还田+农民习惯施肥模式相比，秸秆直接还田、秸秆—菌渣还田处理和秸秆过腹还田模式下，优化施肥也显著提高了土壤细菌数量，在秸秆过腹还田优化施肥模式下，细菌数量最高。

3. *秸秆还田和施肥对土壤放线菌数量的影响*

由表7-25可知，秸秆还田和优化施肥也显著提高了土壤放线菌的数量。与秸秆不还田相比，农民习惯施肥模式下，秸秆直接还田、秸秆—菌渣还田处理和秸秆过腹还田处理下，土壤细菌数量分别增加了91.3%、112.5%和37.5%。和秸秆不还田+农民习惯施肥模式相比，秸秆直接还田、秸秆—菌渣还田处理和秸秆过腹还田模式下，优化施肥也显著提高了土壤放线菌数量，在秸秆—菌渣还田优化施肥模式下，放线菌数量最高。

4. *秸秆还田和施肥对土壤真菌数量的影响*

由表7-25可知，与秸秆不还田相比，农民习惯施肥模式下，秸秆—菌渣还田处理和秸秆过腹还田处理均使土壤真菌数量增加，而秸秆直接还田则使土壤真菌数量降低。在优化施肥处理下，不同秸秆还田模式均使土壤真菌数量增加，其中在秸秆—菌渣还田优化施肥模式下，真菌数量最高。

表7-25 不同处理下土壤微生物数量

处理		细菌 ($\times10^7$ cfu/g)	放线菌 ($\times10^6$ cfu/g)	真菌 ($\times10^5$ cfu/g)	微生物总量 ($\times10^8$ cfu/g)	细菌 (%)	放线菌 (%)	真菌 (%)
秸秆还田方式	施肥方式							
CK	农民习惯	1.2	0.8	0.53	0.13	93.36	6.22	0.41
	优化施肥	1.4	1.13	0.97	0.15	91.94	7.42	0.64
DS	农民习惯	1.53	1.53	0.27	0.17	90.76	9.08	0.16
	优化施肥	2.03	0.97	1.60	0.21	94.73	4.53	0.75
MS	农民习惯	1.69	1.7	1.30	0.19	90.23	9.08	0.69
	优化施肥	2.17	2.2	1.40	0.24	90.27	9.15	0.58
GS	农民习惯	1.7	1.1	0.67	0.18	93.58	6.05	0.37
	优化施肥	2.5	1.33	1.13	0.26	94.54	5.03	0.43

（五）小结

通过秸秆还田和优化施肥实验，发现秸秆还田和优化施肥，可以改善轻度盐碱地土壤微生物群落与数量。对于土壤微生物总量来，在秸秆—牛粪优化施肥处理下，土壤微生物数量最大。不同处理下对不同微生物的影响也不同，其中在秸秆—牛粪还田处理使土壤细菌数量增加最大，秸秆—菌渣还田处理下，使土壤放线菌数量增加最大，土壤直接还田优化施肥处理使土壤真菌数量增加最多。

四、农田生态沟渠建造技术规范

生态沟渠是将自然或传统排水沟渠进行改造，使其在满足农田排洪泄涝的前提下，通过配置植物、微生物和人工基质材料等措施，对传统农田排灌沟渠进行生态化改造，增加沟渠植被覆盖度和吸附净化能力，充分利用植物吸收、基质吸附作用、水中和底泥等物质的化学转化、微生物作用等方式有效地截留净化和转化来自农田的COD、氮和磷等物质，减少进入河流和湖泊污染物的量。水田和旱田因其农田管理方式不同，尤其水田在肥水管理和地面覆盖等方面与旱田有较大差别，且水田排水沟渠在水稻生长季大部分时间为有水状态，导致水田的农业面源污染物输出负荷远高于旱田。因此项目组成员设计了一种用于减少水田排水中污染物的生态沟渠，通过在生态沟渠内设置节水闸、设置内含生态基质床与生物膜填料的生态拦截箱、在沟壁与沟底上铺设生态混凝土混合物、在沟壁与沟底上的通孔中种植适应的植物以及在生态基质床上种植适应的植物，削弱了水田排水对沟渠和植物幼苗的冲刷，稳固了沟壁和沟底，增加了沟渠对水田排水的净化能力，降低了水田排水中污染物进入下游收纳水体总量，减少了下游收纳水体发生富营养化的可能性，增加了水田区的生物多样性及景观性，为野生动物和植物创造生存环境，同时由于生态沟渠中可种植经济类植物，能有效增加农民的经济收入。

（一）一般要求

1. 农田排灌保障

满足不同区域农田灌排需求，在保障作物高产稳产的基础上，制订科学合理的生态沟渠建设方案，提升农田沟渠生态拦截、景观功能。

2. 生态适应性

遵循生物多样性保护原则，根据区域气候、地质、土壤、地形等特点，优选乡土材料和乡土植物，建设农田生态沟渠。

3. 安全稳定性

设计标准要考虑洪水等突发情况，建设标准要符合GB/T 30600。

（二）建设要求

1. 农田生态沟渠组成

农田生态沟渠包括工程部分和植物配置部分。工程部分包括沟渠边坡、渠道、基质坝和水位调控闸阀，植物配置部分包括边坡植物、渠底植物和沟渠两侧缓冲带。

2. 农田生态沟渠设计

对原有农田沟渠坡度、沟渠底部、沟渠缓冲带等进行设计改造，符合 GB 50288 和 SL18。

（1）沟渠坡度。生态沟渠边坡坡度一般为 1∶1.4～1∶1.5，保障行水通畅，又能减少过水对沟壁土壤的冲刷，减少沟壁水土流失。

（2）沟渠底部。为了减缓过水流速和过滤盐分，在沟渠底部设置填料透水基质坝。基质坝高度 0.5～0.8 m 高度，其外形也为倒梯形，与沟底形状相似，但要高宽于沟底，将其镶嵌在两端沟壁之内，防止填料透水基质坝伏倒；其基质坝厚度 0.5 m 左右即可，其填充基质为孔隙度较高的较大颗粒火山石（d=2～5 cm）、以及磁铁矿滤料（d=2～5 cm），并掺入少许悬浮球填料（d=8～10 cm），便于微生物挂膜，增加过水盐分、氮磷等污染物的去除。一般每 50 m 放置一部填料透水基质坝。

（3）沟渠缓冲带。在生态沟渠两侧，建设 0.5～0.8 m 的缓冲带，起到引导和隔离作用。

（4）水位调控闸阀。在农田沟渠进水端建设水位调控闸阀，用于调控生态沟渠水位，雨季将闸阀旋开，让来水通行，非雨季用来截留渠系水体，维持生态沟渠水位，维护生态沟渠植物生长。

3. 植物配置设计

（1）边坡植物配置。选择具有较强吸收氮磷能力、具有一定经济价值、易形成景观的功能植物，种植到沟渠边坡生态砖中。

（2）渠底植物配置。对于生长有芦苇的沟渠，设计为荷芦共生沟渠，增加沟渠生物多样性，其品种为大型观赏型荷花种藕苗，这种藕苗适合盐碱地种植，其种植密度为 3～5 颗。其中沟底平整为宽度 0.5～0.8 m。

（3）缓冲带植物配置。优选乡土灌木，修剪为 0.5～0.8 m 高度的绿篱笆，起到引导和隔离作用。

4. 生态沟渠功能监测

设置农田地表径流收集装置，每 100 m 布设一个监测点。每个监测点铺设地表径流收集器收集地表径流水样，评价经过地表流失盐分量及其他污染物的量；同时在相同位置布设不同农田距离的侧渗装置，分别收集距离沟边 1 m、2 m、5 m、10 m 等位置的侧渗水体，评价通过侧渗流失的盐分的量。出水水质达到 GB 3838 和 GB 5084。

5. 湿地植物收割与利用

每年定期收割沟渠湿地植物，对于生物质量大、纤维含量高的植物，用于开发生物质。对于适合堆肥的植物，联合秸秆、畜禽粪便用于生产生物有机肥。

（三）建设成效

以在山东省农业科学院东营试验基地北区建设的 100 m 农田生态沟渠为例，在正常运行期间，采用人工配水方式验证其净化功能，定期在沟渠进出口监测水质，水质监测结果如表 7-26 所示。

表 7-26 实验生态沟渠水质指标

参数（mg/L）	进水水质（mg/L）	过水出水水质（mg/L）	蓄水 7 d 后出水水质（mg/L）
COD	30.16	18.35	12.57
总氮	9.45	6.46	1.31
铵态氮	6.09	2.58	0.54
总磷	2.32	0.86	0.15

在未建设生态沟渠系统以前，实验区域内的农田地产生的水体均直接排放，COD、总磷和总氮的含量分别劣于《地表水环境质量标准（GB 3838—2002）》中Ⅳ类和Ⅴ类水质标准；建设生态沟渠持续稳定运行 3 个月以后，实验区域内水田排水水质均达到Ⅲ类水质标准，部分水质不达标水质通过延长蓄水时间就能达到Ⅲ类水质标准；从过水出水到蓄水 7 d 后出水，COD 去除率达到 39%～58%，总氮去除率达到 31%～87%，铵态氮去除率达到 57%～91%，总磷去除率达到 63%～97%，而通过节水闸延长蓄水时间，能进一步提高各指标去除能力。

五、农田—湿地交错带农田高效安全生产技术模式集成

针对黄河三角洲轻度盐碱地，以用地养地相结合，产量效益并重为目标，集成构建了农田—湿地交错带“小麦—玉米”轮作农田高效安全生产技术模式。技术要点如下：①“小麦—玉米”秸秆高效利用技术。针对秸秆的不同用途，通过研究秸秆生物覆盖、秸秆直接还田、秸秆—菌渣还田、秸秆—饲料—牛粪还田等多项试验，确定了小麦、玉米秸秆高效循环利用技术，既小麦秸秆直接粉碎还田、小麦秸秆生物覆盖技术，玉米—大豆间作，全株收获饲用，牛粪还田或玉米秸秆转化为食用菌基质，基质种植蘑菇后菌

渣再还田；②“增施有机肥、减施化肥”配套施肥技术。针对黄河三角洲地区土壤有机质含量低、养分失衡、施肥制度不合理、肥料利用率低等问题，研究了黄河三角洲轻度盐碱地不同种植制度下肥料优化施用试验，确定了不同种植作物的肥料优化使用量。小麦秸秆直接还田条件下，种植玉米 N—P_2O_5—K_2O 的优化施用量分别为 180—60—51 kg/hm^2。玉米秸秆作为食用菌基质后，菌渣还田，种植小麦 N—P_2O_5—K_2O 的优化施用量分别为 180—105.0—88.7 kg/hm^2；玉米秸秆饲用，牛粪还田，种植小麦 N—P_2O_5—K_2O 的优化施用量分别为 148.2—88.2—84.5 kg/hm^2；玉米秸秆直接还田，种植小麦 N—P_2O_5—K_2O 的优化施用量分别为 183.3—100.0—38.7 kg/hm^2；③秸秆生物覆盖保墒、抑盐、促苗改良技术。针对盐碱地蒸发量大、土壤返盐严重问题，作物播种后进行不同模式秸秆覆盖试验，筛选可减少田间蒸发量，降低土壤盐分等有效覆盖模式，达到保墒、控盐、抑草、促苗的目的，从而实现小麦季增产、增效、减药、减肥的绿色生产；④建设农田生态沟渠、削减农田排水污染。生态沟渠是将自然或传统排水沟渠进行改造，使其在满足农田排洪泄涝的前提下，增加沟渠植被覆盖度和吸附净化能力，充分利用植物吸收、基质吸附作用、水中和底泥等物质的化学转化、微生物作用等方式有效地截留净化和转化来自农田的 COD、氮和磷等物质，减少进入河流和湖泊污染物的量。通过在生态沟渠内设置节水闸、设置内含生态基质床与生物膜填料的生态拦截箱、在沟壁与沟底上铺设生态混凝土混合物、在沟壁与沟底上的通孔中种植适应的植物以及在生态基质床上种植适应的植物，削弱农田排水渠和植物幼苗的冲刷，稳固了沟壁和沟底，增加沟渠对农田排水的净化能力，降低农田排水中污染物进入下游收纳水体总量，同时增加农田区域的生物多样性及景观性，为野生动物和植物创造生存环境，同时由于生态沟渠中可种植经济类植物，能有效增加农民的经济收入。

第八章　黄河三角洲滨海盐碱类土地资源创新利用

土地盐碱化是涉及资源、环境和生态的全球性问题。据联合国教科文组织和粮农组织的不完全统计，全球盐碱地面积 143 亿亩，我国盐碱地总面积约 14.8 亿亩，居世界第三位。山东省共有盐碱地 890 万亩，占全省土地总面积 3.8%，主要集中分布在东营、滨州、潍坊和德州市，其中滨海盐碱地约 700 万亩，占全省盐碱地总面积的 78.3%。可见，随着我国粮食生产压力的增大和可利用耕地面积的持续减少，滨海盐碱地的创新利用已成为我国耕地“扩容、提质、增效”的重要来源，也是我国重要的后备土地资源区。

黄河三角洲地区是我国盐碱地集中典型分布区之一，目前后备耕地资源面积达 285 万亩，其中约 83%（235 万亩）达到国家级后备耕地资源标准，是环渤海经济带和国家黄淮海平原农业主产区的重要组成部分，在环渤海地区经济发展中具有重要战略地位。2009 年国务院正式批复通过《黄河三角洲高效生态经济区发展规划》，黄河三角洲地区的发展上升为国家战略，2015 年国务院批复设立了“黄河三角洲农业高新技术产业示范区”，要打造经济社会与资源承载力相适应的高效生态经济发展新模式，明确要求在盐碱地综合治理与发展现代农业作出示范，推进区域农业高质量绿色可持续发展，实现人与自然和谐共处，并为带动东部沿海地区农业经济结构调整和发展方式转变作出贡献。2019 年 9 月 18 日，在郑州召开的黄河流域生态保护和高质量发展座谈会上，黄河流域生态保护和高质量发展被提升至重大国家战略。要加强生态环境保护，下游的黄河三角洲要做好保护工作，促进河流生态系统健康，提高生物多样性；要推进水资源节约集约利用，大力推进农业节水；推动黄河流域高质量发展。要从实际出发，宜粮则粮、宜农则农。随着国家和地方对黄河三角洲地区盐碱土地资源持续的开发和改良，其农田土地生产力水平已大幅度提高。但由于该区域生态系统脆弱，可耕地资源受到土壤盐碱化、淡水资源缺乏、土壤肥力低等因素的制约，区域内的典型可耕种农田存在田间微地形起伏不平、岗坡洼分布不均，盐分表聚、深层盐分下移缓慢，土壤内源养分亏缺、肥力水平低，大田种植结构或模式单一、生物多样性受损等问题，解决起来单一技术措施往往难以奏效，亟须从系统角度出发，综合利用区域丰富的耐盐植物种质资源、调控盐碱地水盐肥、创新集成适应性技术模式等，因地制宜适应盐渍环境，推进盐碱地绿色开发利用，实现资源约束条件下盐碱地生态环境保护与可持续利用。

一、技术需求

（一）黄河三角洲区域淡水资源短缺，供需矛盾不断加剧，亟须研发工程措施与生物措施相结合的多水源联合调度扩源、水资源循环再利用和节水灌溉制度等，确保水资源高效安全利用

黄河三角洲是资源性严重缺水地区，人均水资源量约 300 m^3，远低于国际公认标准人均水资源量 1 000 m^3的临界值。黄河三角洲水资源主要有降水、地下水和客水。黄河三角洲属山东省降水偏少地区，多年平均降水量为 574. 9 mm，较全省多年平均降水量（679. 5 mm）偏少 15. 4%，且年均降水量在时间分配上变化很大，降水主要集中在 6—10 月，占全年降水量的 65%～80%，其中 7、8 月降水最为集中，其他月份降水较少。目前绝大部分雨水未经利用直接排入海洋，资源利用率较低（窦豆，2019）。黄河三角洲地下水主要是微咸水、咸水和卤水，淡水资源相对贫乏，地下淡水资源量为 13. 4 亿 m^3，地下微咸水资源量为 10. 2 亿 m^3（王海静，2013），黄河水是黄河三角洲的重要客水来源，据东营市利津水文站监测数据可知，1998—2018 年黄河入海量为 34. 62 亿～331. 3 亿 m^3，平均值为 152. 12 亿 m^3（黄河水文公报，2019），国家分配给黄河三角洲地区的引黄指标为 21. 7 亿 m^3，在严格的水资源管理制度下，黄河三角洲地区引黄供水量基本趋于饱和。

随着国家黄河三角洲地区开发战略的实施，开发利用量不断增加，再加上引黄渠道和农业灌溉方面的水量损耗和浪费，以及工农业发展造成的水污染，这些无疑加重了该区的缺水情况。另外，黄河三角洲地区面临海洋，还受到风暴潮、海水入侵的威胁，促使海岸蚀退、水污染等方面的问题更加明显，在一定程度上加剧了黄河三角洲地区的水资源供需矛盾，成为区域经济社会发展和生态建设的瓶颈（高振斌 等，2017；庞桂斌 等，2014）。因此，亟须在充分全面考量黄河三角洲水土资源条件和当前已有产业结构的基础上，围绕雨水、微咸水、二河水、再生水等多水源联合调度扩源，研究黄河三角洲盐碱地节水灌溉关键技术及模式，研发农田灌溉水和畜禽养殖废水的污染处理及循环再利用技术，提高盐碱地的水肥利用效率，削减面源污染，

探索出一条低耗水、低投入、生态、高效、可持续的盐碱地治理新途径。

（二）黄河三角洲区域农田生态系统单一、产业结构配置不合理，亟须研发盐碱地农业多样性配置技术，促进产业结构调整，提高农田综合效益

近年来，黄河三角洲区域种植业结构开始向“粮食作物—经济作物—饲料作物—能源作物”多元种植结构调整，但总体上仍以“粮食作物—经济作物”传统的二元结构为主。目前该区小麦种植约550万亩，玉米种植约630万亩，棉花种植约300万亩，人工牧草和绿肥作物10万亩左右，中药材、水稻等也开始向规模化发展。毫无疑问，这些产业在黄河三角洲高效生态经济建设中将发挥重要作用，并占据举足轻重的地位。但是，从发展的观点来看，特别是从黄河三角洲高效生态经济建设的角度来看，该区目前的盐地农业结构尚不能满足高效生态经济发展的要求，主要表现在：农田及滩涂地生态系统结构简单、光热等自然资源综合利用率低，如农田以棉花、水稻单一作物种植为主，冬、春季节的光热资源浪费严重，生态系统简单，缓冲能力低；物质循环不畅，农业生产系统整体抗逆性和自我调节功能弱，如棉花等作物常年连作，病虫草害严重；花生是一种抗旱耐瘠、适应性强的经济作物，种植花生不仅投入低、效益高，还可以起到改良土壤、增加后茬作物产量的作用，但在三角洲地区发展很少；作物生产技术不规范，与轻简化、规范化和规模化生产还有很大的距离。并且黄河三角洲地区农业比较效益低。调查表明，盐碱地农业经营效益最好的是种养结合模式，主要有“稻—鳖”“稻—蟹”“稻—鸭”和“稻—鳅”4种模式，收入每年为5万～6万元/hm^2；重度盐碱地上的小麦—玉米种植模式，收入每年为1 000～8 000元/hm^{2}不等；而仅单季种植青贮玉米，则会年亏损3 225元/hm^2（高明秀和吴姝璇，2018）。

针对这些突出问题，立足黄河三角洲高效生态经济和黄河三角洲国家农业高新技术产业示范区的需要，围绕盐碱地生态系统光热水土等自然资源的周年高效循环利用，研究黄河三角洲盐碱地农田生态系统多样性配置和高效生产技术，构建黄河三角洲盐碱地作物高效生态模式，提高盐碱地农业的比较效益，推进黄河三角洲盐碱地农业布局优化，保障区域农业绿色发展、可持续发展。

（三）黄河三角洲区域农业废弃物资源利用简单，浪费严重，亟须研发农业废弃物综合利用技术，实现盐碱地农业废弃物资源化利用、循环可持续发展

黄河三角洲始终是国家和山东省农业开发、补充耕地及拓展建设用地空间的重要来源。2011 年，山东省启动未利用地开发工程，计划 10 年内开发未利用地 13.33×10^4 hm^2，再用 10 年基本完成适宜的未利用地开发任务。2013 年以来，随着“渤海粮仓”“盐碱地绿色开发”等农业科技创新与示范工程的实施，黄河三角洲地区的种植业、养殖业、农产品加工业正迅速发展。据统计数据，2018 年，该区域小麦播种 550 万亩，玉米播种 630 万亩，牛存栏 70 万头，猪存栏 151 万头，家禽存栏 6 800 万只，农产品加工企业约 880 家，生产农产品 1 500 多万，每年也产生作物秸秆 860 万 t、畜禽粪污 2 900 万 t，养殖废弃物 COD 排放量 82.7 万 t，氨氮排放量约 18.5 万 t，农产品加工业废水排放量 200 多万 t。但黄河三角洲对农业废弃物的资源化利用方式还比较简单、粗放，农业废弃物的资源化利用技术与产业化水平还均较低（刘立军 等，2019；许经伟和潘莹，2014）。其中农作物秸秆的主要利用方式是粉碎还田，被高效资源化利用的仅占一小部分；养殖业废物主要包括禽畜排泄物及养殖残渣等，由于资金和技术的限制，农户的养殖普遍存在规模小、分布散及环境乱等特点，且大多数养殖点分布在村落内部或周边，同生活点“混杂”在一起，90% 以上的养殖场缺乏必要的污染治理措施（刘立军 等，2019）。此外，大量畜禽粪便未经无害化处理便直接还田，不仅污染土壤、威胁水源地，部分污染物还可通过植物吸收富集进入食物链，对人类健康构成威胁。总之农业种养废弃物产生的环境污染，已成为黄河三角洲地区面源污染的主要来源之一，不仅造成了资源的浪费，而且极大制约了农业和农村经济的可持续发展（许经伟和潘莹，2014）。同时，农业废弃物资源化产品开发尚缺乏明确的主攻方向，农业废弃物转化产品利用率较低、商品价值低，导致农业产业化进程滞后（彭靖，2009；张桃林 等，2006）。

针对该区种养废弃物、资源利用率低、循环链割裂、物质循环不畅、标准化程度低等关键问题，以优化重构循环农业新模式为核心，系统研究盐碱地粮饲作物复合种植、秸秆多通道还田培肥、粪便安全循环利用等关键接口/增效技术，优化构建新型种养加一体化高效生态循环农业模式，为该区域实现多级、多层、多梯度、标准化高效生态循环农业发展提供技术支撑。

（四）黄河三角洲区域种植业生产过程自身带来的污染问题日趋严重，亟须研发盐碱地专用绿色投入品和污染物生态减控关键技术，减少化肥、农药、石油等的污染，保障食品安全

黄河三角洲作为我国重要的农业产区之一，农业生产仍以常规传统种养方式为主，为追求高产，化肥、农药、地膜普遍过量施用。目前黄河三角洲

地区每年化肥施用量为 5.2×10^8～5.5×10^8 kg，其中氮素化肥占 60%～70%。在保护地蔬菜栽培中，化肥用量每年可达 2 000～2 500 kg/hm²，研究表明，在 10 年以上的大棚土壤硝态氮含量较棚外高 4.7～6.4 倍，有效磷高 4.6～16.3 倍，速效钾高 1.4～2.7 倍（张丽娟 等，2010）。化肥的大量使用，导致土壤板结，通透性差，耕性下降。另外，由于大量氮肥投入易引起过量的氮素在土壤微生物的作用下转化为硝态氮和亚硝态氮，硝态氮和亚硝态氮易随水淋失，引起地下水和河流污染。据报道，多年设施种植区地下水硝酸盐污染严重，含量最高的点位超标高达 27 倍（张丽娟 等，2010）。每年各种农药（主要是杀虫剂、杀菌剂、除草剂）的使用量为 110×10^7～112×10^7 kg。有研究表明一般施用农药的 70%通过不同的途径进入土壤，目前随着农药使用次数和使用量的增加，该地区的土壤受到不同程度污染。此外，由于大量使用农药，许多农作物病虫害的天敌被消灭，破坏了生态平衡，在自然条件适宜时，往往导致农作物病虫害大暴发，继而又增加农药使用量，形成恶性循环，使农业生态环境污染加剧。黄河三角洲地区农膜施用量年均在 26～34 kg/hm²，但残膜的回收率不足当年使用量的 50%，农膜覆盖技术的应用给农民带来了较高的经济收益，但随之而来的环境污染不可低估（许经伟和潘莹，2014）。

针对黄河三角洲地区农田的面源污染问题，亟须采取“源头控制—过程阻断—末端治理”的思路，研究肥料的精准减量与环保型肥料应用技术，农药的绿色替代与精准减量技术和农田的原位生态修复技术，改善农业生产环境，保障农产品质量安全。

（五）黄河三角洲湿地生态系统退化严重，生态系统服务功能受损，亟须研发湿地生态系统修复、保育与友好开发技术，保护湿地生物多样性，促进湿地生态系统健康稳定

2019 年 9 月 18 日，在黄河流域生态保护和高质量发展座谈会上提出，黄河三角洲是我国暖温带最完整的湿地生态系统，要做好保护工作，促进河流生态系统健康，提高生物多样性。2020 年 1 月 3 日习近平总书记在主持召开的中央财经委员会第六次会议中强调，要推进黄河流域生态保护修复。由此为黄河三角洲湿地保护与修复奠定了基调。

当前黄河三角洲湿地生态系统的退化主要表现为：一是湿地面积缩减、类型改变。自然湿地面积急剧减少，1990 年，黄河三角洲自然湿地面积为 48.29 万 hm²，到 2018 年，自然湿地面积为 25.64 万 hm²，自 1990 年至 2018 年，自然湿地面积减少 22.65 万 hm²，减少率为 46.9%。人工湿地面积

显著增加，由 1990 年的 10.42 万 hm^2 增加至 2018 年的 30.72 万 hm^2，增加率为 194.8%。伴随着湿地面积的变化，湿地类型也由自然湿地（河流湿地、沼泽湿地、草甸湿地等）占主体转化为自然湿地和人工湿地为主，湿地斑块间整体趋向破碎化、复杂化，湿地间连通性降低，大片连续分布的自然湿地景观被各种库塘、沟渠、盐田等人工湿地和农田、道路、建筑、油田等非湿地取代。同时受黄河下游径流量和输沙量减少和岸线变化等自然因素影响，由海水倒灌引起的侵蚀作用不仅使黄河入海河口地区淤积面积增加不大甚至处于减少状态，而且使黄河三角洲其他岸段都出现不同程度的侵蚀后退。据报道，1976 年以来，仅黄河三角洲自然保护区北部向内陆蚀退已达 11 km，面积近 115 km^2，并且仍以年均 200 多米的速度蚀退。二是湿地污染依然存在，生物多样性降低。黄河三角洲地处黄河尾闾，湿地内共计大小河流 100 多条。随着日益增大的城市工业废水和生活污水排放、农业面源污染，以及城镇化速度的加快，大量陆源污染物进入湿地和附近海域，在一定程度上导致湿地与近岸水体富营养化、生态系统污染、功能退化及生物多样性丧失，并对附近海域浮游生物群落的结构和功能产生重要影响。据 2018 年中国海洋生态环境公报，黄河口生态系统仍处于亚健康状态。近年来，黄河三角洲集约化的围填海和油田开发等活动随着黄河尾闾的淤积造陆而不断向河口湿地转移，不但直接侵占破坏大量的湿地，也破坏了一些珍稀鸟类潜在的后备湿地生境和饵料来源，不利于珍稀濒危鸟类的生存与繁衍。当前，黄河入海口大型底栖动物群落在物种数、生物量、丰度以及群落结构组成等方面都发生了较大变化，具体表现为寿命长、体积大、具有高竞争力的优势种正逐渐丧失。三是湿地生态系统功能受损，且湿地功能未被充分利用。黄河三角洲湿地的退化，也使湿地生态系统的功能受损，一方面表现为调节水热状况、促淤保滩、碳汇等生态功能在不断减弱。另一方面黄河口湿地的自然生产力也在不断下降，黄河口及其近岸区域曾是渤海区的重要渔场，目前这一水域已丧失作为鱼类产卵地的功能，威胁当地水生生物的健康及渔业生产。另外，外来物种已影响到湿地生态系统的功能和结构。为保护堤坝，1990 年从福建引进的外来物种——互花米草，呈爆发式增长，至 2018 年，黄河三角洲地区互花米草分布面积已达到 1 355 hm^2，现主要分布在油田、现行河道东部附近，已成为该地区优势物种。由于互花米草生长能力、入侵能力极强，扩张迅速，不断挤占原生物种的存空间，导致海草床、盐地碱蓬等湿地生态系统退化，严重影响了黄河三角洲湿地生态系统的结构与功能。

同时黄河三角洲已有的湿地生态修复技术普适性差，推广范围受限。近年来，国家和地方针对黄河三角洲湿地和生物多样性采取了一系列生态保护恢复措施。通过修筑围坝、引蓄黄河水、增加湿地淡水存量等多项湿地生态修复措施或工程的实施，显著增加了退化湿地的土壤水分，降低了土壤盐度，为淡水湿地植被和淡水底栖生物提供了更为适宜的栖息环境，也对遏制该区湿地退化起到了积极作用，但也存在着一些问题，具体表现为：一是修复涉及区域有限。受黄河来水的限制，当前实施的黄河三角洲湿地修复工程主要集中在新生湿地区域和黄河故道部分湿地区，对其他类型湿地，尤其是蚀退区退化湿地的修复很少或尚未涉及。二是修复模式单一。在修复技术模式层面上，当前对该区退化湿地的修复手段比较单一，主要是基于补充淡水为主体的自然修复模式，自 2002 年起，在每年 7 月左右对恢复区进行一次生态补水，持续时间为 20～30 d，其修复效果依赖于淡水补充时间与补充量，而对人工促进修复模式尚未开展有效实践。由于黄河三角洲的蒸发量远大于降水量，蒸降比在 3.5 左右，所以基于淡水补给的湿地修复模式仅在黄河入海口退化湿地区具有有效性，而在其他地区尚不具备普适性。三是修复效果受黄河水量限制。一年一度的湿地生态补水依赖于黄河上游小浪底调水调沙工程的运行，使得此外的其他时间无水可补，既无法保证湿地基本生态流量，更不能保障年内和年际的高流量脉冲的实现，鉴于生态调水的不确定性和生态系统的复杂性并存，导致湿地生态修复效果存在不确定性，目前生态系统演替过程虽然整体向良性发展，但也可能会出现反复和停滞。

针对黄河三角洲湿地生态系统退化、生物多样性降低、生态服务功能受损等问题，以“山湖林田草沙是一个生命共同体”和“绿水青山就是金山银山”理论为指导，研发盐碱地生态系统构建与恢复等关键技术，保护湿地生物多样性，推进湿地生态系统健康稳定，推动生态产品价值实现和转化，为区域生态文明建设和生态安全提供永续保障。

（六）黄河三角洲处于不断更新变化过程中，需要研究开发盐碱地生态系统智能监测与预警技术，构建大数据服务平台，为区域生态环境建设和农业发展提供信息化服务

智慧农业引领现代农业发展，是中国农业历史发展阶段的客观要求。我国农业在经历了人力和畜力为主的传统农业（农业 1.0）、生物—化学农业（农业 2.0）、机械化农业（农业 3.0）之后，必须进一步转变农业生产方式，以信息和知识为要素，将现代信息技术与农业深度融合，大力发展智慧农业（农业 4.0），大幅度提高农业生产效率、效能、效益。我国科学家在 1994 年就提出在我国进行精准农业研究应用的建议，随着信息技术飞速发展，其农业应用也逐步得以推广并得到国家的重视。国家在“863”计划中列入了精准农业的内容，国家计委和北京市政府共同出资在北京开展精准农业示范，中国科学院也把精准农业列入了知识创新工程计划。2018 年 2 月《中共中央、国务院关于实施乡村振兴战略的意见》中明确提出：“大力发展数字农业，实施智慧农业林业水利工程，推进物联网试验示范和遥感技术应用”。但总体看，目前我国关于智慧农业的研究和应用还处于起步阶段，智慧农业、大数据服务平台等在盐渍土农区的研究应用还处于起步阶段。

黄河三角洲是河流、海洋与陆地的交汇带，是世界上典型的河口湿地生态系统，具有多重生态界面，多种物质和动力系统交汇交融，陆地和淡水、淡水和咸水、天然和人工等多种生态系统交错分布，黄河三角洲滨海盐碱地是世界盐碱地的典型代表之一，是探索盐碱地改良利用的天然试验场。

针对黄河三角洲盐碱地利用管理基础数据缺乏、农作过程精确化程度低、设施农业转型升级等现实问题，围绕现代信息、数字、智慧技术在农业应用上的需求，重点开展盐碱地智能监控与信息快速获取、盐碱地智慧农作、盐碱地现代设施农业关键技术及配套装备等研究，形成智能化的关键技术体系和应用模式，为黄河三角洲盐渍土资源高效利用及智慧农业发展提供信息支持及技术支撑，提升黄河三角洲农业数字化、智能化和机械化水平。

二、理论支撑

（一）可持续发展理论

1. 可持续发展理论定义

可持续发展理论的形成经历了相当长的历史进程。20 世纪 50—60 年代，人们在经济增长、城市化、人口、资源等所形成的环境压力下，对“增长—发展”的模式产生怀疑，越来越多的人开始关注环境保护并展开研究。1962 年，Rachel Carson 发表《寂静的春天》，在世界范围引发了人们关于发展观念上的争论。在此阶段，美国环境运动爆发，源于污染企业的发展问题导致石油泄漏、火灾和其他环境灾难。同时，受到物质财富积累和越南战争等影响，迫使美国地方和联邦政府颁布各项法律、法规来处理空气污染、水污染、荒野保护等问题；并最终签署《国家环境政策法案》，为可持续发展的正式出现奠定了基础。

1972 年在斯德哥尔摩举行的联合国人类环境会议，深入探讨了环境的重要性问题，人们意识到：环境管理已迫在眉睫，发布的《只有一个地球》把人类生存环境的认识推向一个新境界，可持续发展的境界。同年，发表的研究报告《增长的极限》明确提出“持续增长”和“合理的持久的均衡发展”的概念。1987年，联合国世界与环境发展委员会发表了一份报告《我们共同的未来》，正式提出了可持续发展概念，即“既满足当代人的需要，又对后代人满足其需要的能力不构成危害的发展”。可持续发展概念的提出标志着可持续发展理论的产生，受到世界各国政府组织和舆论的极大重视，自此可持续发展成为人类的行动纲领。1992年，世界环境与发展委员会在巴西召开的联合国“环境与发展”大会上通过了《21世纪议程》，把农业和农村的可持续发展作为可持续发展的根本保证和优先领域。1996年，粮农组织罗马世界粮食首脑会议，进一步明确了可持续农业发展的技术和要点，突出了“新的绿色革命”技术，指出包括新品种、化肥、灌溉和农药技术在可持续农业中的意义和作用。2002年，联合国可持续发展首脑会议在南非约翰内斯堡举行，会议通过了《全球可持续发展执行计划》和《约翰内斯堡可持续发展承诺》，这两个文件对严重危害人类生存的生态问题进行了讨论，提出了解决的方法与时间安排，针对生物多样性、农业生产、水资源和能源及人类生存健康等主要方面做了相关安排，这次会议为可持续发展理论在全球的发展奠定了重要的基础。

2. 可持续发展理论的内涵

可持续发展定义包含两个基本要素或两个关键组成部分：“需要”和对需要的“限制”。满足需要，首先是要满足贫困人民的基本需要。对需要的限制主要是指对未来环境需要的能力构成危害的限制，这种能力一旦被突破，必将危及支持地球生命的自然系统包括大气、水体、土壤和生物。可持续发展理论主要有以下几方面内涵。

(1) 共同发展。地球是一个复杂的巨系统，每个国家或地区都是这个巨系统不可分割的子系统，因此，可持续发展追求的是整体发展和协调发展，即共同发展。

(2) 协调发展。协调发展包括经济、社会、环境三大系统的整体协调，也包括世界、国家和地区三个空间层面的协调，还包括一个国家或地区经济与人口、资源、环境。社会以及内部各个阶段的协调，持续发展源于协调发展。

(3) 公平发展。世界经济的发展呈现出因水平差异而表现出来的层次性，这是发展过程中始终存在的问题。但是这种发展水平的层次性若因不公平、不平等而引发或加剧，就会因为局部而上升到整体，并最终影响到整个世界的可持续发展。可持续发展思想的公平发展包含两个纬度：一是时间纬度上的公平，当代人的发展不能以损害后代人的发展能力为代价；二是空间纬度上的公平，一个国家或地区的发展不能以损害其他国家或地区的发展能力为代价。

（4）高效发展。公平和效率是可持续发展的两个轮子。可持续发展的效率不同于经济学的效率，可持续发展的效率既包括经济意义上的效率，也包含着自然资源和环境的损益的成分。因此，可持续发展思想的高效发展是指经济、社会、资源、环境、人口等协调下的高效率发展。

（5）多维发展。人类社会的发展表现出全球化的趋势，但是不同国家与地区的发展水平是不同的，而且不同国家与地区又有着异质性的文化、体制、地理环境、国际环境等发展背景。此外，因为可持续发展又是一个综合性、全球性的概念，要考虑到不同地域实体的可接受性，因此，可持续发展本身包含了多样性、多模式的多维度选择的内涵。因此，在可持续发展这个全球性目标的约束和制导下，各国与各地区在实施可持续发展战略时，应该从国情或区情出发，走符合本国或本区实际的、多样性、多模式的可持续发展道路。

3. 可持续发展理论的特征

可持续发展以经济增长为前提，为国家富强和满足民众基本需要提供永续的经济支撑（刘培哲 等，2003）。这里，经济增长不仅包括数量或经济总量的增长，还包括：经济优先、经济结构和经济质量。从而实现“在保护自然资源的质量和其所提供服务的前提下，使经济发展的净利益增加到最大限度”。

可持续发展以保护自然为基础，与资源和环境的承载能力相协调（刘培哲 等，2003）。“保护和加强环境资源系统的生产和更新能力”。保护自然就是保护生命赖以生存的物质基础，也就是保护可持续发展的物质基础。只有如此，人与自然共同组成的人类生态系统才是最安全的。

可持续发展以改善和提高人的生活质量为目的，与社会进步相适应（刘培哲 等，200）。创造美好的社会，“在生存不超过维持生态系统容纳能力的情况下，提高人类的生活质量”，是社会可持续发展的基本内涵。

以上三大特征可概括为：经济可持续、社会可持续和生态可持续。它们之间互相关联而不可分割。孤立追求生态安全不能遏制全球环境的恶化；孤立追求社会公平也不能实现社会的富裕和安居乐业。生态可持续是基础，经济可持续是前提，社会可持续才是目的。人类追求的应该是经济—社会—自然复合系统的可持续。

（二）生态系统物质循环与能量流动理论

物质和能量是所有生命运动的基本动力，能量是物质的动力，物质是能量的载体，生物有机体和生态系统为了自己的生存和发展，不仅要不断地输入能量，而且还要不断地完成物质循环。进入生态系统的能量和物质并不是静止的，而是不断地被吸收、固定、转化和循环的，形成了一条“环境—生产者—消费者—分解者”的生态系统各个组分之间的能量流动链条，维系着整个生态系统的生命。自然系统依靠食物链、食物网实现物质循环和能量流动，维持生态系统稳定；农业生态系统则要借助人工投入品及辅助能维持正常的生产功能和系统运转。在生态系统中，能流是单向流动的，并且在转化过程中逐渐衰变，有效能的数量逐级减少，最终趋向于全部转化为低效热能，由植物所固定的日光能沿着食物链逐步被消耗并最终脱离生态系统；生态系统中某些贮存的能量，也能形成逆向的反馈能流，但能量只能被利用一次，所谓再利用是指未被利用过的部分。但物流不是单向流动，而是循环往复的过程，物质由简单无机态到复杂有机态再回到简单无机态的再生过程，同时也是系统的能量由生物固定、转化和水散的过程，不是只能利用一次，而是重复利用，物质在流动的过程中只是改变形态而不会消灭，可以在系统内永恒地循环，不会成为废物。

任何生态系统的存在和发展，都是能流与物流同时作用的结果，二者有一方受阻都会危及生态系统的延续和存在。参与生态系统循环的许多物质，特别是一些生物生长所不可缺少的营养物质既是用以维持生命活动的物质基础，又是能量的载体。以太阳能为动力合成有机物质，沿食物链逐级转移，在每次转移过程中都有物质的丢失和能量的散逸，但所丢失的物质部分都将返回环境，最终分解成简单的无机物，然后被植物吸收、利用，而所散逸的能量则将不能被再利用。但相对于生态系统而言，由于日光能为主要能源，是无限的，而物质却是有限的，分布也是很不均匀的。因此，农业生态系统如果调控合理，物质可以在系统内更新，不断地再次纳入系统循环，能量效率也得到持续提高。

（三）生态位与生物互补理论

生态位（Niche）是指生物在完成其正常生活周期时所表现出来的对环境综合适应的特征，是一个生物在物种和生态系统中的功能与地位，生态位与生物对资源的利用及生物群落中的种间竞争现象密切关联。生态位的理论表明：在同一生境中，不存在两个生态位完全相同的物种，不同或相似物种必须进行某种空间、时间、营养或年龄等生态位的分异和分离，才可能减少直接竞争，使物种之间趋向于相互补充；由多个物种组成的群落比单一物种的群落能更有效地利用环境资源，维持较高的生产力，并且有较高的稳定性。在农业生产中，人类从分布、形态、行为、年龄、营养、时间、空间等多方面对农业生物的物种组成进行合理的组配，以获得高的生态位效能，充分提高资源利用率和农业生态系统生产力。随着生态学概念的不断深化，已从单纯的自然生态系统转移到“社会—经济—自然”复合生态系统，生态位概念也进一步拓展，不再局限于单纯的种植业系统或养殖业系统，甚至拓展到整个农业经济系统。

生态系统中的多种生物种群在其长期进化过程中，形成对自然环境条件特有的适应性，生物种与种之间有着相互依存和相互制约的关系，且这一关系是极其复杂的。一方面，可以利用各种生物及生态系统中的各种相生关系，组建合理高效的复合生态系统，在有限的空间、时间内容纳更多的物种，生产更多的产品，对资源充分利用及维持系统的稳定性，如我国普遍采用的立体种植、混合养殖、轮作，以及利用蜜蜂与虫媒授粉作物等。另一方面，可以利用各种生物种群的相克关系，有效控制病、虫、草害，目前正兴起的生物防治病虫害及杂草，以及生物杀虫剂、杀菌剂、生物除草剂等生物农药技术已展示出广阔的发展前景。

（四）人地系统理论

所谓人地系统理论，是指人类社会是地球系统的一个组成部分，是生物圈的重要组成，是地球系统的主要子系统。它是由地球系统所产生的，同时又与地球系统的各个子系统之间存在相互联系、相互制约、相互影响的密切关系。人类社会的一切活动，包括经济活动，都受到地球系统的气候（大气圈）、水文与海洋（水圈）、土地与矿产资源（岩石圈）及生物资源（生物圈）的影响，地球系统是人类赖以生存和社会经济可持续发展的物质基础和必要条件；而人类的社会活动和经济活动，又直接或间接影响了大气圈（大气污染、温室效应、臭氧洞）、岩石圈（矿产资源枯竭、沙漠化、土壤退化）及生物圈（森林减少、物种灭绝）的状态。人地系统理论是地球系统科学理论的核心，是陆地系统科学理论的重要组成部分，是可持续发展的理论基础。

三、高效生态盐地农业内涵

（一）高效生态盐地农业的来源

20 世纪 50 年代，联合国教科文组织已经提出开发研究耐盐经济植物的建议。以色列学者对183种植物进行稀释海水浇灌实验，并在国际植物学会上进行报告，推进了耐盐植物研究。1990年，美国国家研究委员会国际事务办国际科技开发部在世界环境与发展大会上，介绍了适合发展中国家利用的数百种耐盐植物，正式提出“耐盐农业”的研究开发方向。著名未来学家托夫勒预言21世纪的新兴产业技术时，曾经特别强调人类的淡水资源在未来会愈发紧张，因此发展耐盐农业将会日受青睐，世界粮食生产格局也将因之而大大改观。

高效生态盐地农业是按照生态学、土壤盐渍地球化学原理及节约集约化经营理念，遵循能量耗散低熵、物质循环再生、生物多样互补以及生态经济协调“四大”原理，通过农业生态经济系统设计和管理，实现物质能量资源的多层次循环利用和经济梯度增值，达到农业系统的生物与盐渍环境的高耦合、自然资源利用的高效率、化石能源的低消耗、农田自身污染物的低排放的产业目标。高效生态盐地农业是一种节约集约化经营与生态化生产有机耦合的现代农业，是一类新型的生态产业，符合国家、区域发展战略的重大需求。

（二）发展高效生态盐地农业遵循的原则

发展高效生态盐地农业应遵循以下原则。

（1）节约化——围绕农业增长方式转变，以提高资源利用效率为核心，以节地、节水、节肥、节药、节种、节能和资源的综合循环利用为重点，加强耕地质量管理、发展节水农业、提高农业投入品的利用效率、发展集约生态养殖业和农业装备节能。

（2）集约化——在一定规模的单元内，集中地投入较多的生产资料和劳动，运用先进的技术和管理方法，以求在较小规模上获得高额产量和收入。

（3）高效化——通过物质循环和能量多层次综合利用和系列化深加工，实现经济增值，实行废弃物资源化利用，降低农业成本，提高效益。

（4）多样化——充分吸收区域传统农业精华，结合现代科学技术，以多种生态模式、生态工程和技术类型装备农业生产，促进区域扬长避短，充分发挥地区优势，各产业间协调发展。

（5）可控化——对于农业生态系统自身及系统向界面外部排放的有害、有毒的各种物质要实现技术的可控制化，阈值稳定，减少排放。

（三）盐碱地高效生态农业创新尺度

从系统论的观点来看，盐碱地高效生态农业的实质是人类—环境系统中由资源、生态、经济与社会等环境要素相互作用、相互影响而形成的物质流、能量流、信息流和价值流的持续运动过程。而这个过程是一种阶梯状性结构（图 8-1）。由于不同尺度的自然或人文载体与不同尺度的物质能量的组合，高效生态盐地农业的空间范围与模式结构的等级层次具备一定的耦合关系。高效生态盐地农业发展尚处于初级阶段，当前高效生态盐地农业的科技支撑着力点放在农田、农户和农村（企业）空间尺度上，以农田节约集约化经营与生态化生产为基础，链接农户，延揽农村（企业），构建农田—农户—农村（企业）“三位一体”的高效生态盐地农业系统。在未来 5～10 年及更长远的阶段，高效生态盐地农业将以城乡一体化协调发展的高级阶段，最终及未来 5～10 年内具体到黄河三角洲高效生态盐地农业的发展，当前及未来一个时期，应以提升“粮经饲（棉）、畜禽、果蔬”三大主导农业产业的竞争力和可持续发展能力为核心，铸造“五田一园”（粮田、稻田、果田、菜田、草田、畜禽园）高效生产环，创新“四个”（生态保育与修复、盐地监测与预警、面源污染减控、产品质量控制）生态节制环，构建“农业资源 & 盐渍环境—绿色产品 & 生态健康—废物利用 & 环境友好”的高效生态盐地农业生产技术体系和区域典型模式。

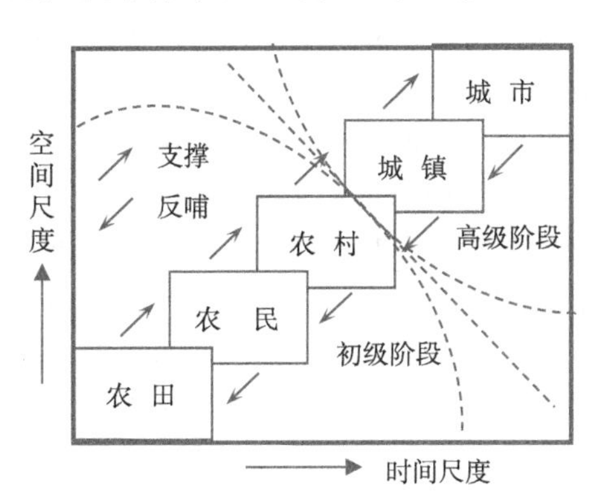

图 8-1 高效生态盐地农业空间尺度

（四）盐碱地高效生态农业的发展趋势

1. 盐碱地治理由单一治理方案探索向综合措施融合的转变

盐碱地作为世界性难题，利用单一治理技术和产品虽有效果，但往往存在工程投资大、水资源消耗多和运行维护费用高等缺点。由单一治理方案探索向以耕层土壤水—肥—盐调控为主的综合措施集成的转变，以及由“改良土壤适应植物”向“选育植物适应土壤”转变的发展趋势。随着盐碱地改良利用技术的发展，新材料、新方法、新技术在盐碱地治理领域得以应用，因此，综合利用区域丰富的耐盐植物种质资源，建立因地制宜的盐碱地适应性改良模式，是实现区域资源约束条件下盐碱地综合开发利用的有效途径。将工程措施、农艺措施、生物措施和化学措施有机结合的方向转变，因地制宜、综合治理，实现盐碱地资源的系统改良和高效利用。

2. 盐碱地开发由注重经济效益向生态优先和高质利用的转变

盐碱地开发利用除自然因素的制约外，为了提高利用比较经济效益，盐碱地开发无序过度扩张（农田、养殖、盐田等），致使区域水文格局剧变、土壤盐渍化迅速加重和自然植被覆盖度快速降低，低效农业垦殖与生态保护矛盾日益突出；盐碱地粮食作物种植比重高，机械化和集约化程度低，且加工以初级产品为主，高值高质产品缺乏。盐碱地生态保护蕴含着潜在的需求，实施生产和生态相结合、工程和农艺相结合、用地和养地相结合的盐碱地开发利用模式，倒逼推动传统产业结构的调整和发展方式转变，生态环境改善有助于培育盐碱地特色种业、生态牧渔业、农产品精深加工业等培育新产业和新模式，形成新的增长点，实现农业生产与生态保护的协调发展。

3. 盐碱地现代高效农业由一产为主向一二三产业融合发展的转变

盐碱地传统农业以种植业、养殖业等以一产为主的推进模式，而盐碱地现代高效农业正在建立“二产带动一产，一二三产业融合”的现代农业发展机制，通过引领发展配套的种业、农产品精深加工、智能装备业、高端社会化服务业等产业，通过生境修复、改造与资源养护，发展休闲旅游等产业，实现新六产业融合发展，不断提升盐碱地农业产出效益。

4. 盐碱地现代高效农业由传统生产方式向智能化和精准化的转变

智慧农业引领现代农业发展，是中国农业历史发展阶段的客观要求。我国农业在经历了人力和畜力为主的传统农业、生物—化学农业、机械化农业之后，将进一步转变农业生产方式，进入现代信息技术与农业深度融合的智慧农业，但总体看，目前我国关于智慧农业和精准农业的应用还处于起步阶段，在盐碱地农业研究也是如此。盐碱现代高效农业生产过程中，应用信息精准实时获取、智能诊断与智慧决策、盐碱地现代设施农业智能化管控等，推进种植业、养殖业、农产品加工业一体化全产业链融合发展，是盐碱地现代高效农业发展的必然趋势。

四、创新思路

围绕黄河流域生态保护和高质量发展国家战略，充分发挥国家盐碱地综合利用技术创新中心的统筹引领作用，集聚资金、技术和人才等优势，针对制约盐碱地生态修复与资源可持续利用的技术瓶颈问题，以“生态保护，高质发展”为宗旨，坚持“以种适地”同“以地适种”相结合，以科技创新驱动为基本路径，以发展盐碱地高效生态农业为核心，产学研用深度协同，精准发力，因地制宜，分类施策，重点突破水资源高效利用、盐碱地高效种植、生态养殖、农产品精深加工、农副产品和废弃物资源化利用等循环体关键接口/增效技术，研发高附加值、功能型健康产品和绿色投入品，融合发展休闲观光旅游业，分类集成建立黄河三角洲盐碱地种养加一体化高效、高值、多级、多层循环高效生态农业新模式，形成盐碱地现代高效农业生态环境防控系统和高质量发展动力系统，实现盐碱地生态系统健康稳定、资源高效利用、产品高质高值的创新利用。

五、盐地农业创新模式

随着黄河流域生态保护和高质量发展国家战略的深入实施和盐碱地治理理念的转变，如何最大限度地发挥黄河三角洲水、土、气、生的资源潜力，调整和优化耐盐作物的种植制度和结构，增加农田、湿地生态系统的生物多样性，探索构建盐碱地生态高效高值利用模式，由此作者根据黄河三角洲盐碱地综合利用的技术需求和理论支撑，针对黄河三角洲盐碱地生态高效利用存在的问题，综合考虑黄河三角洲盐碱地农业发展基础、资源禀赋、环境承载能力、生态类型和土地利用方式，聚焦黄河三角洲盐碱地农田和湿地两种最重要的生态类型，以提升盐碱地综合利用潜力为目标，依据生态学、生态经济学原理，运用系统工程方法和现代科学技术，因地制宜配置农业生态系统结构和组装配套技术，创新构建提出 5 种盐碱地生态高效利用发展模式，以期为实现资源约束条件下黄河三角洲盐碱地生态环境保护与农业高质量发展提供借鉴，为保障提升区域食物安全和生态安全水平提供科技支撑。

（一）生物措施改良利用盐碱地模式——培植特色种业

盐碱地治理作为世界性难题，利用单一治理技术和产品虽有效果，但存在工程投资大、水资源消耗多等缺点，也难以从长期种植一种作物的“点”模式取得技术突破的盐碱地利用效率整体提升。随着盐碱地改良利用技术的发展，盐碱地利用逐步由单一治理方案向“选育植物（作物）适应土壤”的利用的转变，即在常规灌溉（降雨）条件下，利用高等耐盐植物（作物）在盐碱地中的直接种植，通过灌溉水（降雨）与植物根系的作用，植物大量根系逐渐适应土壤盐渍生态环境，再通过长期合理轮作，培肥土壤，促进土壤有效脱盐。

树立种子是农业的“芯片”理念，聚焦盐碱地丰富的生物资源，以耐盐种质生物分子育种、优良基因转化、远缘杂交和工厂化育苗等高新技术为核心，培育盐碱地特色粮食、油料、牧草、绿肥、中药材、果蔬等新品种，建设集种质资源库（圃）、育种平台、繁育基地，从耐盐植物（作物）资源利用、生产效率、适应弹性和可持续性的整体维度，推广应用生态功能强和生产效益高的植物（作物）新品种，重构资源约束条件下盐碱地开发利用的有效种植模式或耕作制度。

盐碱地环境赋予当地资源特殊的食用品质和药用价值，如黄三角碱蓬、茵陈蒿等特色功能植物，藜麦、菊芋等特色经济作物，丹参、决明子等中草药作物，以及食药两用真菌、海洋食品资源等，是功能食品产业发展的天然新资源库。以营养靶向设计和功能食品精准制造技术为支撑，打造“盐碱地特色作物—健康功能食品—加工废弃物—动能物质再提取—废弃物能源化/肥料化/饲料化”产业循环经济模式，创制盐碱地功能食品独特产品和品牌，大幅提升种植业产业附加值，拉动盐碱地农业实现高质量发展。

（二）水资源高效利用模式——提升水资源利用效率

1. 精准农业工程农艺节水模式

即节水改造+农艺节水+管理节水模式。渠道防渗与管道化输水，减少渠系输水过程中的渗漏、蒸发、漏水等无效损失，提高渠系水利用系数；改进和推广节水型地面灌溉、喷灌和微灌等方式，减少田间的灌水损失量、深层渗漏和地表流失，提高灌水均匀度和灌溉水利用率；优化灌溉制度，调整作物种植结构，优选抗旱节水品种，利用秸秆覆盖，平衡施肥和保水剂等技术，提高水分生产率；加大农业节水管理力度，依规强制性节水，改革“供”与“需”二元管理体制，提高全民节水意识。

2. 微咸水（二河水）灌溉节水模式

依据不同植物（作物）耐盐能力选择不同矿化度的微咸水（二河水）进行应急灌溉，确保植物（作物）在受旱时生长和后期经济产量。配套建设田间排水工程，增施有机肥、覆膜种植和秸秆覆盖/还田等农艺措施，并建有田间雨季集水微域工程，防控土壤盐渍化的加重和农田生态环境的退化。

3. 滩涂工厂化渔业水循环再利用模式

近海滩涂海水和高矿化水资源丰富，鱼类资源多样且适应性比较强，按照发展盐碱地绿色水产养殖的理念，以封闭式循环水海水鱼养殖、人工湿地尾水处理、人工湿地生态修复等新技术为支撑，实施“海水—对虾养殖（水产品精深加工）—养殖尾水生态处理（观光休闲渔业）—人工湿地修复（黄河口湿地原生生物种质库）—尾水再生利用”循环水健康养殖模式。单位产能的耗水量显著降低，节约大量水资源，修复盐渍人工湿地，推动传统养殖业的工业化转型升级，加快渔业绿色发展进程。

4. 高效立体混养型生态渔业模式

针对盐碱低洼地、滩涂和浅海湿地，遵循生态学原理，利用生物群落内各生物不同生态位特性及互利关系，分层利用空间，提高生态系统光能利用率和土地生产能力，增加物质生产。该模式包括池塘混养和海湾鱼虾贝藻立体兼养两种模式，其中池塘混养可以分为①淡水混养模式，有常规鱼类多品种混养以及常规鱼类与名优特鱼类品种混养两种类型；②海水混养模式，包括海水鱼虾混养、鱼蟹混养、鱼贝混养三种类型。同时利用丰富的渔业资源、旅游资源和地热资源等优势，发展现代化新型休闲渔业。由于该模式是按照生态规律进行生产，能保持各种水生生物种群的动态平衡和食物链网的合理结构，保持和改善生产区域的生态平衡，保证水体不受污染，确保水生生物、水资源的可持续利用（田家怡，2013）。

（三）种养加一体化生态循环模式——提升盐碱耕地质量

1. 盐碱地集约农区种养一体化生态循环模式

在农牧结合的现代农业模式日趋发展下，种植业结构逐步由粮经二元结构向粮经饲三元结构转变，畜牧业结构逐渐由传统的草食型动物为主向草食型和好粮型相结合的结构转变，盐碱地农业立足区域农牧生产系统的秸秆（饲料）、畜禽粪便两大产出环节，在盐碱地集约化种养区，实施“水稻秸秆—饲料—养猪—屠宰加工‖粪便‖加工下角料—有机肥—盐碱稻田”“养殖粪污—联合堆肥—高值化有机肥‖土壤调理剂—盐碱农田”“秸秆青贮—奶牛精养—固粪干湿分离发酵—牛床垫料”种养废弃物再利用循环模式，实施“养殖废水—厌氧发酵—湿地消纳—净水输栏回用/净水灌溉”废水再利用循环模式，推进种养废弃物资源化、多层级、循环化利用，实现畜禽养殖环境净化与农田土壤快速脱盐的“双赢”。

2. 盐碱地高效生态草牧一体化模式

针对盐碱地天然退化草地，按照草地生态系统物质循环和能量流动的原理，运用现代草地管理、保护利用技术，实行封滩育草，减牧还草，在农牧交错带实行退耕还草，通过人工优良禾、豆科牧草种植，更新人工草场，改良天然草场，根据草场类型和产量确定畜禽结构和数量，建立草业—牧业为主的生态系统，发展集约化畜禽健康养殖，实施畜禽废弃物综合利用，提升草地质量，实现草地生态系统的良性循环，有效抑制土壤盐渍化，带动相关产业的发展，增加农民收入和实现农业的可持续发展。

3. 盐碱地特色作物—健康功能食品产业循环经济模式

盐碱地环境赋予当地资源特殊的食用品质和药用价值，如碱蓬、茵陈蒿等特色功能植物，藜麦、菊芋等特色经济作物，丹参、决明子等中草药作物，以及食药两用真菌、特色乳品和海洋食品资源等，是功能食品产业发展的天然新资源库。以营养靶向设计和功能食品精准制造技术为支撑，打造“盐碱地特色作物—健康功能食品—加工废弃物—动能物质再提取—废弃物能源化‖肥料化‖饲料化”产业循环经济模式，创制盐碱地功能食品独特产品和品牌，大幅提升种植业产业附加值，拉动盐碱地农业实现高质量发展。

4. 农林菌牧渔资源多级循环利用模式

主要包括①草（林）—菌牧结合型生高效态农业模式。针对黄河三角洲海岸带的天然退化草地，按照草地生态系统物质循环和能量流动的基本运力，运用现代草地管理、保护利用技术，实行封滩育草，减牧还草，在农牧交错带实行退耕还草，通过人工引进优良牧草品种，重建人工草场，改良天然草场，根据草场类型和产量确定畜禽结构和数量，建立草业—畜牧业为主的生态系统，发展畜禽健康养殖，实施畜禽废弃物综合治理，实现草地生态系统的良性循环，从而有效防止水土流失和风沙灾害，抑制土壤盐渍化，带动相关产业的发展，增加农民收入和实现农业的可持续发展（徐洪盛，2010）。针对大面积的生态经济林，也可发展“林—菌”“林—禽”和“林—中草药”等多种林下经济模式；②农牧菌废弃物资源高效利用模式。盐碱地农业废弃物秸秆、耐盐植物枝叶、农产品加工下脚料资源丰富，以工厂化栽培食用菌为主体，按照发展盐碱地农业循环经济的理念，延伸产业链条和价值链相乘，实施“种养废弃物—食用菌—菌渣有机肥—盐碱地培肥脱盐”“农作物秸秆—食用菌—菌渣—畜牧垫料—垫料有机肥—盐碱地培肥脱盐”“农业废弃物—食用菌—精深加工产品—加工废弃物—能源‖肥料‖饲料”等产业循环模式，推进食用菌产业的“高端化、集聚化、融合化、绿色化”，实现黄河三角洲盐碱地食用菌产业健康可持续发展。

（四）农田（水域）生物复合模式改良利用盐碱地——确保生态安全

1. 粮—经—饲—肥—能多元立体种植模式

利用生物共存，互惠原理，在耕作制度上采用间作、套种和轮作换茬技术模式，实施“用地养地”技术战略，逐渐由“偏重粮食单一功能”向“粮经饲多功能”转变。大力推广应用粮经、粮经饲、果草间作和粮肥（绿肥）、饲肥、能（能源作物）肥、粮杂等轮作制度，建设农田“粮稳产—经饲能增效—肥养地”协同增效减量化模式，优化盐碱地粮饲种植结构、丰富优质饲草来源、提高产出比较效益、提升土壤地力、控制次生盐渍化发生，实现盐渍农田生态系统健康稳定和农产品高质量产出。

2. 农田生态拦截沟渠模式

充分发挥盐碱地适宜农田生态廊道构建的耐盐植物丰富的优势，对盐碱地农田排盐沟渠进行生态化升级改造，借助耐盐植物、土壤和人工基质材料等，改善盐碱地农田环境、截流净化污染物、防控面源污染、美化农田景观、增加农田生物多样性，丰富捕食性天敌、寄生性天敌、有益微生物及拓展其生态控害功能。

3. 稻（藕）—渔共生生态循环模式

以“水—肥—饲—盐”协同调控为突破口，改进稻田基础设施，提高稻田水位，选择水稻适宜种植密度，控制肥料和农药使用，配套投放大规格鱼种，适时人工投喂饲料，平衡健康种养。在盐碱地实施“稻（藕）—鱼”共生生态循环模式，实现中重度盐碱地农田水盐运移通畅、水肥高效利用、生物高效共生，稻鱼产品优质安全。

4. 农林牧渔多元相结合的高效生态农业模式

针对黄河三角洲丰富的盐碱荒地，并具备引黄灌溉条件的区域，可发展台田，积极推广“上粮下渔”“上经下渔”“上林下渔”等多种开发模式。台田的开发坚持4∶4∶2的开发模式（即池塘、台田和沟渠路的面积比例为4∶4∶2），台田可种植果蔬、牧草、粮棉等经济作物，发展畜牧养殖业，池塘养鱼、养虾，发展水产健康养殖业，该模式不仅能够有效利用黄河三角洲广泛分布的盐碱地，而且能够对盐碱地进行改良，从根本上改造土壤中盐分含量高的制约因素，实现生态、经济和社会效益的全面提高，具有较好的发展前景（许学工，2000）。

（五）湿地生态保育与休闲旅游利用模式——培育湿地生态产业

1. 湿地生物修复与保育模式

针对退化湿地，按照循环经济原理，通过生态系统总体设计和构建，恢复和改善盐碱湿地生态系统的结构与功能，增强生态系统的稳定性。对于退化芦苇湿地可采用芦苇补植、造纸废水灌溉生物技术和工程措施，形成“芦苇修复或重建—芦苇造纸—造纸废水灌溉—芦苇处理造纸废水—盐碱类湿地生态修复—利用芦苇造纸”的模式，实现了生态、环境、经济和社会效益的统一（田家怡 等，2010）。对于重度滨海退化湿地则可采样翻地、施肥和芦苇碎屑培肥等改良方法，结合盐地碱蓬进行生态修复，从而达到改良盐碱土壤、恢复植被的效果（管博 等，2011）。

2. 湿地生态旅游观光模式

针对黄河自然保护区和其他区域的湿地，运用生态学、生态经济学原理，紧紧围绕“神奇黄河口、湿地大观园、盐地新农业、梦幻石油城”的主题，从拓展农业生态、观光、休闲、旅游、能源、文化传承等新功能着手，以突出黄河入海奇观和原始湿地自然风光为主线，打造“新、奇、野、美、特、护”黄河入海口生态型休闲观光农业。尤其对于该区存在的大面积湿地，则可以根据其湿地类型和特点发展多形态的生态旅游。如黄河三角洲自然保护区，则可充分利用其原生的河口湿地地貌，丰富的生物资源，独特的野生动物景观，同时要注重与黄河口文化（黄河入海、母亲河、民族魂等）的结合，在优美的自然风景中融入浓重的文化内涵，高标准、高起点，规划建设黄河三角洲原生湿地生态游、观鸟游、观景游、休闲娱乐游和科普教育游等旅游项目，而对于大面积的水库湿地，则可选择一些靠近大中城市、交通便利的水库开展休闲、度假、避暑、垂钓等生态旅游（李平 等，2004；吕建树和刘洋，2010）。

主要参考文献

卜玉山，苗果园，周乃健，等，2006. 地膜和秸秆覆盖土壤肥力效应分析与比较［J］. 中国农业科学，39（5）：1069-1075.

曹惠提，罗玉丽，2010. 宁夏灌区土壤盐碱化综述［J］. 水利科技与经济，16（3）：267-268，275.

陈泮勤，2008. 中国陆地生态系统碳收支与增汇对策［M］. 北京：科学出版社：198-244.

陈梅生，尹睿，林先贵，等，2009. 长期施有机肥与缺素施肥对潮土微生物活性的影响［J］. 土壤，41（6）：957-961.

陈影影，符跃鑫，张振克，等，2014. 中国滨海盐碱土治理相关专利技术评述［J］. 中国农学通报，30（11）：279-285.

程镜润，2014. 脱硫石膏改良滨海盐碱土的脱盐过程与效果实验研究［D］. 上海：东华大学.

崔毅，2005. 农业节水灌溉技术及应用实例［M］. 北京：化学工业出版社.

邓玲，魏文杰，胡建，等，2017. 秸秆覆盖对滨海盐碱地水盐运移的影响［J］. 农学学报，7（11）：23-26.

丁晨曦，李永强，董智，等，2013. 不同土地利用方式对黄河三角洲盐碱地土壤理化性质的影响［J］. 中国水土保持科学，11（2）：84-89.

董红云，朱振林，李新华，等，2017. 山东省盐碱地分布、改良利用现状与治理成效潜力分析［J］. 山东农业科学，49（5）：134-139.

窦豆，2019. 东营市农业水资源利用效率研究［D］. 武汉：华中师范大学.

范拴喜，2011. 土壤重金属污染与控制［M］. 北京：中国环境科学出版社.

房用，姜楠南，梁玉，2008. 黄河三角洲盐碱地造林抑盐效应分析［J］. 北方园艺（4）：180-183.

傅晓文，陈贯虹，迟建国，等，2015. 胜利油田土壤中重金属的污染特征分析［J］. 山东科学，28（1）：88-96.
高明秀，吴姝璇，2018. 资源环境约束下黄河三角洲盐碱地农业绿色发展对策［J］. 中国人口·资源与环境，28（S1），60-63.
高振斌，万鹏，高洁，等，2017. 黄河三角洲水资源利用问题及对策研究［J］. 水利规划与设计，11：100-101，138.
耿其明，闫慧慧，杨金泽，等，2019. 明沟与暗管排水工程对盐碱地开发的土壤改良效果评价［J］. 土壤通报，50（3）：617-624.
巩芳忠，李会明，张罡，2013. “上粮下渔”“暗管排碱”模式造田效益研究［J］. 中国渔业经济，6（31）：16-20.
管博，于君宝，陈兆华，等，2011. 黄河三角洲重度退化滨海湿地盐地碱蓬的生态修复效果［J］. 生态学报，31（17）：4835-4840.
郭洪海，杨丽萍，2010. 滨海盐渍土生态治理基础与实践［M］. 北京：中国环境科学出版社.
郭凯，张秀梅，李向军，等，2010. 冬季咸水结冰灌溉对滨海盐碱地的改良效果研究［J］. 资源科学，32（3）：431-435.
郭天云，郭天海，何增国，2019. 磷石膏对盐碱地改良效果及对玉米的影响［J］. 甘肃农业科技，7：48-52.
郭笑笑，刘丛强，朱兆洲，等，2011. 土壤重金属污染评价方法［J］. 生态学杂志，30（5）：889-896.
郭耀东，程曼，赵秀峰，等，2018. 轮作绿肥对盐碱地土壤性质、后作青贮玉米产量及品质的影响［J］. 中国生态农业学报，26（6）：856-864.
国家环境保护总局，2004. HJ/T 166—2004 土壤环境监测技术规范［S］. 北京：中国环境科学出版社.
胡艳霞，周连第，魏长山，等，2013. 北京水源保护地土壤重金属空间变异及污染特征［J］. 土壤通报，44（6）：1483-1490.
华孟，王坚，1993. 土壤物理学［M］. 北京：北京农业大学出版社，214-237.
郝江勃，乔枫，蔡子良，2019. 亚热带常绿阔叶林土壤活性有机碳组分季节动态特征［J］. 生态环境学报，28（2）：245-251.
贾广和，2008. 盐碱地综合整治与开发研究［J］. 西南林学院学报，28（4）：112-114.

康贻军，杨小兰，沈敏，等，2009. 盐碱土壤微生物对不同改良方法的响应［J］. 江苏农业学报，25（3）：564-567.

雷金银，张建宁，班乃荣，等，2011. 不同类型耐盐植物对耐盐土壤物理性质的影响［J］. 宁夏农林科技，52（12）：58-60.

李凤霞，郭永忠，王学琴，等，2012. 不同改良措施对宁夏盐碱地土壤微生物及苜蓿生物量的影响［J］. 中国农学通报，28（30）：49-55.

李合生，2012. 现代植物生理学（3 版）［M］. 北京：高等教育出版社.

李健，郭颖杰，王景立，2020. 深松技术与化学改良剂在苏打盐碱地土壤改良中的应用效果［J］. 吉林农业大学学报（6）：699-702.

李娟娟，马金涛，楚秀娟，等，2006. 应用地积累指数法和富集因子法对铜矿区土壤重金属污染的安全评价［J］. 中国安全科学学报，16（12）：135-139.

李可心，王光美，张晓冬，等，2023. 毛叶苕子对滨海盐碱地土壤活性有机碳和后茬玉米产量的影响［J］. 中国生态农业学报（中英文），31（03）：405-416.

李平，李艳，李万立，等，2004. 黄河三角洲湿地资源生态旅游开发利用研究［J］. 海洋科学，28（11）：33-38.

李清顺，卢志伟，2009. 渭南市卤泊滩盐碱地造林方法探讨［J］. 林业调查规划，34（4）：123-125.

李天杰，郑应顺，王云，1995. 土壤地理学［M］. 北京：高等教育出版社：38-40.

李小娟，2008. 浅谈盐碱地的治理［J］. 安徽农学通报，14（7）：136-137.

李贻学，东野光亮，李新举，2003. 黄河三角洲盐渍土可持续利用对策［J］. 水土保持学报，17（2）：55-58.

李颖，陶军，钞锦龙，等，2014. 滨海盐碱地“台田—浅池”改良措施的研究进展［J］. 干旱地区农业研究，32（5）：154-160，167.

李志刚，刘小京，张秀梅，等，2008. 冬季咸水结冰灌溉后土壤水盐运移规律的初步研究［J］. 华北农学报，23（增刊）：187-192.

梁新书，张凯，廉晓娟，等，2024. 垄作和覆膜下盐碱地水盐运移和大豆产量的变化［J］. 湖北农业科学，63（6）：1-4.

林栖凤，2004. 耐盐植物研究［M］. 北京：科学出版社.

刘秉儒，2010. 贺兰山东坡典型植物群落土壤微生物量碳、氮沿海拔梯度的变化特征［J］. 生态环境学报，19（4）：883-888.
刘春阳，何文寿，何进智，等，2007. 盐碱地改良利用研究进展［J］. 农业科学研究，28（2）：68-71.
刘峰，李秀启，董贯仓，等，2011. 黄河口滨海湿地水质污染物现状研究［J］. 中国环境科学，31（10）：1705-1710.
刘建红，2008. 盐碱地开发治理研究进展［J］. 山西农业科学，36（12）：51-53.
刘立军，李玉涛，刘泽鑫，等，2019. 基于盐碱地改良的生态循环共生模式构建与示范——以黄河三角洲地区为例［J］. 山东国土资源，35（08），59-63.
刘寅，2011. 天津滨海耐盐植物筛选及植物耐盐性评价指标研究［D］. 北京：北京林业大学.
刘云，李传荣，许景伟，等，2013. 黄河三角洲盐碱地刺槐混交林对土壤脲酶活性的影响［J］. 中国水土保持科学，11（5）：107-113.
吕建树，刘洋，2010. 黄河三角洲湿地生态旅游资源开发潜力评价［J］. 湿地科学，8（4）：339-346.
马超颖，李小六，石洪凌，等，2010. 常见的耐盐植物及应用［J］. 北方园艺，3：191-196.
马晨，马履一，刘太祥，等，2010. 盐碱地改良利用技术研究进展［J］. 世界林业研究，4：28-32.
马利静，2012. 基于盐碱土改良的土壤和植物效应的研究［D］. 北京：北京林业大学.
马文军，程琴娟，李良涛，等，2010. 微咸水灌溉下土壤水盐动态及对作物产量的影响［J］. 农业工程学报，26（1）：73-80.
马献发，张继舟，宋凤斌，2011. 植物耐盐的生理生态适应性研究进展［J］. 科技导报，29（14）：76-79.
梅红，赵放中，梁磊，2011. 改土排盐工程措施成功应用—盘锦船舶工业基地四号路绿化［J］. 中国城市林业，9（1）：14-16.
牛丽霞，蔡强，薛菲，2014. 黄河河口地区暗管排碱施工暗管埋深计算分析［J］. 水利建设与管理，12：77-79.
牛世全，杨建文，胡磊，等，2012. 河西走廊春季不同盐碱土壤中微生物数量、酶活性与理化因子的关系［J］. 微生物学通报，39（3）：416-427.

庞桂斌，张保祥，张双，2014. 黄河三角洲地区农业用水水平分析［J］. 济南大学学报（自然科学版），28（6）：416-420.
庞绪贵，代杰瑞，曾宪东，等，2014. 鲁东地区农业生态地球化学研究［M］. 北京：地质出版社.
庞绪贵，代杰瑞，喻超，等，2019. 山东省 17 市土壤地球化学基准值［J］. 山东国土资源，35（1）：36-45.
彭靖，2009. 对我国农业废弃物资源化利用的思考［J］. 生态环境学报，18（2）：794-798.
曲长凤，杨劲松，姚荣江，等，2012. 不同改良剂对苏北滩涂盐碱突然改良效果研究［J］. 灌溉排水学报，31（3）：21-25.
全国土壤普查办公室，1998. 中国土壤［M］. 北京：中国农业出版社.
石婧，黄超，刘娟，等，2018. 脱硫石膏不同施用量对新疆盐碱土壤改良效果及作物产量的影响［J］. 环境工程学报，12（6）：1800-1807.
石玉，于振文，王东，等，2006. 施氮量和底追比例对小麦氮素吸收转运及产量的影响［J］. 作物学报（12）：1860-1866.
时亚南，2007. 不同施肥处理对水稻土微生物生态特性的影响［D］. 杭州：浙江大学：37-41.
宋丹，张华新，耿来林，等，2006. 植物耐盐种质资源评价及耐盐生理研究进展［J］. 世界林业研究，19（3）：27-32.
宋先松，石培基，金蓉，2005. 中国水资源空间分布不均引发的供需矛盾分析［J］. 干旱区研究，22（2）：162-166.
宋颖，李华栋，时文博，等，2018. 黄河三角洲湿地重金属污染生态风险评价［J］. 环境保护科学，44（5）：118-122.
孙博，解建仓，汪妮，等，2012. 不同秸秆覆盖量对盐渍土蒸发，水盐变化的影响［J］. 水土保持学报，26（1）：246-250.
孙盛楠，严学兵，尹飞虎，2024. 我国沿海滩涂盐碱地改良与综合利用现状与展望［J］. 中国草地学报，46（2）：1-13.
孙文彦，孙敬海，尹红娟，等，2015. 绿肥与苗木间种改良苗圃盐碱地的研究［J］. 土壤通报，46，（5）：1222-1225.
孙志高，牟晓杰，陈小兵，等，2011. 黄河三角洲湿地保护与恢复的现状、问题与建议［J］. 湿地科学，9（2）：107-115.
唐娜，崔保山，赵欣胜，2006. 黄河三角洲芦苇湿地的恢复［J］. 生态学报，26（8）：2616-2624.

田家怡，李甲亮，孙景宽，等，2010. 黄河三角洲造纸废水灌溉修复湿地技术［M］. 北京：化学工业出版社.

王宝山，2010. 逆境植物生物学［M］. 北京：高等教育出版社.

王本龙，周春生，海珍，等，2024. 不同耕作方式对松辽平原盐碱地土壤理化性状及玉米产量的影响［J］. 江苏农业科学，52（10）：247-253.

王代流，蒋予岭，耿志国，等，2012. 孤岛低品位稠油开采配套技术［J］. 石油天然气学报，34（10）：121-124.

王海静，2013. 黄河三角洲高效生态经济区水资源承载力研究［D］. 济南：山东师范大学.

王焕校，2000. 污染生态学［M］. 北京：高等教育出版社.

王立艳，潘洁，肖辉，等，2014. 种植耐盐植物对滨海盐碱地土壤盐分的影响［J］. 华北农学报，5：226-231.

王立艳，潘洁，杨勇，等，2014. 滨海盐碱地种植耐盐草本植物的肥土效果［J］. 草业科学，10：1833-1839.

王丽贤，张小云，吴淼，2012. 盐碱土改良措施综述［J］. 安徽农学通报，18（17）：99-102.

王善仙，刘宛，李培军，等，2011. 盐碱土植物改良研究进展［J］. 中国农学通报，27（24）：1-7.

王素君，赵立伟，苏亚勋，等，2010. 滨海盐碱土复合改良剂的初步研究［J］. 天津农林科技，2：4-6.

王小艳，2015. 村级尺度土壤特性和水稻信息的空间变异性及其协同机理研究［D］. 贵阳：贵州大学.

王晓洋，陈效民，李孝良，等，2012. 不同改良剂与石膏配施对滨海盐渍土的改良效果研究［J］. 水土保持通报，32（3）：128-132.

王辛芝，张甘霖，俞元春，等，2006. 南京城市土壤 pH 和养分的空间分布［J］. 南京林业大学学报（自然科学版），30（4）：69-72.

王艳娜，侯振安，龚江，等，2007. 咸水资源农业灌溉应用研究进展于展望［J］. 中国农学通报，23（2）：393-397.

王政权，1999. 地统计学及其在生态学中的应用［M］. 北京：科学出版社：35-149.

王遵亲，祝寿泉，俞仁培，等，1993. 中国盐渍土［M］. 北京：科学出版社.

韦本辉，申章佑，周佳，等，2020. 粉垄耕作改良盐碱地效果及机理［J］. 土壤，52（4）：699-703.
吴喜军，董颖，张亚宁，2018. 改进的内梅罗污染指数法在黄河干流水质评价中的应用［J］. 节水灌溉（10）：51-53，58.
郗金标，邢尚军，宋玉民，等，2007. 黄河三角洲不同造林模式下土壤盐分和养分的变化特征［J］. 林业科学，43（增刊1）：33-38.
肖国举，张萍，郑国琦，等，2010. 脱硫石膏改良碱化土壤种植枸杞的效果研究［J］. 环境工程学报，4（10）：2315-2319.
谢承陶，1988. 盐碱土改良原理与作物抗性［M］. 北京：中国农业出版社.
徐洪盛，2010. 黄河三角洲生态农业发展模式选择［J］. 湖北农业科学，49（2）：500-501.
徐建华，2002. 现代地理学中的数学方法［M］. 北京：高等教育出版社，105-121.
徐明刚，李菊梅，李志杰，2006. 利用耐盐植物改善盐土区农业环境［J］. 中国土壤与肥料，3：6-10.
徐鹏程，冷翔鹏，刘更森，等，2014. 盐碱土改良利用研究进展［J］. 江苏农业科学，42（5）：293-298.
徐争启，倪师军，庹先国，等，2008. 潜在生态危害指数法评价中重金属毒性系数计算［J］. 环境科学与技术，31（2）：112-115.
许经伟，潘莹，2014. 黄河三角洲地区新农村建设中的生态环境问题及对策研究［J］. 黑龙江农业科学，3：123-126.
薛亚锋，周明耀，徐英，等，2005. 水稻叶面积指数及产量信息的空间结构性分析［J］. 农业工程学报，21（8）：89-92.
严登华，王浩，王芳，等，2007. 我国生态需水研究体系及关键研究命题初探［J］. 水利学报，38（3）：267-273.
杨劲松，姚荣江，王相平，等，2022. 中国盐渍土研究：历程、现状与展望［J］. 土壤学报，59（1）：10-27.
杨劲松，2008. 中国盐渍土研究的发展历程与展望［J］. 土壤学报，45（5）：837-845.
杨磊磊，卢文喜，黄鹤，等，2012. 改进内梅罗污染指数法和模糊综合法在水质评价中的应用［J］. 水电能源科学，30（6）：41-44.
杨立国，2007. 盐碱地物理改良方法［J］. 黑龙江科技信息，2：119.

杨真，王宝山，2015. 中国盐渍土资源现状及改良利用对策［J］. 山东农业科学，47（4）：125-130.
姚新颖，2015. 黄河三角洲湿地土壤重金属形态特征及风险评价［D］. 北京：北京林业大学.
叶校飞，解建仓，秦涛，等，2009. “改排为蓄”盐碱地治理模式的可行性研究［J］. 水资源与水工程学报，3：48-50，53.
殷秀莲，2022. 土壤重全属源解析研究［D］. 合肥：中国科学技术大学.
尹勤瑞，2011. 盐碱化对土壤物理及水动力学性质的影响［D］. 杨陵：西北农林科技大学.
于淑会，刘金铜，李志祥，等，2012. 暗管排水排盐改良盐碱地机理与农田生态系统响应研究进展［J］. 中国生态农业学报，20（12）：1664-1672.
于天仁等编著，1976. 土壤的电化学性质及其研究方法（修订本）［M］. 北京：科学出版社.
张建锋，张旭东，周金星，等，2005. 世界盐碱地资源及其改良利用的基本措施［J］. 水土保持研究，6：28-31.
张丽娟，等，2010. 北方设施蔬菜种植区地下水硝酸盐来源分析—以山东省惠民县为例［J］. 中国农业科学，43（21）：4427-4436.
张立宾，徐化凌，赵庚星，2007. 碱蓬的耐盐能力及其对滨海盐渍土的改良效果［J］. 土壤，39（2）：310-313.
张利平，2009. 中国水资源状况与水资源安全问题分析［J］. 长江流域资源与环境，18（2）：116-120.
张凌云，赵庚星，2006. 盐碱土壤修复材料对滨海盐渍土理化性质的影响研究［J］. 水土保持研究，13（1）：32-34.
张凌云，2007. 黄河三角洲地区盐碱地主要改良措施分析［J］. 安徽农业科学，35（17）：5266-5309.
张梦坤，2021. 秸膜双覆盖模式对滨海盐碱地土壤微生态及玉米产量的影响［D］. 泰安：山东农业大学.
张谦，陈凤丹，冯国艺，等，2016. 盐碱土改良利用措施综述［J］. 天津农业科学，22（8）：35-39.
张燕，刘雪兰，付春燕，等，2020. 黄河三角洲淡水恢复工程湿地水质监测及其评价研究［J］. 山东农业科学，52（9）：104-108.

张瑜斌，林鹏，魏小勇，等，2008. 盐度对稀释平板法研究红树林区土壤微生物数量的影响［J］. 生态学报，28：1288-1296.

赵杰，罗志军，赵越，等，2018. 环鄱阳湖区农田土壤重金属空间分布及污染评价［J］. 环境科学学报，38（6）：2475-2485.

赵可夫，李法曾，张福锁，2013. 中国盐生植物［M］. 2 版 . 北京：科学出版社.

赵世杰，刘华山，董新纯，1998. 植物生理学实验指导［M］. 北京：中国农业科技出版社：161-163.

赵文举，马宏，豆品鑫，等，2016. 不同覆盖模式下土壤返盐及水盐运移规律［J］. 干旱地区农业研究，34（05）：210-214.

赵英，王丽，赵惠丽，等，2022. 滨海盐碱地改良研究现状及展望［J］. 中国农学通报，38（3）：67-74.

郑敏娜，梁秀芝，韩志顺，等，2021. 不同改良措施对盐碱土土壤细菌群落多样性的影响［J］. 草地学报，29（06）：1200-1209.

郑普山，郝保平，冯悦晨，等，2012. 不同盐碱地改良剂对土壤理化性质、紫花苜蓿生长及产量的影响［J］. 中国生态农业学报，20（9）：1216-1221.

周玲玲，孟亚利，王友华，等，2010. 盐胁迫对棉田土壤微生物数量与酶活性的影响［J］. 水土保持学报，24（2）：241-246.

朱小梅，洪立洲，邢锦城，等，2022. 不同绿肥轮作模式对沿海滩涂土壤的改良效应［J］. 江苏农业学报，38（6）：1510-1516.

祝德玉，许宗泉，韩猛，等，2022. 不同材料覆盖对黄河三角洲盐碱地土壤理化性质的影响［J］. 青岛农业大学学报（自然科学版），39（2）：79-84.

Bai J，Yu Z，Yu L，et al.，2019. In-situ organic phosphorus mineralization in sediments in coastal wetlands with different flooding periods in the Yellow River Delta，China［J］. Science of the Total Environment，682：417-425.

Bai J H，Xiao R，Cui B S，et al.，2011. Assessment of heavy metal pollutionin wetlandsoils from the young and old reclaimedregions in the Pearl River estuary，South China［J］. Environmental Pollution，159（3）：817-824.

Bai，J H，Xiao R，Zhang K J，et al.，2012. Arsenic and heavy metal pollution in wetland soils from tidal fresh water and salt marshes before and after the flow-sediment regulaiton reinme in the Yellow River Delta, China [J]. Journal of Hydrology, 450: 244-253.

Bucka F B, Koelbl A, Uteau D, et al., 2019. Organic matter input determines structure development and aggregate formation in artificial soils [J]. Geoderma, 354: 113881.

De Almeida Ribeiro L, Da Silva Soares A, De Lima T W, et al., 2015. Multi-objective genetic algorithm for variable selection in multivariate classification problems: a case study in verification of biodiesel adulteration [J]. Procedia Computer Science, 51: 346-355.

Guo K, Liu X J, 2014. Dynamics of meltwater quality and quantity during saline ice melting and its effects on the infiltration and desalinization of coastal saline soils [J]. Agricultural Water Management, 139: 1-6.

Guo K, Liu X J, 2015. Infiltration of meltwater from frozen saline water located on the soil can result in reclamation of a coastal saline soil [J]. Irrigation Science, 33 (6): 441-452.

LiH M, Song Q H, JJEMBC P K, 2004. Dynamics of soil microbial biomass C and soil fertility in cropland mulched with plastic film in a semiarid agro-ecosystem [J]. Soil Biology & Biochemistry, 36 (11): 1893-1902.

Li X, Zhang J, GongY, et al., 2020. Status of copperaccumulation in agricultural soils across China (1985 - 2016) [J]. Chemosphere, 244, 125516.

Loska K, Wiechua D, Korus I, 2004. Metal contamination of farming soils affected by industry [J]. Environment International, 30 (2): 159-165.

Lou Y, Xu M, Wang W, et al., 2011. Return rate of straw residue affects soil organic C sequestration by chemical fertilization [J]. Soil and Tillage Research, 113 (1): 70-73.

Simasuwannarong B, Satapanajajaru T, Khuntong S, et al., 2012. Spatial distribution and risk assessment of As, Cd, Pb and Zn in Topsoil at Rayong Province, Thailand [J]. Water Air and Soil Pollution, 223: 1931-1943.

Su Y, Yu M, Xi H, et al., 2020. Soil microbial community shifts with long-term of different straw return in wheat-corn rotation system [J].

Scientific Reports, 10 (1): 6360.

Tang A, Liu R, Ling M, et al., 2010. Distribution characteristics and controlling factors of soluble heavy metals in the Yellow River Estuary and Adjacent Sea [J]. Procedia Environmental Sciences, 2: 1193-1198.

Wand S L, Cao W X, Wang X J, et al., 2019. Distribution of soil moisture and salt of Tamarix ramosissima plantation in desert saline-alkali land of Hexi Corridor Region, China. [J]. The journal of applied ecology, 30 (8): 2531-2540.

Wand X P, Yang J S, Liu G M. et al., 2015. Impact of irrigation volume and water salinity on winter w heat productivity and soil salinity distribution [J]. Agricultural Water Management, 149: 44-54.

Wang H, Lu S, 2011. Spatial distribution, source identification and affecting factors of heavy metals contamination in urban-suburban soils of Lishui city, China [J]. Environmental Earth Sciences, 64 (7): 1921-1929.

Wang Y P, Bai J H, Xiao R, et al., 2013. Assessment of heavy metal contamination in the soil-plant system of the *Suaeda salsa* wetland in the Yellow River Estuary, China [J]. Acta Ecologica Sinica, 33: 3083-3091.

Xu X, Chen Z, Feng Z, 2019. From natural driving to artificial intervention: changes of the Yellow River estuary and delta development [J]. Ocean & Coastal Management, 174: 63-70.